全国各类院校高职高专规划教材

3D效果图设计教程

主　编　王学军
副主编　张福峰　王振明

3DXIAOGUOTU SHEJI JIAOCHENG

中国商业出版社

图书在版编目(CIP)数据

3D效果图设计教程/王学军主编．—北京：
中国商业出版社，2014.3
ISBN 978-7-5044-8315-7

Ⅰ.①3… Ⅱ.①王… Ⅲ.①建筑设计-计算机辅助
设计-应用软件 Ⅳ.①TU201.4

中国版本图书馆CIP数据核字(2013)第266863号

责任编辑：刘毕林

中国商业出版社出版发行
010-63180647　www.c-chook.com
(100053　北京广安门内报国寺1号)
新华书店总店北京发行所经销
北京航天印刷有限公司印刷

*　*　*　*

开本：787×1092毫米　1/16　印张：15.5　字数：270千字
2014年3月第1版　　2014年3月第1次印刷
定价：46.00元

*　*

(如有印装质量问题可更换)

内容简介

3ds max 是一款功能极强的三维造型软件，它在建筑设计、装饰设计、工业设计、三维动画创作、影视广告和多媒体制作等领域占有重要地位。本教材是针对效果图设计入门和高职高专课程教学改革需求而编写的。

本书共分 9 个模块，主要内容包括基础知识、3ds max9 基本操作、基础建模、扩展建模、材质和贴图、灯光与相机、室内效果图设计和室外效果图设计、效果图后期处理等。每个模块均结合实例来讲解主要命令的基本操作，然后给出典型的工作任务，进行综合操作训练。讲解过程中，分析了 3ds max9 操作的重点、难点和注意事项，在效果图后期处理中，也对 Photoshop 的基本使用方法进行了实用性的讲解，目的是帮助同学们尽快掌握效果图设计的一般方法与操作技巧。

本教材实例选择适当、内容充实、条理清晰，能够满足高职高专院校当前课程教学改革需要，为推动行动导向教学法和任务驱动教学法的研究与应用提供实用性教材。同时，本教材也非常适合效果图设计初学者自学时参考选用。

前　言

近年来，科学技术的进步引发了社会经济结构的重大变革。新的形势下，整个高等教育，尤其是高等职业教育正处在巨大的变革之中。人才的培养模式已从过去的单一型的学科理论教育转向以岗位能力为目标的能力教育。以工作过程为导向重组教学内容、以任务驱动为主线改革教学模式，成为高等职业教育教学改革的重要途径。

本书编写过程中遵照了国家教育部“关于全面提高高等职业教育教学质量的若干意见[2006]16 号”、“教育部 财政部关于支持高等职业学校提升专业服务产业发展能力的通知（教职成[2011]11 号）”、“教育部关于推进高等职业教育改革创新引领职业教育科学发展的若干意见（教职成[2011]12 号）”文件精神，适应高等职业教育教学改革发展的新形势，力求满足高职高专学生的“既具有一定的理论知识，更需要具有较强实际能力的高端技能型专门人才培养目标”的要求。本书在熟悉 3ds max9 软件操作基础上，选取建筑或装饰行业实例为工作任务，构建了全新的知识讲解与技能训练体系。全书共包括基础知识、3ds max9 基本操作、基础建模、扩展建模、材质和贴图、灯光与相机、室内效果图设计、室外效果图设计和效果图后期处理等 9 个模块，每个模块内均结合实例对学习的知识与技能进行了详细的讲解并着重突出了如下特点：

（1）融“教、学、做”为一体，满足行动导向与任务驱动教学法的要求。本书力求让同学们在完成任务过程中，实现“做中学”，获得学习的乐趣，激发学习的源动力。工作任务完成后，能够产生强烈的成就感。

（2）由易到难、先简后繁，符合认知规律。选择适当的工作任务作载体进行教学，循序渐进，以帮助同学们尽快掌握效果图创作技能。

（3）贴近工程实际，选材适当。编写过程中，做到工作任务来源于实践，为生产实践服务。

（4）体例设计新颖，可操作性强。工作任务分析透彻，工作过程图文并茂，说明详细、易操作，结合适量的习题进一步强化所学技能，产生知识拓展，达到活学活用、知识与技能一起学到手的目的。

本书面向高职高专院校建筑类各专业，涉及内容比较多，不同专业在使用时，可根据自身的特点和需要加以取舍。同时它也非常适合作短期培训班或效果图制作入门教材。本书由沧州职业技术学院王学军任主编，沧州职业技术学院张福峰、王振明任副主编，沧州职业技术学院王丽艳、马林林、亓文斌、李俊英参加编写。编写分工如下：李俊英编写模块 1，王丽艳编写模块 2、3、4，王振明编写模块 5，张福峰编写模块 6，王学军编写模块 7、8，亓文斌编写模块 9，马林林编写了模块 7 的 Vray 渲染应用部分。借教材出版之际，对各位领导、老师的积极参与及付出，表示衷心感谢，同时，对参考文献的作者也表示真诚的谢意。

由于编者水平所限，书中如有不足之处敬请读者批评指正，以便修订时改进，如读者在使用本书的过程中有其他意见或建议，恳请向编者踊跃提出宝贵意见。

编　者

2014 年 3 月

◆目　录

模块 1 基础知识

模块导读

本模块介绍了 3ds max9 系统界面的功能分区结构，简述了效果图的设计基础知识，并以图例形式讲解了效果图的创作流程。希望通过这些内容，使同学们对效果图的创作有一个总体了解。本模块讲述的内容是创作效果图最基础的内容，希望同学们认真阅读，为以后创作出优秀的作品打好基础。

学习内容分解

- 掌握 3ds max9 的工作界面。
- 了解效果图设计知识。
- 了解效果图设计的软件组合。
- 掌握 CAD 平面图的图示内容与识读方法。
- 了解效果图创作流程。

本教材计算机操作约定：

◆单击：指快速按下鼠标左键，然后立即松开。

◆双击：指快速连续两次单击鼠标左键。

◆拖曳：按住鼠标左键不放，同时拖动鼠标到预定位置，然后松开鼠标左键。

◆＋：指同时按住加号左、右的两个键。

◆右击：指快速按下鼠标右键，然后立即松开。

◆【】：其中内容表示菜单或对话框中的选项。

◆/：表示执行菜单命令的层次。例如：【文件】/【打开】，表示先单击菜单栏中的【文件】，然后在弹出的下拉式菜单中选择【打开】选项。

任务1.1　3ds max9工作界面

打开3ds max9后，会看到如图1－1所示的初始界面。本任务主要介绍3ds max9工作界面，若有些同学对这部分内容比较了解，可略过本任务内容，直接进入下一任务，但若是初次接触，则需要认真地学习与实践本任务内容，以尽快适应3ds max的工作方式。

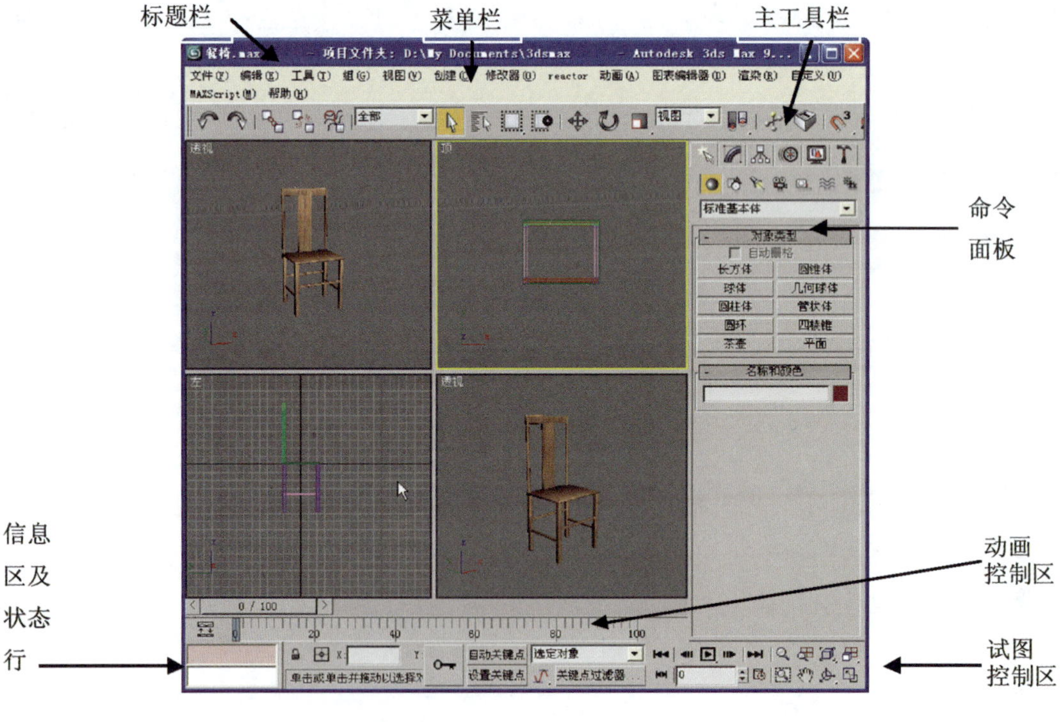

图1－1　3ds max9的初始界面

1.1.1 标题栏

软件界面中最顶部的一行叫做标题栏，如图1－2所示。最左边的是的程序图标，单击它可打开一个图标菜单，双击它可关闭当前的应用程序。在它的右侧是文件名和软件名。在最右侧是Windows的三个基本控制按钮:最小化、最大化和还原、关闭。

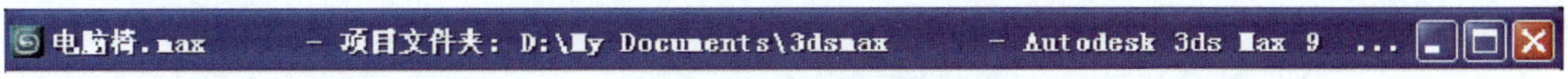

图1－2　标题栏

1.1.2 菜单栏

菜单栏位于标题栏下方，如图1－3所示。它与标准Windows的文件菜单结构和用法基本相同。菜单栏包含了如下所述的菜单:【文件】、【编辑】、【工具】、【组】、【视图】、【创建】、【修改器】、【角色】、【reactor】、【动画】、图表编辑器】、【渲染】、【自定义】、【帮助】。

图1－3　菜单栏

1.1.3 工具栏

工具栏分为主工具栏和浮动工具栏。

(1)主工具栏:主工具栏的缺省位置位于菜单栏的下方，主工具栏的各个工具按钮如图1－4所示。主工具栏里的工具用于对已经创建的物体进行选择、变换、赋予材质等。在默认状态下，工具栏上的工具不能全部显示，可以将鼠标箭头移动到按钮之间的空白处，当鼠标箭头变为时，按住鼠标左键，左右拖动工具栏进行选择。

图1－4　主工具栏

提示:许多按钮的右下角会带有三角形标记，这表示该按钮含有多重选择按钮的筛选按钮。在这样的按钮上按住鼠标左键不放，会弹出一系列按钮供选择，移动鼠标到需要的命令按钮上释放鼠标左键，则可进行选择。

(2)浮动工具栏:在主工具栏按钮之间的空白处单击鼠标右键，可以调出其他工具栏和命令面板。其中【渲染快捷方式】、【笔刷预设】、【捕捉】、【层】、【轴约束】、【附加】、【动画层】等属于浮动工具栏，如图1－5所示。

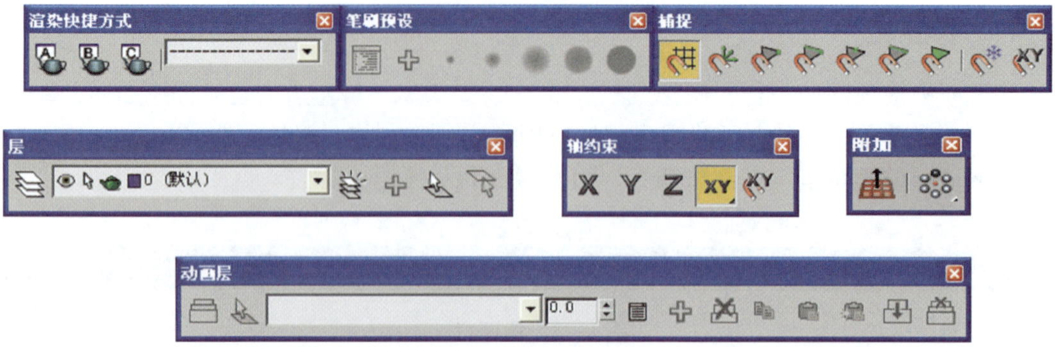

图 1－5　浮动工具栏

1.1.4 视图区

视图区是效果图创作的工作场地，它通常分为 4 个视图，即顶视图、前视图、左视图、透视图。下面以餐椅为例介绍在 4 个视图中的形态，见图 1－6 所示。各视图区的位置与大小可根据需要进行调整，方法是：在视图区移动鼠标变为时，拖曳鼠标至适当位置即可。各视图也可改变为其它视图，方法有两个：

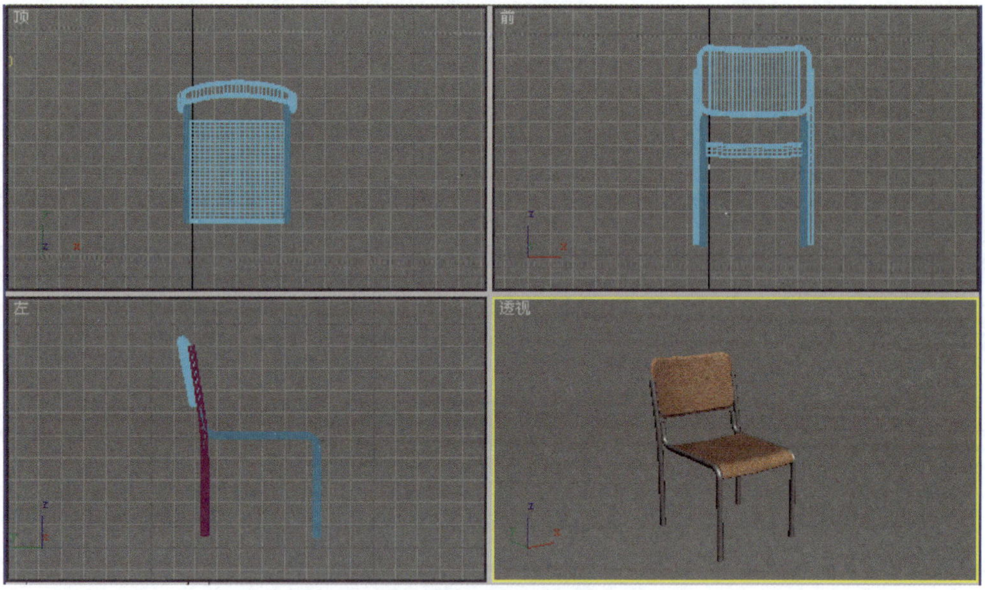

图 1－6　电脑椅视图显示形态

（1）快捷键：当需要将选择的视图改变为预定视图时，只需在键盘上点击视图名称的第一个字母即可，快捷键的设置如下：T【Top】顶视图，B【Bottom】底视图，L【Left】左视图，R【Right】右视图，U【User】用户视图，F【Front】前视图，K【Back】后视图，P【Perspective】透视图，C【Camera】摄影机视图。每种视图都有两种显示状态：一种是激活态，窗口边框显示为黄色；另一种是非激活态。调整视图及其对象时主要是对被激活视图而言。例如，视图区的右上角默认是前视图，在其上单击鼠标右键，即可激活前视图，这时前视图窗口被黄框套住，再按 T 字母，则前视图变为顶视图，继续按 P 字母，这时的顶视图又变为透视图。

（2）右键菜单：在需要转换的左上角字标处单击鼠标右键，在弹出的快捷菜单中，将光标移动到【视图】选项上如图1－7所示，然后在弹出的次级菜单中选择任意一个视图，就可以将当前视图改变为需要设置的视图。另外，在右键快捷菜单中还可以根据需要调整对象的显示方式。下面以台灯为例进行说明，如图1－8所示。

1.1.5 视图控制区

视图控制区位于操作界面的右下角。它主要用于对视图区进行缩放、局部放大、满屏显示、旋转以及平移等显示状态的控制，其中有些按钮根据当前被激活视窗的不同而发生变化。根据不同的操作，视图控制区的形态如图1－9所示。

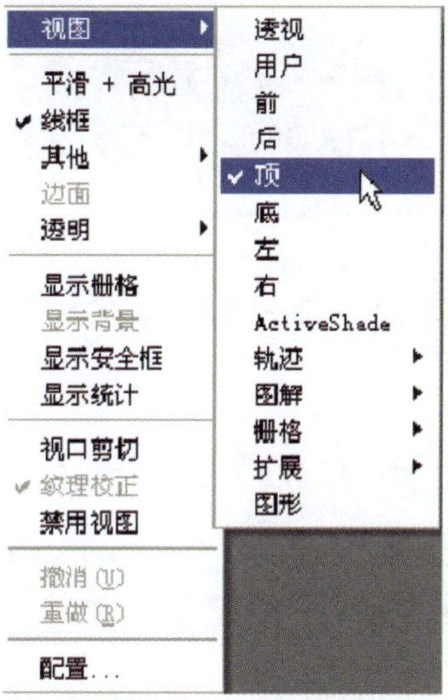

图1－7　右键菜单改变视图

平滑＋高光

线框

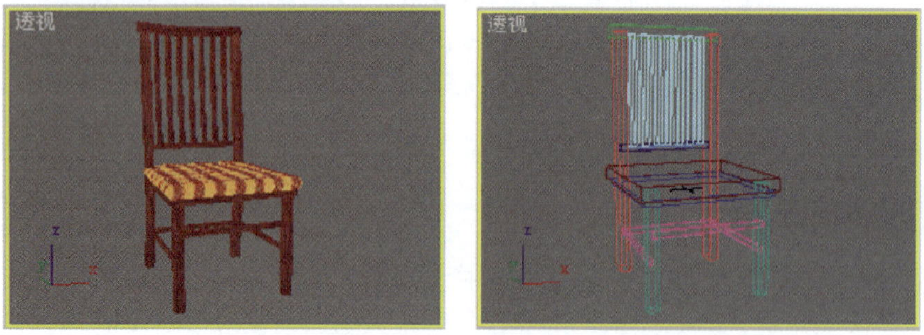

平面　　　　边界盒

图 1－8　模型不同显示方式

标准视图控制区　　　　摄影机视图控制区　　　　聚光灯视图控制区

图 1－9　不同视图控制区的形态

1.1.6 动画控制区

动画控制区主要用于对动画记录、播放、关键帧的锁定等进行控制，如图 1－10 所示。

图 1－10　动画控制区

1.1.7 信息区及状态行

在实际操作中，信息区及状态行（如图 1－11 所示）主要用于对视图中对象的位置和状态进行提示说明。另外，在信息区左下角的空白处单击鼠标右键，可打开一个脚本编辑窗口。

图 1－11　信息区及状态行

1.1.8 命令面板

命令面板是进行建模和修改等工作的主要工具，其功能非常强大。

命令面板简介

（1）命令面板：缺省位置位于操作界面的右侧，它显示工作中需要用到的各种创建及修改命令，如图 1－12 所示。它是按树状结构层级排列的，内容非常丰富，以后我们主要依靠它来完成创作工作。

图1－12 命令面板

●【创建】命令面板:创建命令面板中的物体类型共有7种，包括【几何体】、【图形】、【灯光】、【摄影机】、【辅助物体】、【空间扭曲物体】和【系统】。在创建命令面板中，可以创建图形、几何体、灯光、摄影机、辅助物体等物体类型，在创建这些物体的同时，就拥有自己的创建参数，独自存在于三维场景中，可以直接进行修改或设定，如果创建完对象后，再执行其它命令，若再想修改先前创建的对象的参数，则需要进入修改命令面板来完成。

●【修改】命令面板:修改命令面板主要功能有:改变现有物体的创建参数;应用修改命令调整一组物体或单独物体的几何外形;进行次物体组的选择和参数修改;删除修改;转换参数物体为可编辑物体。

●【层级】命令面板:主要用于调节相互连接的物体之间的层级关系。层级命令面板中包括3个命令项目:【轴心点】、【反向运动】和【链接信息】。

●【运动】命令面板:提供了对选择物体的运动控制能力，可以控制它的运动轨迹以及为它指定各种动画控制器，并且对各个关键点的信息进行编辑操作。它主要配合【轨迹视图】一同完成动作的控制，分为【缓冲参数】和【轨迹】两部分。

●【显示图标】命令面板:显示命令面板主要用于控制场景中各种物体需要显示(或隐藏)的情况，通过显示、隐藏、冻结等控制，更好地完成效果图创作，加快效果图的创作速度。

●【工具】命令面板:在缺省状态下，这里只列出了9个项目，包括【资源浏览器】、【摄影机匹配】、【运动捕获】、【MAX 脚本】等。选择了相应的程序之后，命令面板下方就会显示出相应的参数控制面板。

(2)命令面板的浮动与固定:命令面板的缺省位置位于用户界面的右侧，为了方便用户的操作，也可以设置为浮动的面板，放置在视窗中的任何位置，下面就讲述它的具体操作步骤。

鼠标移动到命令面板左上角的空白处，出现一个时，单击鼠标右键，在弹出的快捷菜单中选择【浮动】选项，如图1－13所示。此时，命令面板由【停靠】变为【浮动】，如图1－14所示。

如果要还原命令面板，将鼠标移动到浮动命令面板左上角的空白处，出现时，单击鼠标右键，从弹出的菜单中选择【停靠】/【左面】选项即可，如图1－15所示。另外，【反应堆】工具栏也可以通过这种方法，由固定变为浮动的工具栏。

图 1 – 13　选择浮动选项

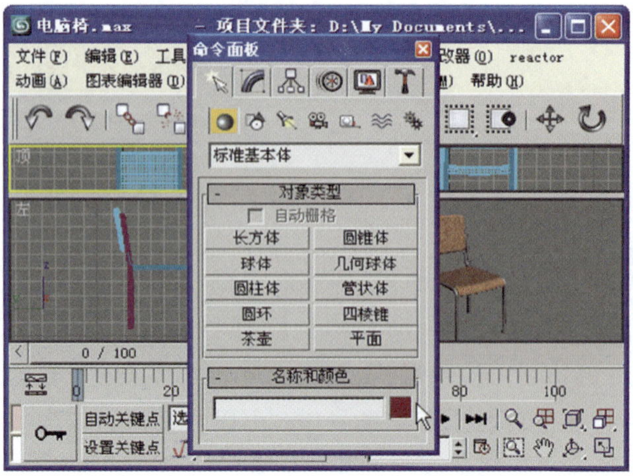

图 1 – 14　命令面板浮动的状态

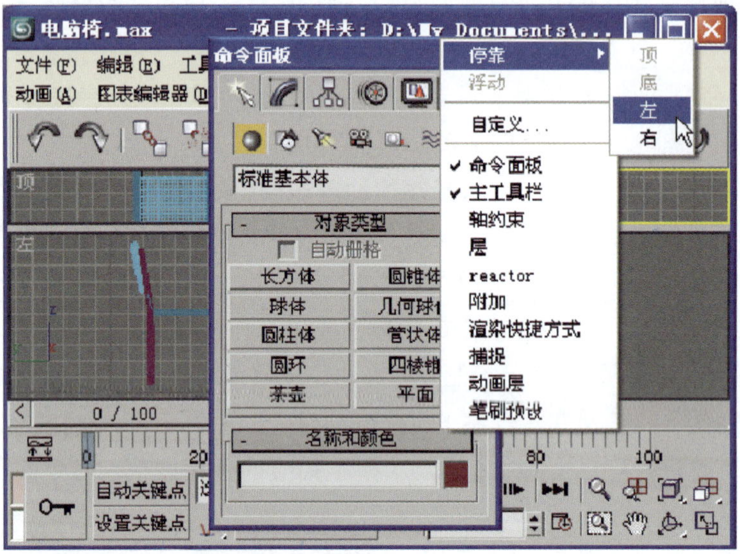

图 1 – 15 单击停靠左边选项

任务 1.2　效果图的含义

效果图是建筑、装潢业发展的产物，设计师设计出施工图后，对于具有专业知识的人员来说，可以通过施工图了解工程完工后的大体效果；但对于不具有专业知识的一般人员来说，了解工程的最后效果就需要一个比施工图更加形象直观的方式。效果图就是施工图的实物图像展示的最好方式，其效果如图 1 – 16 所示。

效果图是对室内、外空间建筑、装潢设计的直观反映，从某种意义上讲，效果图类似于拍摄建筑物室内、外空间得到的照片，但是效果图与照片的区别在于，照片只有在建筑物存在后才能得到，而效果图则大多是在工程设计完成后、施工前，根据设计师的设计，用电脑软件提前创作完成的。

效果图在建筑业中的作用非常重要，通过效果图可以将设计师的设计意图直观表达出来，即使没有任何建筑知识的人也能够清楚地理解设计师的设计意图。正是基于这种特点，效果图在宣传、工程招投标等方面的作用是不言而喻的。同时，效果图的直观性还可以使设计师在设计过程中，具体地研究建筑的结构、材料的搭配等问题。

图 1－16　室内外效果图表现效果

任务 1.3　效果图设计软件组合

当今建筑业普遍利用计算机对建筑设计中的各个阶段进行辅助设计。计算机辅助设计主要包括两大类：建筑平面图辅助设计和三维效果图预览展示。根据这一特点以及国内的普及程度，最常用的建筑软件组合方式为：AutoCAD（二维平面设计）＋3ds max（三维立体设计）＋Photoshop（图像处理）。对于一个从事建筑设计行业的设计者或施工组织者，有必要了解一下常用软件的基本功能与应用范围，为选择较为适合的软件进行创作，让它成为实现自己的设计构思的工具，为设计或招投标服务。

1.3.1 AutoCAD 简介

AutoCAD 是 Autodesk 公司研制的一个通用的交互式绘图软件。目前，AutoCAD 软件以其功能强大、界面友好、易于操作而深受广大用户青睐，广泛应用于机械设计、土木建筑、装饰装潢、城市规划、园林设计、电子电路、服装设计、航天航空等行业。一句话，凡是需要使用图纸来表达用户的设计思想、创作意图的，就要用到 AutoCAD。同时，AutoCAD 还提供了一个二次开发平台，用户可以在此基础上，开发出应用于具体专业、具体领域的专业 CAD，其绘图界面如图 1－17 所示。

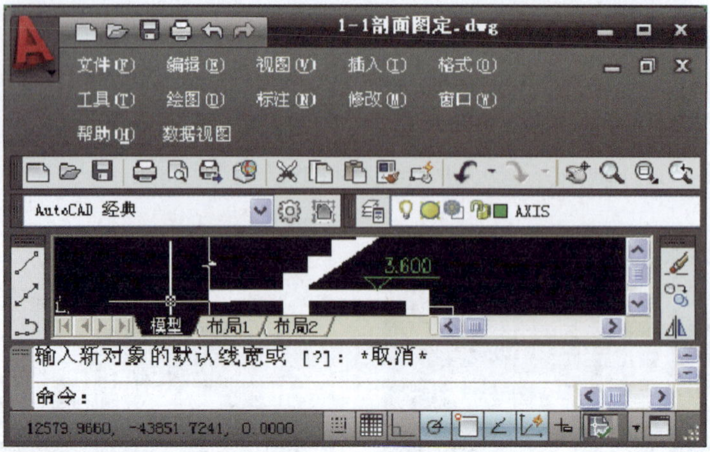

图 1－17　AutoCAD2009 绘图界面

1.3.2 3ds max 简介

3ds max 是 Autodesk 公司推出的迄今为止最优秀的三维设计软件。3ds max9 的启动界面如图 1－18 所示。3ds max 功能非常强大，无论是建筑设计、影视产品广告、园林效果图设计、工业产品设计等方面都得到了广泛应用。

图 1－18　3ds max9 启动界面

1.3.3 Photoshop 简介

Photoshop 是 Adobe 公司出品的一款全球知名度最高、使用范围最广泛的图像处理软件。它广泛用于各类图形图像编辑、照片修饰和 Web 图形处理等领域，无论是图像处理、电脑绘画、后期动画，还是广告设计、网页制作，都能看到它的身影。Photoshop 几乎成了电脑图像技术的代名词，Photoshop 的操作界面如图 1－19 所示。

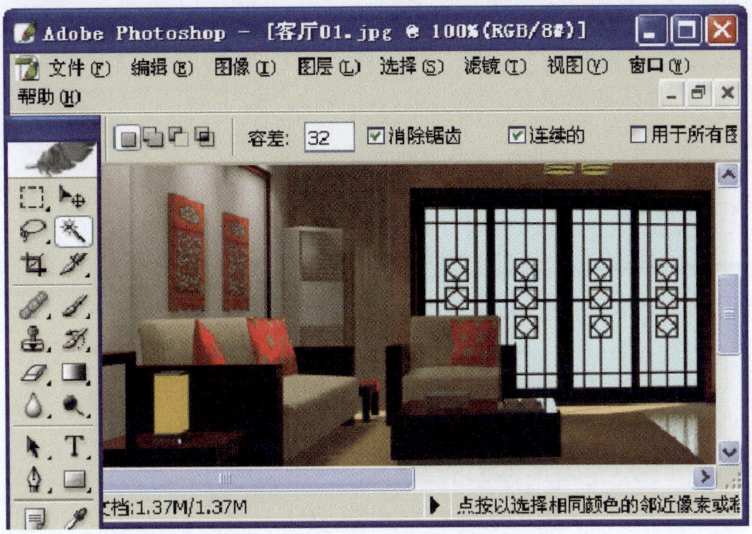

图1-19 Photoshop8.0 操作界面

任务1.4 CAD 平面图的识读

要想创作出一幅逼真而生动的工程效果图，在建立模型阶段按照实际尺寸绘制，也就是按照图纸中已有的尺寸建立模型，非常重要。比较专业的方法是先将 CAD 中的图形文件导入到 3ds max 中，按已有的尺寸建立模型，这样创作出的效果图比例合适，符合实际效果。

1.4.1 平面图图示内容

建筑施工平面图简称平面图。它是由一个假想的水平剖切面经过门窗洞口之间将房屋剖开，移去剖切平面以上的部分，将余下的部分用正投影法投影到 H 面上得到的正投影图。

平面图一般用 1∶50 、1∶100、1∶200 的比例绘制，实际工程中常用 1∶100 的比例绘制。一般房屋有几层就绘几个平面图，并在图名中标注相应的图名，如“一层平面图”、“二层平面图”等。对于中间若干平面布置相同的层，可以用一个平面图表达，这张图称为“标准层平面图”。在底层平面图画出房屋本层相应的水平投影以及与本栋房屋有关的台阶、花池、散水等;二层平面图中还应画出底层平面图未表达的雨篷、阳台、窗楣等内容。

(1)平面图的线形:按《国标》标准规定，建筑平面图的线型，凡是剖切到的墙、柱的断面轮廓线，宜用粗实线表示;门的开启方向用中粗实线表示;其余的可见投影线则用细实线表示。

(2)平面图的尺寸标注:平面图的尺寸一般分为外部尺寸和内部尺寸两种。

●外部尺寸:在水平和竖直方向分为三道尺寸，最外一道尺寸标注房屋水平和竖直方向的总尺寸;中间一道尺寸标注房屋的开间、进深(一般将两横墙之间的距离称为“开间”，将两纵墙之间的距离称为“进深”)或层高;最里面一道尺寸标注房屋外墙的墙厚及门窗洞口的尺寸及其与轴线之间的关系。

●内部尺寸:用以标注墙厚及与轴线的关系，柱子的截面尺寸、房屋内部门垛等细部尺寸。

另外，平面图上的门窗都应使用标准图集上的门窗代号进行编号。如“LC”、“MC”、“LMT”、“LMC”，它们表达的含义依次为“铝合金窗”、“防盗门”、“铝合金推拉门”和“铝合金门连窗”。

1.4.2 识读平面图

无论是绘制一幅建筑图还是绘制一幅园林绿化图，识读图形都是绘图的重中之重，它不仅决定了绘图的正确与否，还决定了绘图的速度。对于使用 AutoCAD 软件绘图的工作人员来说，看懂手工草图是绘图的前提，同时也是绘图前期最重要的准备工作之一。图 1－20 是某住宅楼单元平面图，下面以此为例说明如何识读平面图。

(1)识图思路图:先读建筑总尺寸，再读细部尺寸。

(2)识图步骤:图 1－20 是阳光别墅首层平面图。由图中可以看出:总尺寸为:长 17.640m、宽 12.740m;各轴线间距分别为 1～2 轴 1500mm、2～4 轴 3600mm、6～7 轴 2400mm、B～D 轴 4800mm、E～F 轴 1550mm 等;门的类型有 M－1、M－2、M－3、JM1、TM1 等;窗的类型有 C1、C2、C3 等，其具体尺寸与做法可参见门窗表与标准图集。

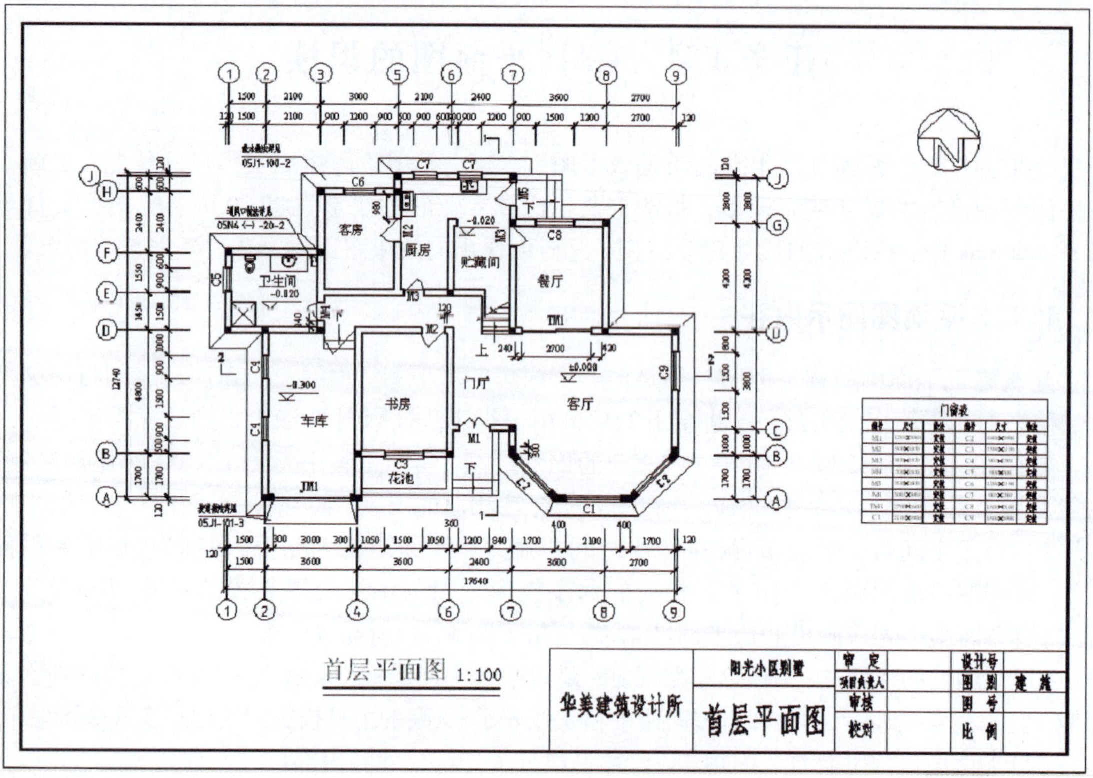

图 1－20　阳光别墅首层平面图

任务1.5 效果图设计流程

不同专业的三维效果图虽然各具特色，但万变不离其宗，它们具有很多共性，具有相同的工作流程。下面来了解建筑工程效果图设计流程，建立起一个整体印象，并熟悉各阶段需要完成的任务。效果图设计流程如图1－21所示。

1.5.1 建立模型

建立模型(以下简称建模)是效果图创作过程中的第一步，也是后续工作的基础与载体。在建模阶段应当遵循以下几个原则：

(1)外形轮廓准确：在这个阶段要强调准确性，没有准确的外形轮廓就不可能有正确的建筑效果。在3ds max中，有很多用来精确建模的辅助工具，包括单位设置、捕捉、对齐等。在实际创作过程中，应灵活运用这些工具，以求达到精确建模的目的。

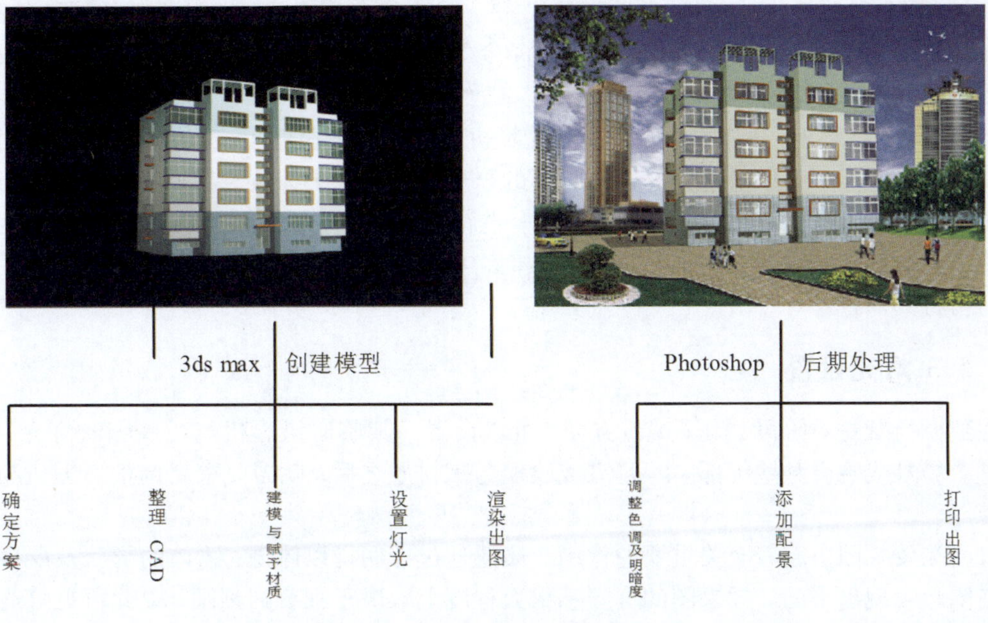

图1－21 效果图设计流程

(2)分清细节层次：满足结构要求的前提下，应尽量减少模型的复杂程度，即尽量减少点、线、面的数量。因为过于复杂的模型将会使系统陷入瘫痪，以致无法进行后续的工作，直接影响至整个设计过程的效率，这是在建模阶段需要着重考虑的问题。

(3)建模方法灵活：3ds max提供了多种建模方法，这些方法都有各自的优缺点及适用范围。用不同方法创作出来的模型虽然形状相同，但其点、线、面的复杂程度却千差万别。读者不仅要选择一种既准确、又快捷的方法来完成建模过程，还要考虑到后续编辑工作中是否利于修改。

(4)兼顾贴图坐标：由于建立的大部分模型的表面都要赋予纹理贴图，因此在建模阶段就要考虑到贴图坐标问题。在3ds max系统中，创建的物体都有其默认的贴图坐标。但是经过一些优化或编辑修改后，其默认贴图坐标将会错位，就应该重新为此物体创建新的贴图坐标。

1.5.2 调制材质

当模型建立完成后，就要为各造型赋予材质。材质是某种材料本身固有的颜色、纹理、反光度、粗糙度和透明度等属性的统称。要想创作出真实的材质，应仔细观察现实生活中真实材料的表现效果，注意眼睛是如何分辨出不同事物的材料、质地所带来的不同感受。在调制材质阶段应当遵循以下几点原则：

(1)正确的纹理：一种材料最直接的材质表现就是它的表面纹理，因此，在调制材质时，首先要表现出正确的纹理，通常是通过为物体赋予一张纹理贴图来实现的。但应当注意的是，要尽量选用边缘能无缝连接的无缝贴图。

(2)适当的明暗方式：不同的材质对光线的反射程度有很大区别，针对不同的材质应当选用适当的明暗方式。例如，塑料与金属的反光效果就有着很大的不同，塑料的高光较强但范围很小，常用塑性这种明暗方式来调制；金属的高光很强，而且高光区与阴影之间的对比很强烈，常用金属这种明暗方式来调制。

(3)活用各种属性：一个好的材质不是仅靠一种纹理来实现的，还需要其他属性的配合。这些属性包括透明度、自发光、高光强度、光泽度等，我们应当灵活运用这些属性来完成真实材质的再现。

(4)降低复杂程度：复杂的材质会加重计算机的负担，也会增大渲染的工作量、延迟出图时间，在创作过程中应尽量避免设置不必要的材质属性。一般来说，靠近镜头的材质可以创作得细腻一些，而远离镜头的地方可以选用一些简单的材质，尽量慎用反射、折射，因为它们将会使渲染时间成倍增长。在调制其他材质时，可先将这两个选项的勾选取消，待最后渲染成图时再将其勾选。

1.5.3 灯光设置

在建模与赋材质阶段，为了观看方便，可以设置一架临时摄影机与一些临时灯光，以便照亮整个场景或观看某些细部。一旦完成建模与赋材质之后，就需要重新调整摄影机与布设灯光。

灯光在效果图中起着至关重要的作用。质感通过照明得以体现，物体的形状及层次是靠灯光与阴影表现出来的。效果图的真实感很大程度上取决于细节的刻画，由此可见灯光效果的重要性。在设计过程中，可以用3ds max提供的各种灯光去模拟现实生活中的灯光效果。当在场景中设置灯光后，物体的形状、颜色不仅取决于灯光，材质也同样在起作用。因此，在调整灯光时往往需要不断调整材质的颜色及其他参数，以使两者相互协调。

室外照明要比室内简单一些，因为室外效果图基本上是在模拟日光，室内就大不相同了，它的光源非常复杂，而且照明和灯具布置对创造空间艺术效果有密切的影响，光线的强弱、光的颜色以及光的投射方式都可以明显地影响空间感染力。但无论室内还是室外，照明的设计要和整个空间的性质相协调，要符合空间设计的总体艺术要求，形成一定的环境气氛。

1.5.4 渲染输出

在3ds max中设计效果图，无论是在设计过程中还是在设计完成后，都要对设计的结果进行渲染，以便观看其效果并进行修改。渲染占用的时间非常多，所以一定要有目的性地进行渲染。在最终渲染成图之前，还要确定需要的成图的大小，输出文件应当选择可存储通道的格式为宜。

1.5.5 后期处理

当一幅效果图在3ds max系统中渲染完成后，通常还要使用Photoshop等图像处理软件进行效果图的后期处理。效果图如果没有配景作衬托，就会显得很单调。但它毕竟不是风景画，因此在任何情况下都应突出建筑物，注意表现主体，而不应出现喧宾夺主的现象。效果图后期处理一般包括以下两个方面。

(1)处理色调及明暗度:在合成背景前与后，都需要对作品的细节色彩进行调整，主要是调整图像的色调、明暗度和对比度等，使整幅作品层次分明，增强艺术感染力。这里着重指通过Photoshop的编辑功能进行调节。在3ds max中，有些光效创作起来很费时间，尤其是夜景灯光以及灯具上的光晕，而在Photoshop中可以很方便地创作这些光效。

(2)环境后期处理:应当尽量模拟真实的环境和气氛，使建筑物与配景环境能够和谐统一，给人以身临其境的感觉。配景环境固然重要，但不是效果图的主角，只能作为陪衬，主要突出的还是建筑物主体。

习　题

一、填空题

1. 通过________命令面板，可以对我们所建立物体的原有参数进行修改。

2. 3ds max这个功能强大的应用软件的出品公司为________。

3. 3ds max在XP系统下，在同一主程序窗口可打开的文件数为________。

4. 在3ds max中，最大化视图与还原视图切换的快捷方式默认为________。

5. 名称选择的默认快捷方式为________。

二、简答题

1. 3ds max9的主界面分为哪几个部分？每一部分的主要作用是什么？

2. 在什么情况下使用“文件”菜单下的“重置”命令最合适？

3. 如何打开其他工具栏？若所有的工具栏都被关闭了怎么办？

4. 效果图设计通常要用到哪些软件？各自的主要作用是什么？

5. 说明效果图的创作流程。

三、操作题

1. 参照本模块所介绍的3ds max9的界面和新增功能，熟悉3ds max9的操作界面，请上机演示【文件】菜单中的【重置】与【新建】选项的区别。

2. 打开一个max文件，合并另一个文件中的一个对象，并把该对象与原max文件中的对象建立链接关系，并通过上机操作练习，熟悉视图控制命令。

模块 2　3ds max9 基本操作

模块导读

3ds max9 的功能十分强大，要想应用它高效地完成建模、编辑及渲染输出等功能，必须首先学习 3ds max9 的工作方式。本模块主要讲解 3ds max9 的一些最基本的操作，包括选择对象、坐标系和轴心的概念及其使用、对象的复制和阵列等，很好地理解、掌握本模块内容，可以帮助同学们快速提高应用 3ds max 的设计创作能力。

学习内容分解

本模块主要练习对象选择的方式、对象的变换、坐标系和轴心、对象的复制和阵列、镜像等命令的使用，结合书橱创作对移动、阵列、镜像等命令进行重点训练。

任务2.1　主要命令简介

2.1.1 选择对象

选择对象即选定对象。要修改对象，或者利用材质编辑器赋予材质，都要首先选择对象。在众多的对象中如何快速、准确地选定操作对象，是熟练掌握3ds max9 的关键环节。3ds max9 中提供了多种选择对象的工具，包括选择对象、按名称选择、矩形选择区域、按颜色选择等，这些工具大多数都集中在编辑下拉菜单中，如图2－1 所示。在主工具栏中也包含了用来选择和变换对象的按钮，如图2－2 所示。

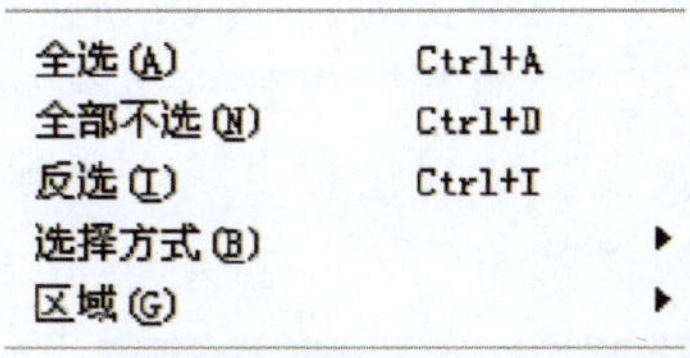

图2－1　编辑下拉菜单中的选择命令

图2－2　选择对象工具栏

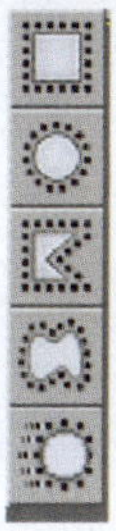

图2－3　选择区域方式

(1)选择对象

单击选择对象工具栏中的按钮，按钮将下凹并变成橙黄色。移动光标至选择的对象上单击，当对象变成白色时即被选中。这时，如果单击其他对象，则原来对象的选中状态随即消失，同时新单击的对象呈现被选中状态。单击图中的空白部分，则已被选中对象的选中状态全部消失。如果想同时选中多个对象，可以配合使用 Ctrl 键。在选中第一个对象后按住 Ctrl 键，单击其他对象，则其他对象也将呈白色，表示同时被选中。如果要取消已选中对象，也要按住 Ctrl 键，再单击希望取消选中状态的对象即可。

(2)区域选择

另一个选择多个对象的方式是使用区域选择。使用此种方式时，用鼠标框出一个区域，然后根据自己的设置决定选择完全包含在此区域内的对象，还是选择此区域接触到的所有对象。在选择对象时区域选择比单击选择对象的方法要快得多，即使是选择单一的对象，也是一种非常方便的工具。

在工具栏里选择区域按钮是一个复选框按钮，按下按钮并将光标向下移动，则显示出完整的5 种方式供用户选择，如图2－3 所示。

● 矩形选择区域:选择区域是一个矩形，所有此矩形区域内的对象将被选中。

● 圆形选择区域:选择区域是一个圆形，所有此圆形区域内的对象都将被选中。圆形区域的建立是先选择圆心，然后拖动鼠标以确定所选区域的半径。

● 栏栅选择区域:选择区域是通过光标画线方式，确定一个不规则的多边形，所有此多边形框内的对象都将被选中。

●套索选择区域:选择区域是一个套索形状，所有此套索内的对象都将被选中。选择过程是:先选择套索的起点，然后拖动光标画出希望选择的区域，在起点和光标之间自动画出一条直线，以形成封闭的套索曲线。

●绘制选择区域:绘制选择区域既可以在对象级别使用，也可以在次对象级别使用。选中这个工具后，鼠标就如同一支画笔(在工具栏上的绘图选择工具按钮上右击，可以修改画刷的直径)，在模型上拖动鼠标就可以建立选择区域。绘制选择工具还可以和软选择工具配合，不过当打开软选择选项时，选择区域边缘容易变得不规则，在多面的复杂模型上进行选择时程序响应的速度可能会变慢。但是可以随时关闭软选择，然后继续进行选择，必要时再重新打开。

另外，在 3ds max9 中提供了【窗口】和【交错】两种区域选择模式切换按钮。窗口方式:完全处于选择区域中的对象才会被选中。交错方式:只要对象的一部分在选择区域内该对象就被选中。

例 2.1　练习选择工具

①在透视图中建立 6 个对象，分别是:两个球体、一个长方体、一个圆环、一个茶壶、一个四棱锥，两个球体和圆环颜色调为蓝色，其它调为非白色的任意其它颜色。如图 2－4 所示。

②单击矩形区域选择按钮，在透视图中选择矩形的一个顶点。然后拖拉出一个矩形区域，全部包围球体、长方体、圆环，而与四棱锥、茶壶相交如图 2－5 所示。

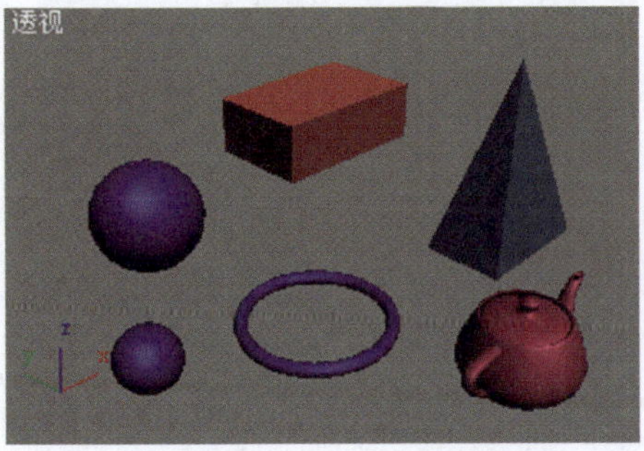

图 2－4 创建场景

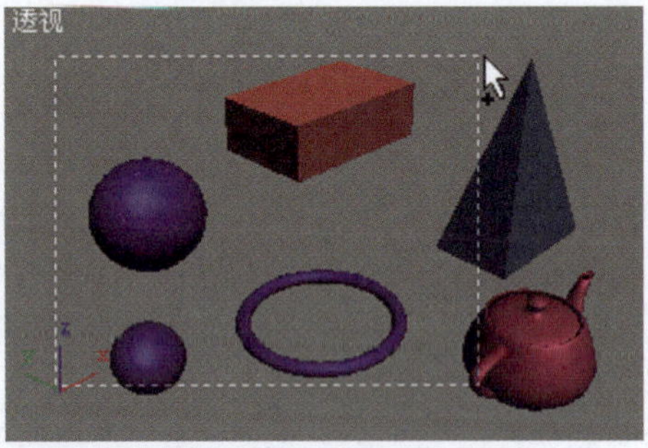

图 2－5 矩形选择区域

③释放鼠标左键，则被框住的四者被选中，如图 2－6 所示，此为窗口方式选择。

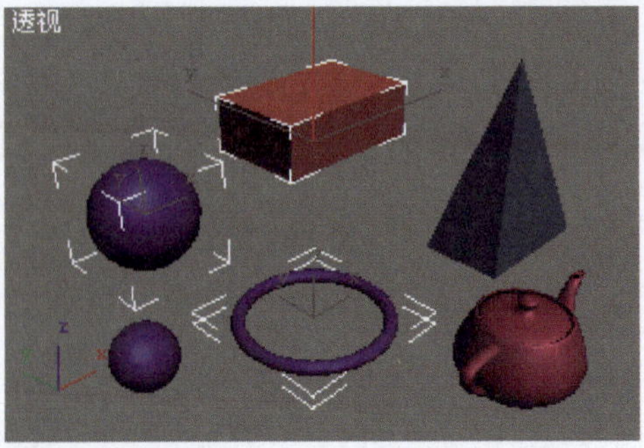

图 2－6　选中对象状态

④换为交错选择方式，单击矩形区域选择按钮，在透视图中选择矩形的一个顶点。然后拖拉出一个矩形区域，框住长方体和圆环，与四棱锥和茶壶呈相交状态，如图 2－7 所示。

⑤释放鼠标左键，则与矩形框相交错的或被框住的均被选中，如图2-8所示。

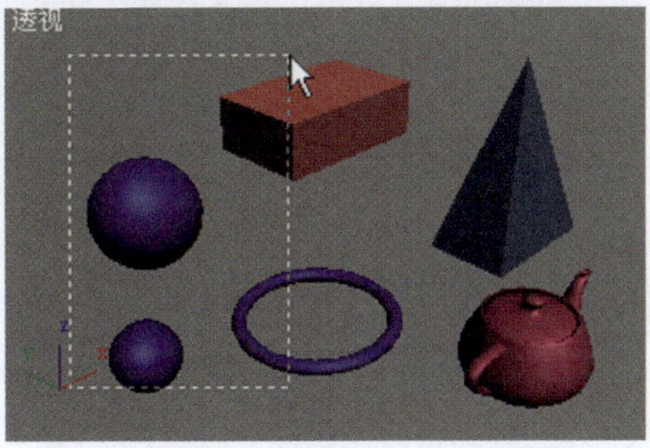

图2-7　交错矩形选区

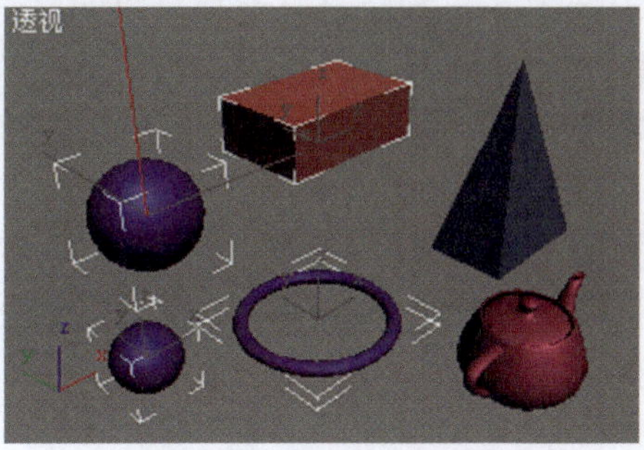

图2-8　选中对象状态

(3)按名称选择

当创建了一个包含许多对象的复杂场景时，根据对象名称可以快速、准确地选择所需的对象。选择【编辑】/【选择方式】/【名称】命令，或者单击工具栏中的按钮，将弹出如图2-9所示的选择对象对话框。

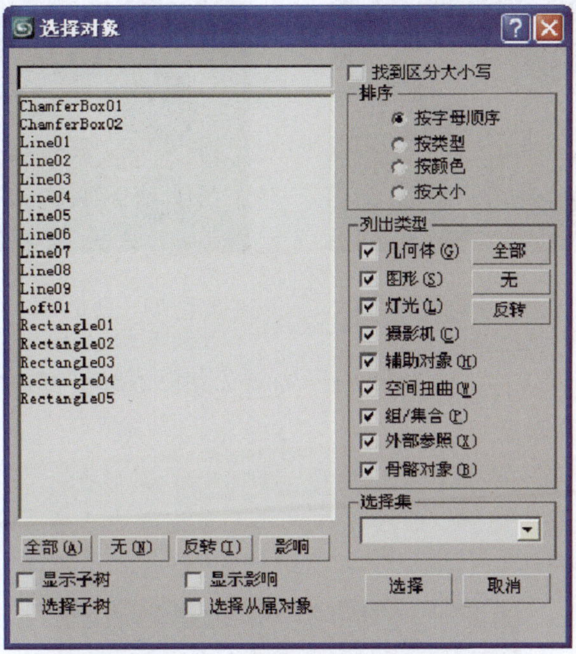

图2-9　选择对象对话框

在位于对话框左上角的文本框中可以直接输入希望选择的对象的名称，也可在下面的名称栏中使用鼠标同时配合 Ctrl 键进行选择。选择对象对话框的各选项含义如下：

●【全部】按钮：选择场景中所有的对象。

●【无】按钮：场景中的所有对象处于不被选中状态。

●【反转】按钮：取消场景中原来选中的对象，原来没被选中的对象呈选中状态。

●【显示子树】复选项框：显示对象的层次关系。

●【区分大小写】复选框：系统会检查字母的大小写方式。

●【选择子树】复选框：选择对象的层次关系。

●【选择从属对象】复选框：同时选择从属对象。

●排序选项组：用于设置名称栏中对象名称的排序方式，包括按字母顺序、按类型、按颜色和按大小 4 个单选项按钮。

●列出类型选项组：选择在名称栏中列出的对象的类型包括几何体、图形、灯光、摄影机、辅助对象、空间扭曲、组/集合、外部参照和骨骼对象 9 个复选框。

●选择集下拉列表框：选择命名过的对象集合。

例 2.2　按名称选择对象

①继续使用例 2.1 中的场景。选择【编辑】/【选择方式】/【名称】命令，在弹出的对话框中选择所有的球体，然后单击选择按钮。

②在返回的场景中，两个球体均被选中，如图 2－10 所示。

③单击按名称选择对象按钮，然后单击反转按钮，最后单击选择按钮。

④在返回的场景中，除了球体之外的对象都被选中，如图 2－11 所示。

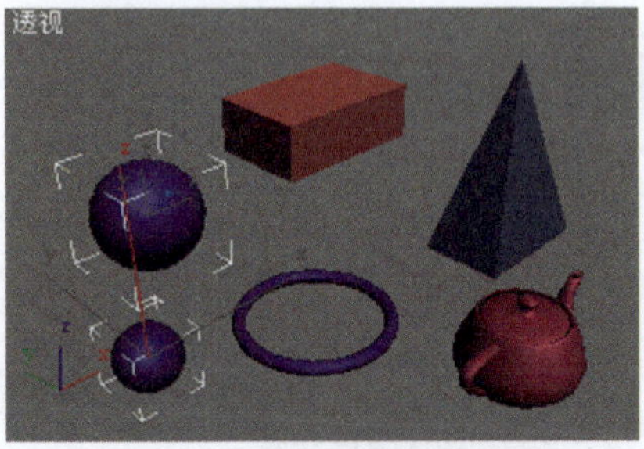

图 2－10　两个球被选中

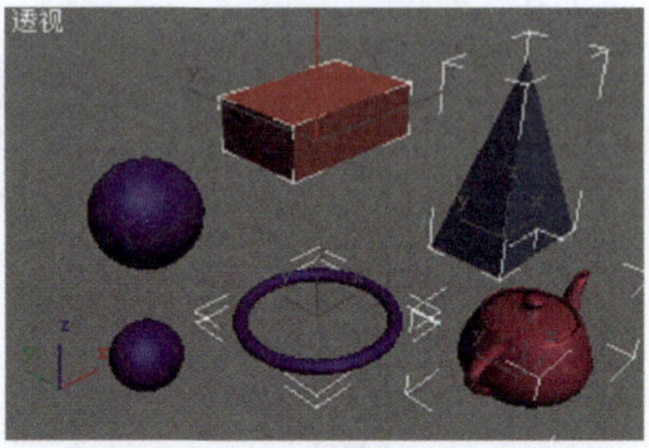

图 2－11　两个球以外物体被选中

(4) 按颜色选择

可以根据对象的颜色进行选择，这要求在创建对象时合理设置对象的颜色。

例 2.3　按颜色选择对象

①选择【编辑】/【选择方式】/【颜色】命令，光标变成形状。

②移动鼠标单击视图中球体，因圆环与球体具有相同的蓝色，所以两类物体同时被选中，如图 2－12 所示。

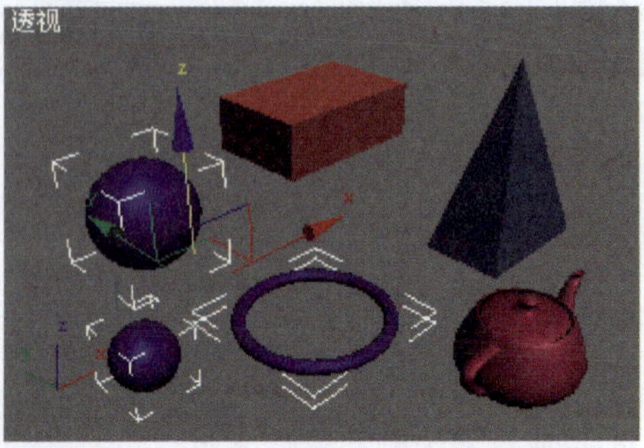

图 2－12　选中同一颜色物体

(5)选择过滤器

除了前面介绍的各种选择方式之外，还允许用户按照对象本身的性质进行选择，称为选择过滤器。在工具栏中有一个(全部)下拉列表框，其中有若干种不同的分类形式，如图2-13所示。选择组合项，弹出如图2-14所示的(过滤器组合)对话框，可以在创建组合选项组中添加组合类型。例如，如果选中几何体和图形复选框，单击添加按钮，则右边当前组合框中将添加组合类型。

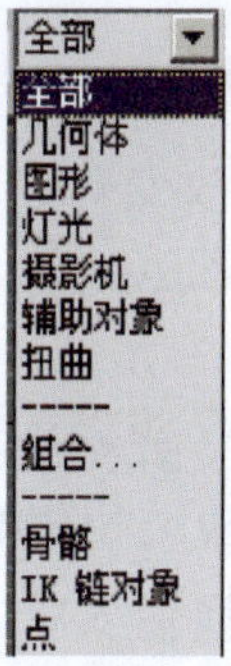

图2-13 选择过滤器下拉列表

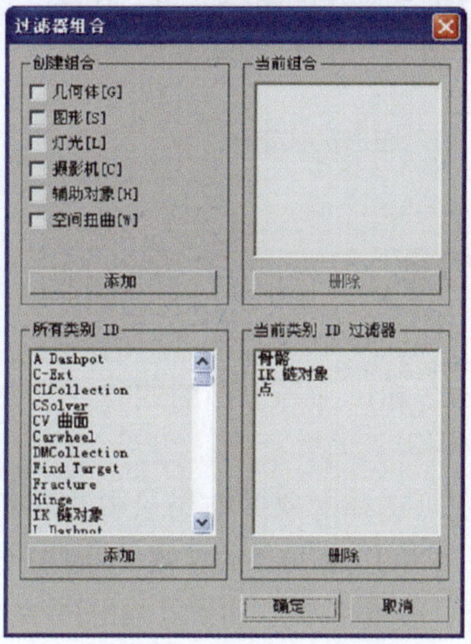

图2-14 "过滤器组合"对话框

例2.4 使用选择过滤器

①在场景中创建长方体、球体、圆形、线和圆环。

②在工具栏中的选择过滤器下拉列表中选择S-图形选项，按Ctrl+A组合键。

③此时只有线和圆形可以选择，因为只有这两个对象属于图形类型，如图2-15所示。

(6)锁定选择对象

有时用户已经选中了一些对象，并且要对其进行操作，但偶尔可能会不小心单击了视图的其他位置，则原来选定的对象又被去选，从而不能继续进行操作，甚至会产生一些误操作。采用锁定选择对象的方法可以解决这一问题。

例2.5 锁定选择对象

①在视图中创建三个圆环，均采用默认名称。

②选择圆环02，在屏幕下方的提示栏内单击【锁定切换】按钮，按钮处于下凹状态，颜色为黄色，表示处于锁定状态，此时既不能再选择其他对象，也无法释放一个已被选定的对象，只能对锁定的对象进行操作，如图2-16所示。此时，用户所进行的操作不会影响其它对象。

③操作完毕后，再次单击选择锁定切换按钮，以解除锁定状态。

提示：锁定选择对象按钮的快捷键(开关)是空格键。

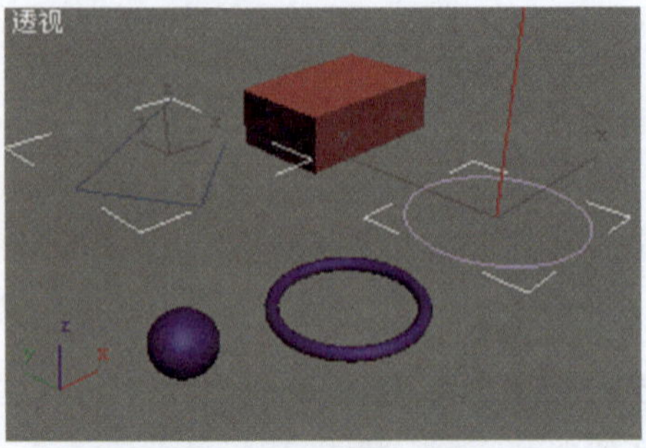

图 2－15　图形类被选中

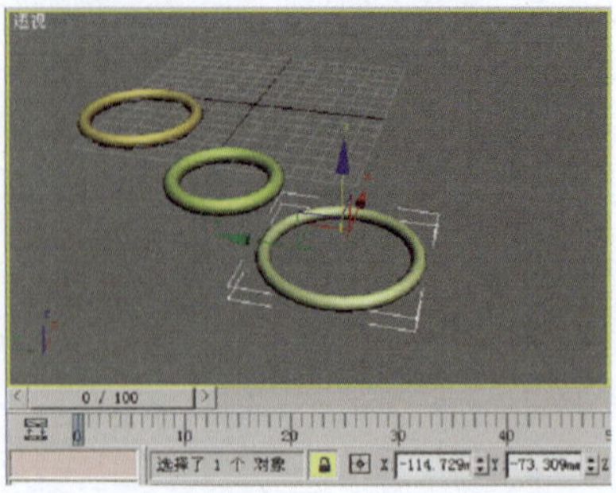

图 2－16　锁定后只对选择对象操作

2.1.2 变换对象

变换对象是 3ds max9 中对对象进行的一种基本编辑方式，即改变对象的外观、形态和位置。例如，位移、旋转和尺寸等方面的调整。

(1)移动

【移动】按钮可选择对象并在场景中移动对象，选择此项后，光标会变成一个小十字，此时可以将选定的对象移至满意的位置。当用户需要精确定位对象的位置时，可以选定要定位的对象，用鼠标右击按钮，将弹出如图 2－17 所示的移动变换输入对话框，在其中可以输入精确的位置坐标。当处于移动状态时，也可以在屏幕下方信息区及状态行的相应文本框中，直接键入对象的目标位置，如图 2－18 所示。其中按钮用于绝对坐标与相对坐标之间的切换，为绝对坐标模式，为相对坐标模式。

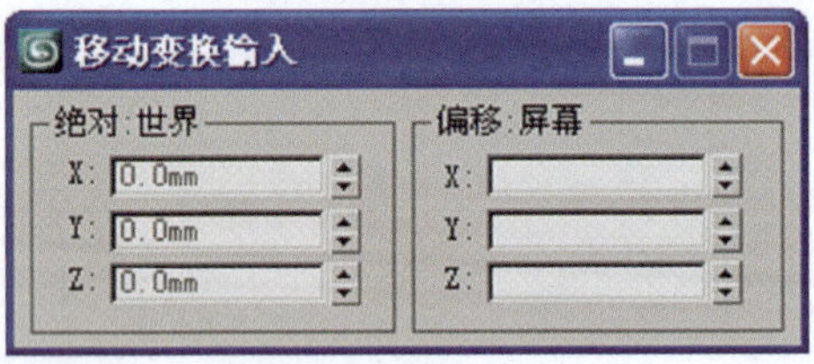

图 2－17　移动变换输入对话框

图 2－18　移动对象坐标模式

(2)旋转

【旋转】按钮可对选择的对象进行旋转方位变换。选择此项后，光标将变成一个回转的箭头，此时用户可以以 X、Y、Z 轴为轴，对对象进行旋转操作。当需要精确定位对象旋转角度时，可选定旋转的对象，右击按钮弹出如图 2－19 所示的旋转变换输入对话框，使用方法与移动选项基本相同。

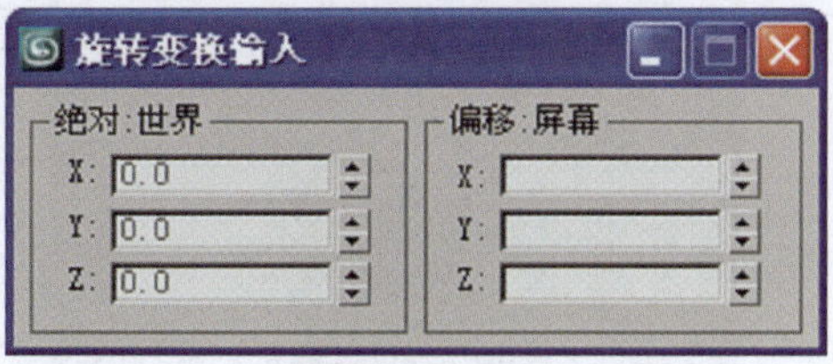

图2－19　旋转变换输入对话框

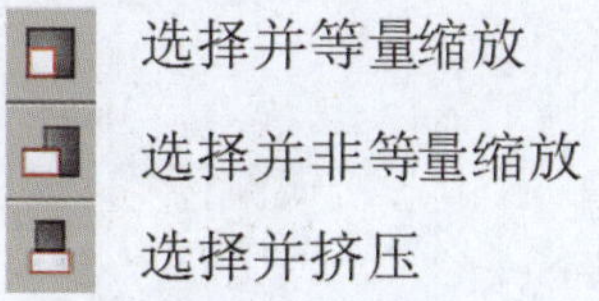

图2－20　缩放按钮组

(3)缩放

【缩放】按钮可以改变对象的尺寸。选择此选项后，光标将变成一个三角架的形状，同时选中对象将出现X、Y、Z坐标轴。缩放按钮有3种不同的缩放方式，可以通过工具栏中的缩放按钮组进行切换，如图2－20所示。

● 选择并等量缩放:将对象进行等尺寸的立体缩放。默认情况下，当鼠标向上移动时，对象三个方向的尺寸同时放大。当鼠标向下移动时，对象同时缩小。当用鼠标拖动X、Y、Z轴中的任一轴时，向远离坐标原点的方向移动，则对象相应的尺寸放大，反之缩小。当鼠标置于任意两轴之间，连接两轴的边线将高亮显示，这时拖动鼠标将同时改变这两轴的尺寸。

● 选择并非等量缩放:默认情况下是同时改变任意两轴的尺寸。

● 选择并挤压:默认情况下是改变任意一轴的尺寸。当鼠标处于两轴夹角之间时，可以同时改变相应两个方向的尺寸。与非等量缩放方式不同之处是，非等量缩放只在确定的方向上有尺寸变化，而挤压是在保持对象体积不变的基础上，改变某一方向的尺寸。

例2.6　缩放对象

①创建一个茶壶，如图2－21所示。

②单击主工具栏中的按钮，在透视图中向上拖动鼠标，则茶壶各个方向等量放大，如图2－22所示。

图2－21　创建一个茶壶

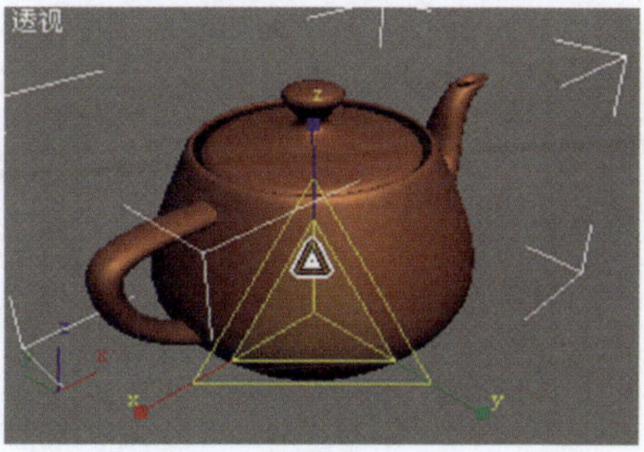

图2－22　等量缩放对象

③单击工具栏中的按钮，在透视图中同时改变Y、Z轴方向的尺寸，如图2－23所示。单击工具栏中的按钮，在透视图中挤压X、Y轴的尺寸，可以看到X、Y轴的尺寸都变小了，而茶壶总体积仍保持不变，如图2－24所示。

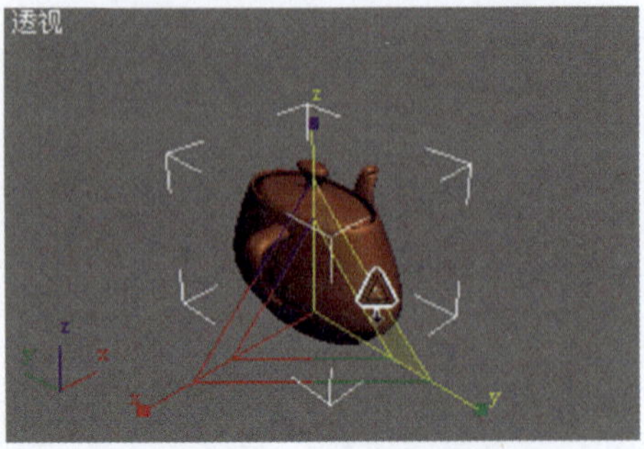

图 2－23　Y、Z 轴缩放

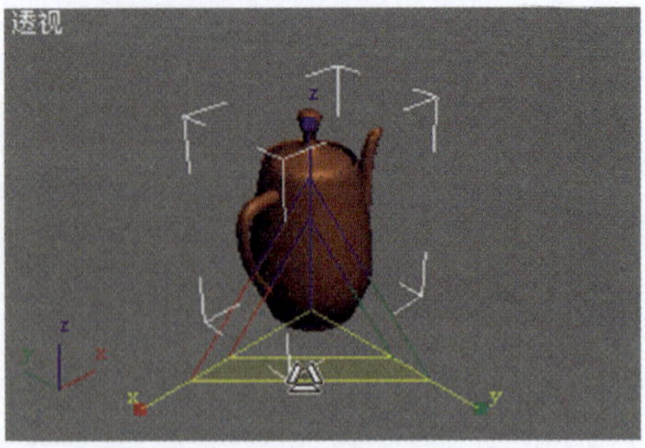

图 2－24　挤压 X、Y 轴

(4) 对齐

【对齐】按钮可以有目的地定位物体的位置。在视图中选择一个对象(当前对象)，单击主工具栏中的按钮，在视图中指向物体(目标对象)鼠标变为 形状时、单击，弹出如图 2－25 所示对话框。

●X、Y、Z 位置复选框：指当前对象与目标对象在哪一坐标上对齐，可选其中之一，也可选择多个。

●当前对象最小、最大、中心、轴点：指当前对象坐标值的最小、最大、中心，或者当前对象的轴点。

●目标对象最小、最大、中心、轴点：指目标对象坐标值的最小、最大、中心，或者目标对象的轴点。

提示：设置完参数后，单击 应用 按钮，表示接受当前设置，继续进行下一次对齐操作设置；单击 确定 按钮表示接受当前设置，并关闭对话框；单击 取消 按钮，表示取消本次对齐操作。

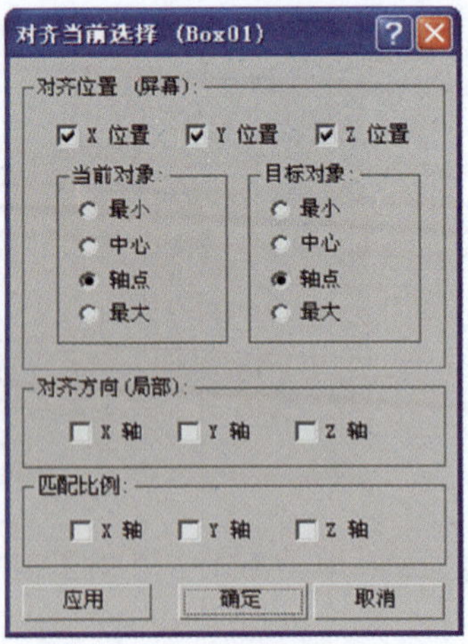

图 2－25　对齐当前选择

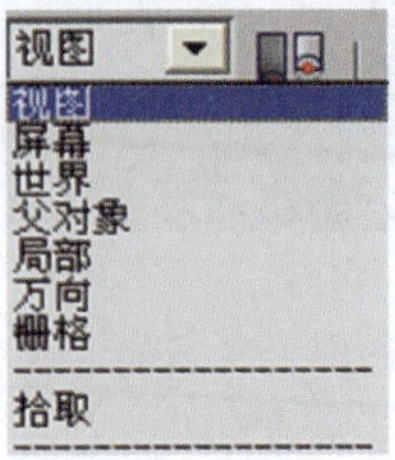

图 2－26　“参考坐标系”下拉菜单

2.1.3 坐标系和轴心

(1)参考坐标系

在3ds max9 中可以根据操作的需要设置参考坐标系，以便于确定对象的精确定位和旋转角度。可以在“参考坐标系”下拉菜单中设置坐标系，如图 2 – 26 所示。

●视图：设置视图参考坐标系，视图坐标系是3ds max9 中默认的坐标系。在平面视图中包括顶视图、前视图和左视图，其中所有的 X、Y、Z 轴的方向都完全相同。X 轴的方向向右，Y 轴的方向向上，Z 轴的方向垂直屏幕向外指向用户。在平面视图中，视图坐标系是一种相对坐标系，没有绝对的坐标方向，但在透视图中会自动转换成场景坐标系。

●屏幕：设置屏幕参考坐标系，无论在平面视图，还是在透视图中，X、Y、Z 轴方向完全相同。屏幕坐标系较适于正交视图，在非正交视图中有时会发生问题。屏幕坐标系将依所激活的视图来定义坐标轴的方向，在视图中，X 轴的方向永远向右，Y 轴的方向永远向上，Z 轴的方向永远从屏幕向外指向用户。当激活某一视图时，被激活的视图轴向维持不变，但却改变其在空间中的位置。

●世界：设置世界参考坐标系，坐标方位是以场景所在地实际坐标系系统为准的。在前视图中，X 轴方向向右，Z 轴的方向向上，Y 轴的方向垂直屏幕向里。坐标轴的方向将永远保持不变，改变视图时也是如此。

●父对象：设置父对象参考坐标系，若场景中的对象之间有链接关系，则子对象的参考坐标以父对象的坐标系为准。若不存在链接关系的对象，则系统采用默认的场景坐标系。

●局部：设置局部参考坐标系，坐标的原点是对象本身的轴心，坐标是对象本身的坐标系。当采用此坐标系时，各对象的形变编辑各自独立。

●万向：设置万向参考坐标系，类似局部参考坐标系，但它旋转的三轴并不要求是互相垂直的。当用户旋转欧拉坐标系 X、Y、Z 任一轴时，只有被旋转的轴轨迹发生改变，其它两轴保持不变，这更有利于编辑功能曲线。

●栅格：设置栅格参考坐标系，操作对象时，坐标以格线为基准。

●拾取：设置拾取参考坐标系，所有对象的坐标以被选择对象本身的坐标为基准。

例 2.9　参考坐标系的使用

①创建两个长方体、三个球体和一个茶壶如图 2 – 27 所示。

②在参考坐标系下拉列表中选择屏幕坐标系，在前视图中拖动茶壶对象，茶壶沿地平面的 X 轴方向移动，如图 2 – 28 所示。

③单击左视图，此视图的坐标轴将翻转，X 轴仍为水平方向，Y 轴仍为垂直方向。拖动茶壶，对象仍沿平行于屏幕的方向移动，如图 2 – 29 所示。

④单击按钮，在场景中选择一个长方体，再单击【角度锁定】按钮，按住鼠标左键不放并拖动鼠标将其旋转 –30 度，如图 2 – 30 所示。

⑤在参考坐标系下拉列表中选择局部坐标系，然后选中长方体对象，可同时观察到视图中坐标轴的变化。在透视图中单击拖动长方体对象，长方体对象向斜上方移动，如图 2 – 31 所示。

⑥在场景中选择茶壶。在参考坐标系下拉列表中选择拾取坐标系，单击旋转捕捉长方体对象，此时可以看到长方体对象的名称出现在坐标系列表中，并且视图中坐标系的方位改变为符合长方体对象的方向。

⑦确定 X 轴约束按钮处于激活状态。在任何视图中拖动茶壶，此时可以看到茶壶沿长方体对象表面平行移动，如图 2－32 所示。

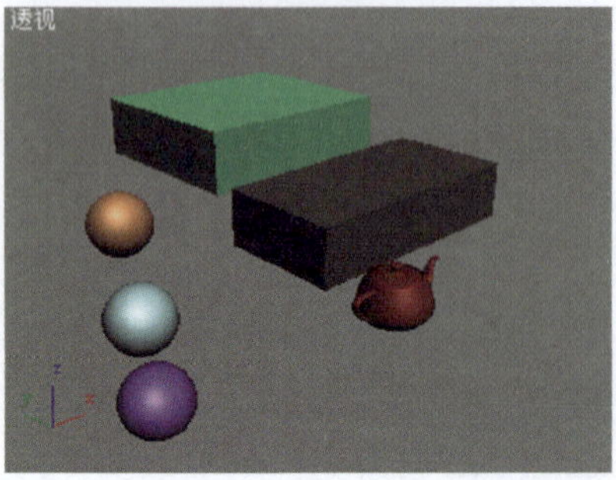

图 2－27　创建场景

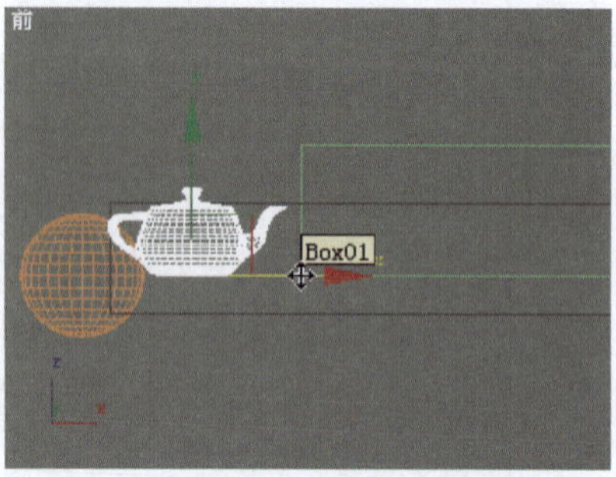

图 2－28　沿 X 轴移动茶壶

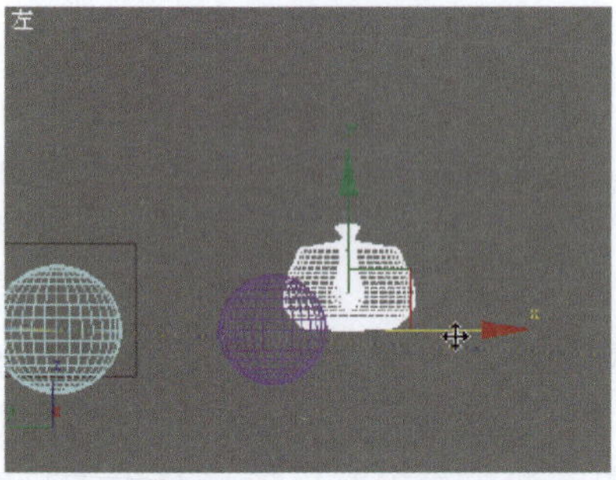

图 2－29　左视图沿 X 轴移动茶壶

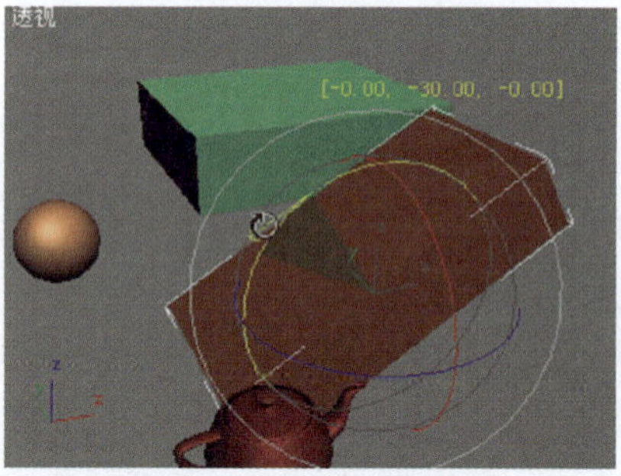

图 2－30　旋转长方体

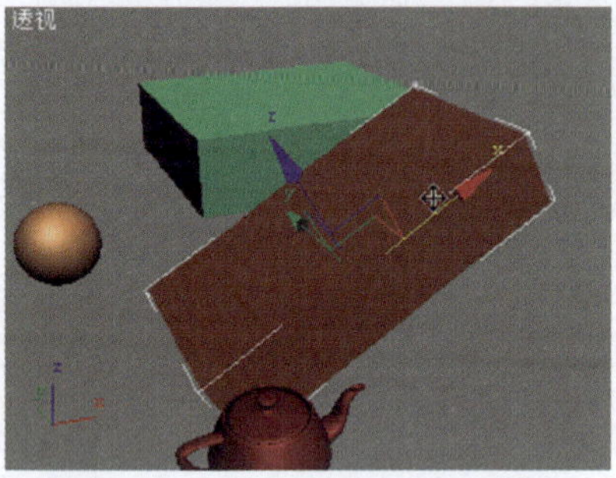

图 2－31　长方体向斜上方移动

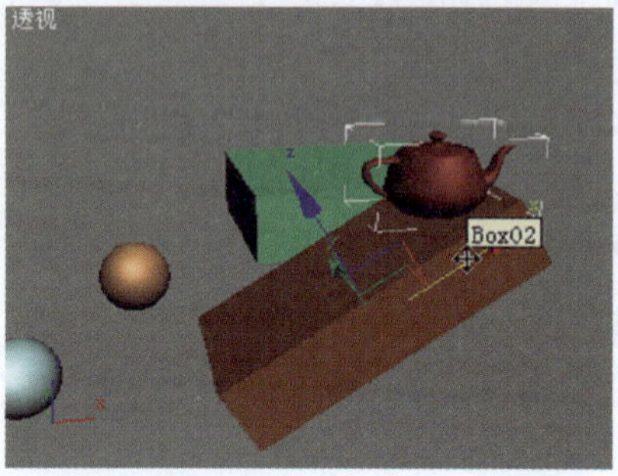

图 2－32　茶壶沿长方体斜面移动

（2）轴心

在 3ds max9 中，对象各种编辑操作产生的结果均以轴心为中心操作。轴心是指对象编辑时中心定位的位置，用户可以设置不同的对象轴心来控制对象的操作结果。在 3ds max9 中提供了如下 3 种轴心的定位方式。

● 使用轴点中心：此时操作中心是对象的几何中心，这是系统的默认设置。

● 使用选择中心：如果在场景中选择了某一区域，则系统会自动将操作中心点设在该区域的中心点上。

● 使用变换坐标中心：设置目前坐标系的原点为操作中心。

例 2.10　轴心的使用

①创建两个长方体、三个锥体、一个 C 形墙，如图 2－33 所示。

②在工具栏中单击按钮，在顶视图中选择 C 形墙，此时对象底部出现三角坐标系。拖动鼠标旋转对象，对象以轴心为中心旋转，如图 2－34 所示。

图 2－33　创建场景

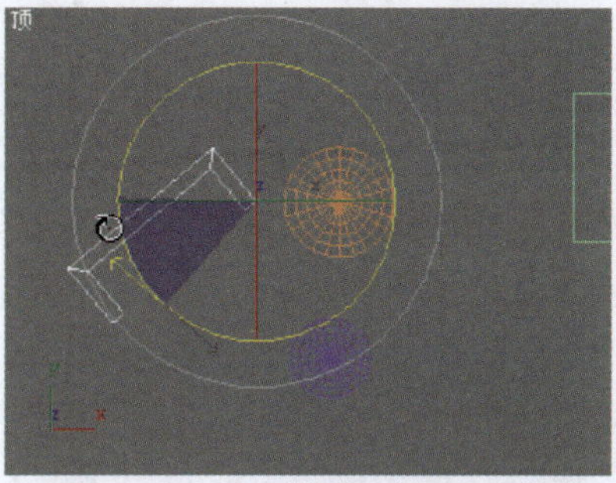

图 2－34　C 形墙绕对象中心旋转

③在坐标轴心下拉按钮中切换为【使用选择中心】按钮，此时在顶视图中，坐标系移到 C 形墙的中心位置，旋转 C 形墙可以看到 C 形墙绕自身中心点旋转，如图 2－35 所示。

④确定顶视图处于激活状态，单击按钮，坐标系转到原始世界坐标系空间的地平面中心点。旋转 C 形墙，将绕世界坐标系的原点旋转，如图 2－36 所示。

⑤因为可以使用任何对象作为坐标系的参考，所以可以指定空间中的任何一点作为中心点。在参考坐标系下拉列表中选择拾取坐标系，单击一个长方体，此时坐标系转到长方体对象的底部。

⑥在透视图中旋转 C 形墙，对象将绕长方体旋转，可以看到对象上显示的坐标轴是长方体的坐标系，如图 2－37 所示。

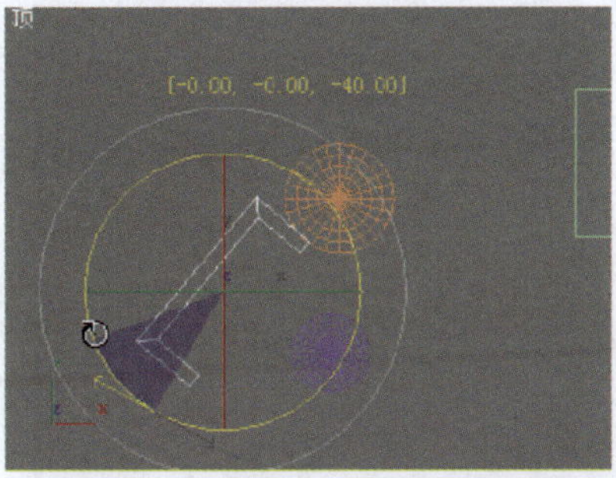

图 2－35　C 形墙绕自身中心点旋转

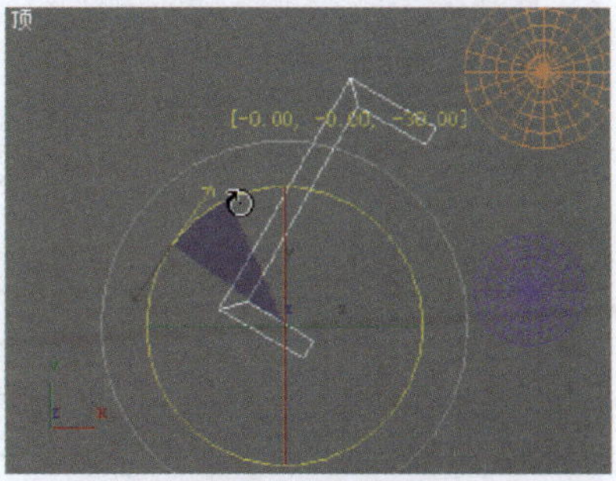

图 2－36　C 形墙绕世界坐标系原点旋转

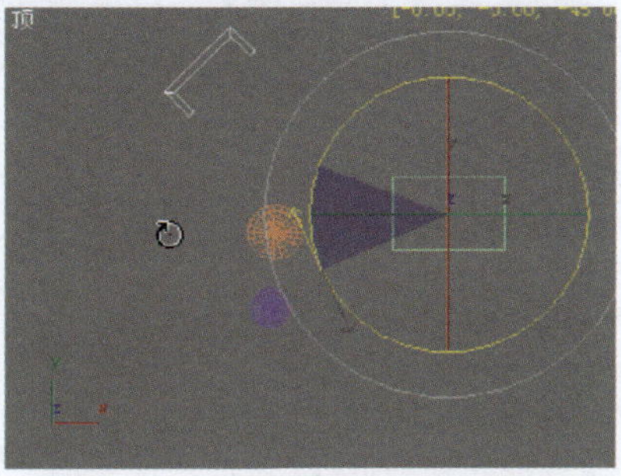

图 2－37　C 形墙绕长方体旋转

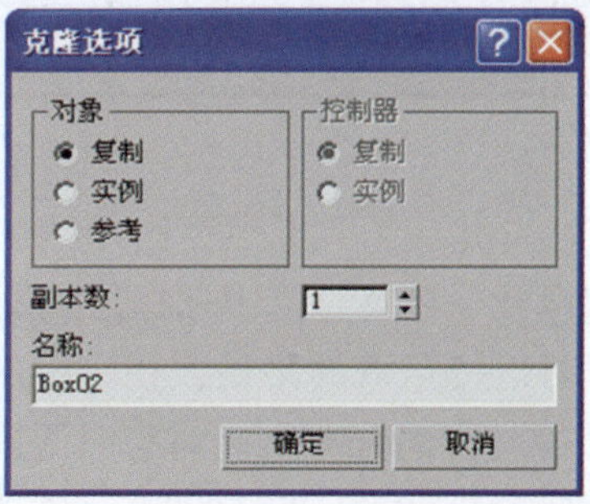

图 2－38　克隆选项

2.1.4 复制对象

(1)复制

选择对象后，选择菜单中的【编辑】/【克隆】或按住 shift 键，单击按钮，移动对象，都能打开如图 2－38 所示对话框。其中提供了 3 种复制对象的方法：可以创作对象的复制对象、创作对象的实例复制、创作对象的参考复制，同时，也可以一次复制间距相等的多个对象。三种复制的对象都具备各自特殊的属性，在对它们进行修改时，所表现的结果是不一样的。

●复制：一般为默认选项，以原始对象为标准，产生一个与原始对象完全一样的独立的对象。这里需要强调两点：一是与原始对象一样；二是与原始对象相互独立，即对复制产生的对象进行的任何操作与原始对象无关，而对原始对象的操作也与新产生的对象无关。

●实例：选择此项，以原始对象为标准，产生原始对象在场景中不同位置的另一种表现形式。原始对象和复制产生的对象为互相关联关系，即对其中任何一个进行修改，都将影响到另一个物体。

●参考：复制一个新的三维模型，并指定为参考属性。其解释是：单向实例复制，即对原始对象的修改操作将影响复制产生的对象，但对复制产生的对象的修改操作不会影响到原始对象。

注意：复制数量可以在副本数右面的数值框中输入，无论复制多少物体都会均匀分布。

(2)阵列

选择对象后，在菜单栏中选择【工具】/【阵列】，打开如图 2－39 所示对话框。使用阵列功能，可以按移动、旋转、缩放方式对对象进行一维、二维或三维阵列，对象类型同样有复制、实例与参考三类，其含义与复制对象相同。

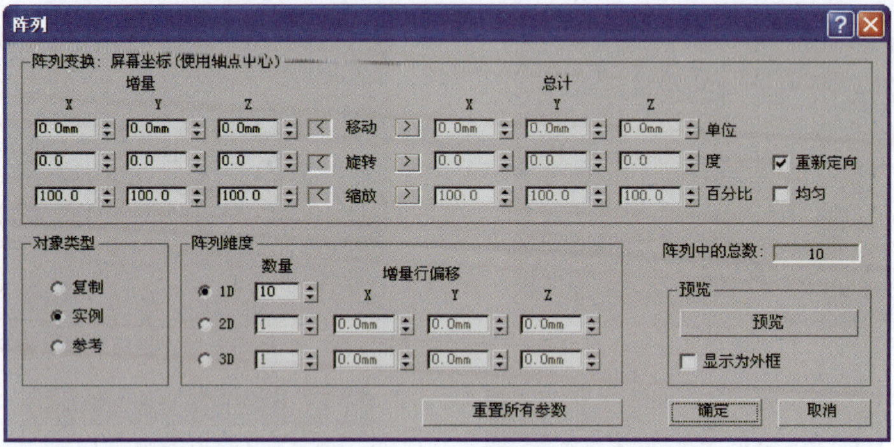

图 2－39　阵列

(3)间隔工具

选择对象后，在菜单栏中选择【工具】/【间隔工具】，打开如图 2－40 所示对话框。使用间隔工具，可以按拾取的路径或在指定的两点间，按照设定的参数方式复制对象。在沿未知长度的路径等到距离分布复制对象时间隔工具非常实用，如窗帘环、栅格等。

(4)镜像

【镜像】用于复制轴对称物体。选择对象后，单击主工具栏中的按钮，弹出如图2-41所示对话框。

●镜像轴：用于选择镜像的对称轴或对称面。其下面的偏移文本框内可输入数值，用于确定镜像对象与原对象的距离。

●克隆当前对象选择：用于选择镜像对象的方式，其中的不克隆选项为只要镜像后对象，而其它三个选项与复制对象含义相同。

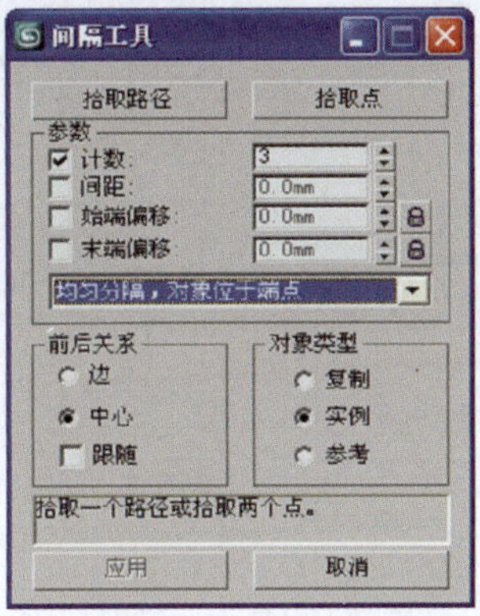

图2-40 间隔工具

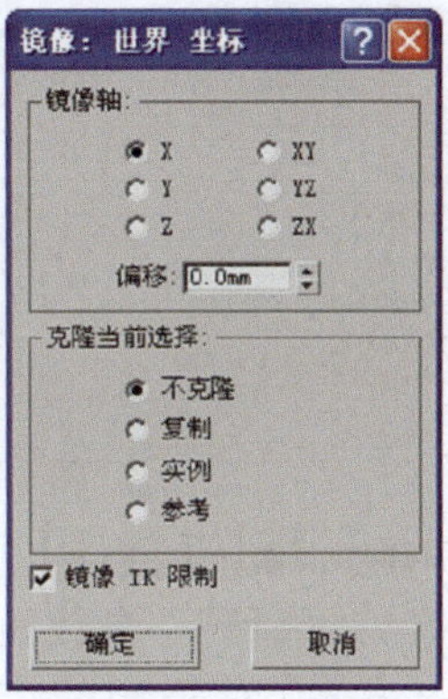

图2-41 镜像

任务2.2 书橱创作

2.2.1 设计目的

熟悉3ds max界面与工作方式，练习常用命令操作，创作形态真实的书橱。

2.2.2 创作构思

创建一个切角长方体，作顶板；创建一个长方体，作侧板，应用对齐与移动命令调整到合适位置；镜像得另一侧板；创建一个长方体，作隔板，应用对齐与移动命令调整到合适位置；应用阵列命令生成其它隔板；创建一个长方体，作后板，应用对齐与移动命令调整到合适位置；赋予材质。最后书橱的形态及其尺寸如图2-42所示。

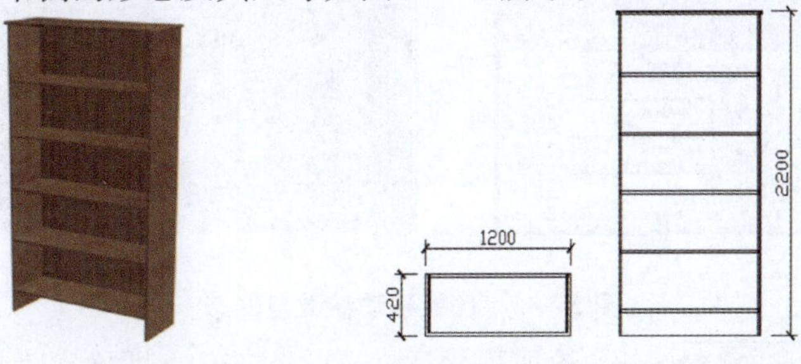

图2-42 书橱形态及其尺寸

2.2.3 操作步骤

(1)单击【创建】/【几何体】/扩展基本体/切角长方体按钮，在顶视图中创建一个切角长方体，命名为“顶板”，参数与形态如图 2－43 所示。

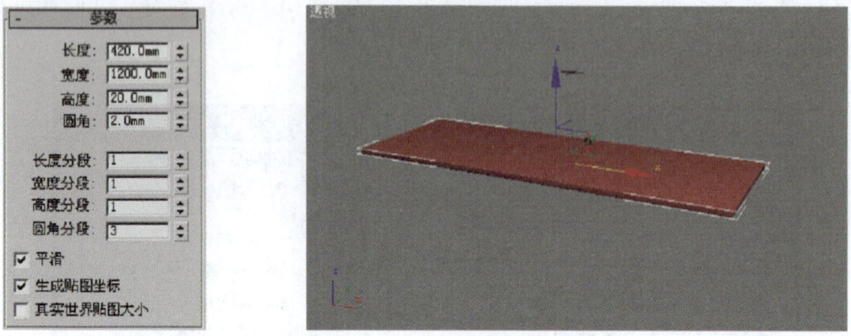

图 2－43 顶板参数与形态

(2)单击【创建】/【几何体】/标准基本体/长方体按钮，在顶视图中创建一个长方体，命名为“侧板”，参数如图 2－44 所示。

(3)对齐。在顶视图中选择侧板，单击按钮，在顶视图中选择顶板，在 X 轴上最小与最小对齐，在 Y 轴上最大与最大对齐；在前视图中选择侧板，单击按钮，在前视图中选择顶板，在 Y 轴上最大与最大对齐。对齐后的形态如图 2－44 所示。

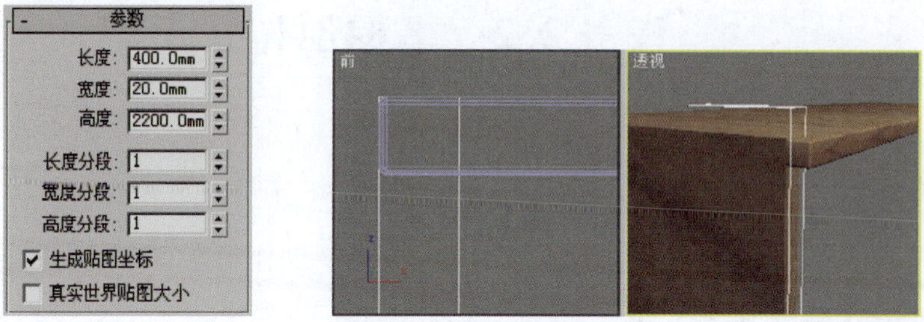

图 2－44 侧板参数与形态

(4)移动。在前视图选择侧板，右击按钮，在偏移 X 文本框内输入 20mm，表示侧板向 X 正方向移动 20mm。其参数与形态如图 2－45 所示。

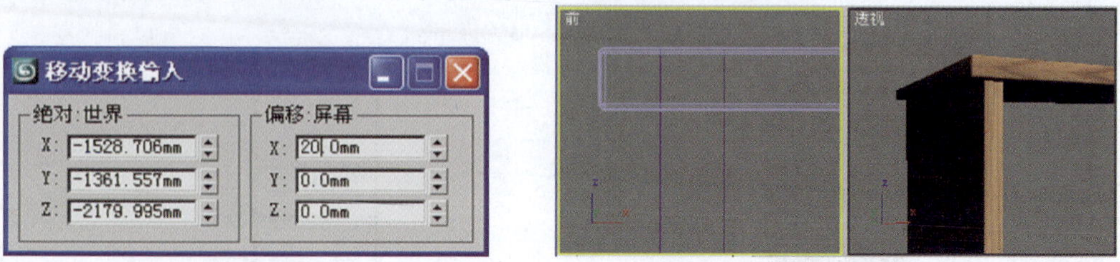

图 2－45 侧板移动参数与形态

(5)镜像。单击视图按钮，拾取顶板后，选择按钮，即确定为拾取坐标系，如图 2－46 所示。选中侧板，单击按钮，选择实例方式镜像，得到如图 2－46 所示结果。

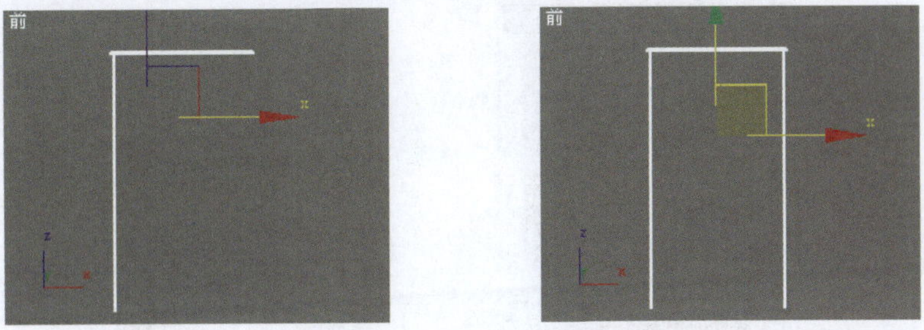

图2－46 侧板镜像前后形态

(6)在顶视图创建图2－47所示参数长方体命名为“隔板”；应用对齐命令在顶视图与顶板X中心对齐，Y最大对最大，在前视图Y最大对最大；右击按钮，在偏移Y文本框内输入－420mm，表示将隔板向Y负方向移动420mm。其参数与形态如图2－47所示。

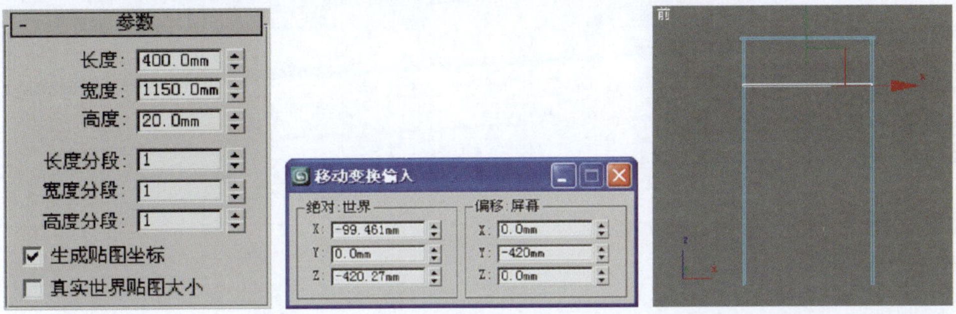

图2－47 隔板参数、对齐、移动后的形态

(7)阵列。选择隔板，单击【工具】/【阵列】，弹出图2－48所示对话框，设置参数，单击确定按钮，得到如图2－49所示结果。

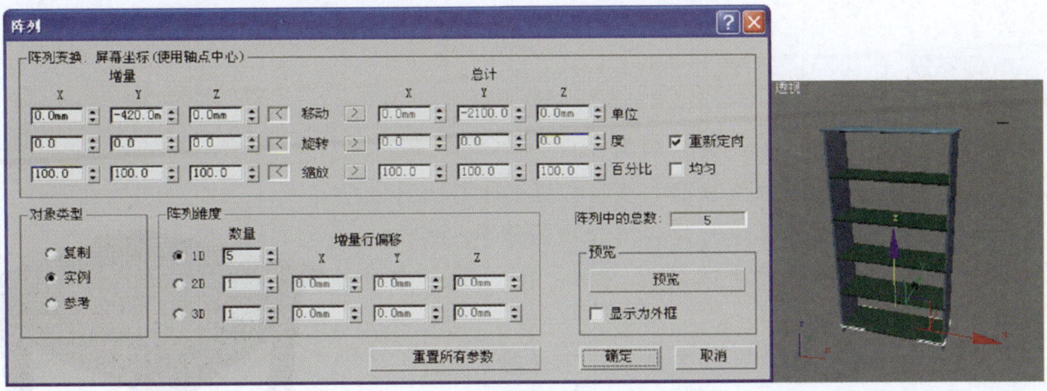

图2－48 隔板阵列参数与形态

(8)在前视图创建图2－49所示参数长方体，命名为“后板”；应用对齐命令在顶视图与顶板X中心对齐，Y最大对最大，在前视图Y最大对最大；赋予木纹材质后，渲染效果如图2－49所示。

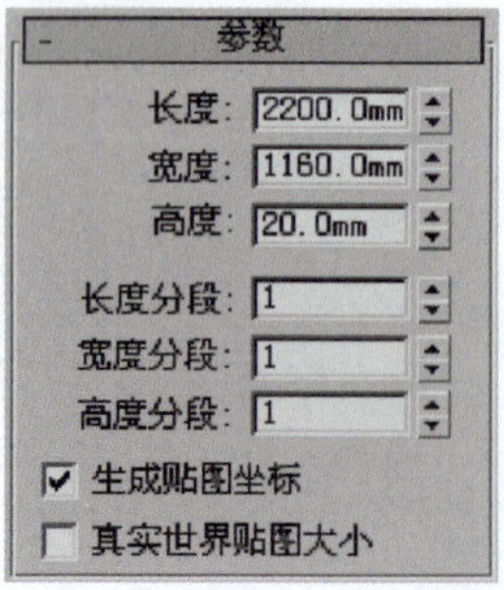

图 2-49　后板参数与书橱渲染效果

习　题

一、填空题

1. Max 中最近打开文件列表最大值为____________________。

2. 最常用的选择工具是________________、________________、________________、________________。

3. "局部"坐标系中坐标的原点是____________，坐标是对象本身的坐标系，当采用此坐标系时，各对象的形变编辑各自独立。

4. 复制物体的时候可以按住____________键再移动物体。

5. 对齐命令中的目标对象指____，当前对象指____。

二、简答题

1. 说出三种最常用的选择物体的方式。

2. 要改变系统默认框选物体的方式，怎样操作？

3. 说明拾取坐标系在镜像与阵列操作中的作用。

4. 对齐命令中的操作对象的最大、最小、中心、轴心各是什么含义？

5. 说明复制、实例、参考三种复制物体方式的区别。

三、操作题

利用 3ds max9 中提供的模型对象与基本操作，创作一张八仙桌，尺寸按实际大小绘制，其形态如图 2-50 所示。

图 2-50　八仙桌形态

模块3 基础建模

模块导读

本模块主要讲解了创建命令面板中的标准基本体、扩展基本体以及样条曲线的创建方法。这些内容是效果图创作中最基本的技能与知识，希望同学们把这部分内容掌握好。为了使同学们能够牢固掌握所学的知识和命令，我们给出了2个典型实例，通过实例的创作，希望同学们进一步加深记忆，达到熟练应用的目的。

学习内容分解

3ds max9 提供了多种参数化的几何体，包括标准基本体和扩展基本体；还提供了多种参数化的二维线形，包括样条曲线和NURBS 曲线。就单个几何体来说形态较为简单，但合理地调节参数加上巧妙的组合，同样也可以创作出复杂的三维模型。本模块介绍了三维造型和二维线形的创建方法以及灵活运用标准基本体和扩展基本体搭建出常用的构件模型的技巧。通过床头柜与餐椅典型工作任务训练，让同学们能够灵活运用几何体命令创建理想的家具模型。

任务 3.1　主要命令简介

3.1.1 创建标准基本体

单击命令面板上的【创建】/【几何体】按钮，出现【标准基本体】命令面板，其状态如图 3－1 所示。

命令面板有 + 对象类型 及 - 名称和颜色 两大类。当长按钮上出现 + 号时表示类的选项被关闭（命令面板在很多情况下出现的不是很完整，可用按住鼠标左键上下拖动就可以将面板的内容托动显示）；当长按钮上出现 - 号时表示类的选项被打开。

在【名称和颜色】对话框中，名称栏 Box01 可以为创建的对象起一个便于记忆的名字。单击颜色色块按钮，在弹出的对话框中选择任意一种颜色即可改变创建对象的颜色。

在创建命令面板上可以看到，【标准基本体】命令面板的【对象类型】类下，共有 10 个按钮可以直接创建 10 种标准基本体造型。这 10 类造型按创建的操作步骤多少，可以分为 3 类，下面分别介绍。

(1) 一步创建即可完成

包括【球体】、【几何球体】、【茶壶】、【平面】的创建。在创建命令面板中激活相应的按钮后，在视图中的合适位置单击后，拖曳鼠标，即可完成创建过程。四类几何体的形态如图 3－2 所示。

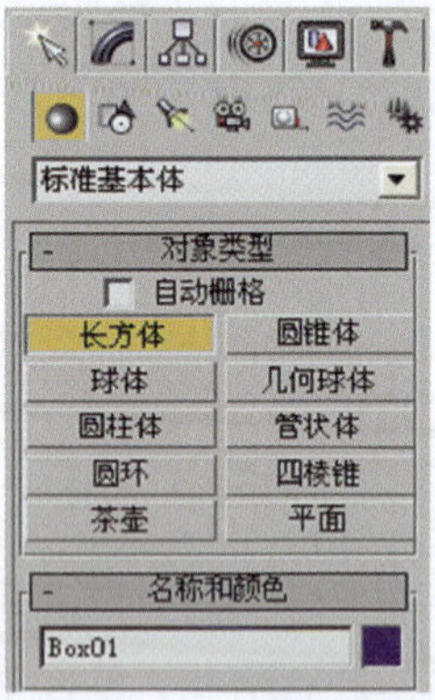

图 3－1　创建几何体命令面板

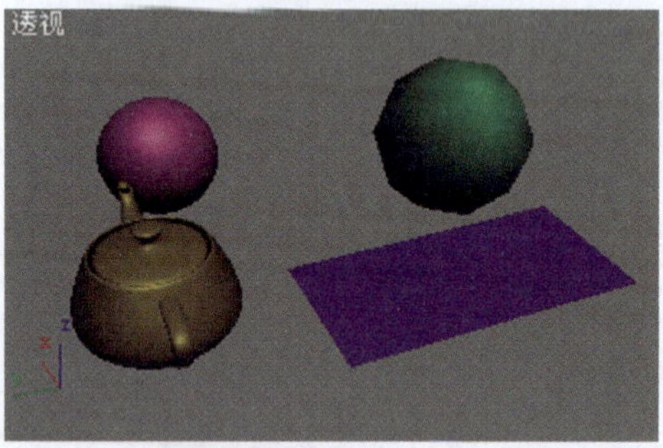

图 3－2　球体、几何球体、茶壶、平面形态

(2) 两步完成创建

包括【立方体】、【圆柱体】、【圆环】、【棱锥体】造型的创建。在创建命令面板中激活相应的按钮后，在视图中的合适位置单击后，拖曳鼠标到合适的大小（拉出物体的底面）；再移动鼠标到合适位置（拉出其高度），单击结束创建过程（两步完成）。其形态如图 3－3 所示。

(3) 三步才能完成

包括【锥体】造型、【圆管】造型的创建。在创建命令面板中激活相应的按钮后，单击并拖曳鼠标到合适的大小(确定第一个参数);松开后向上或向下移动鼠标至合适位置单击(确定第二个参数);再向上或向下移动鼠标位置合适后单击(确定第三个参数),结束创建过程(三步完成)。这两种造型的形态如图3-4所示。

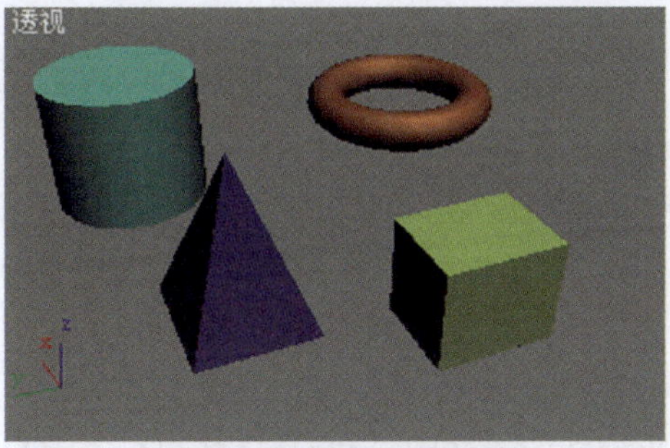

图3-3 圆柱、方体、棱锥体、圆环的形态

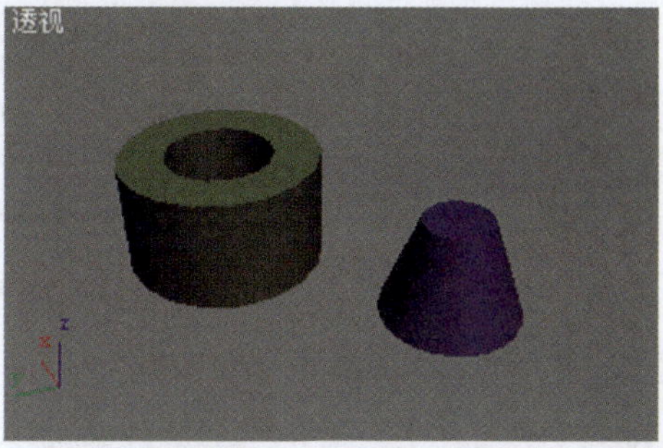

图3-4 三步完成的几何体形态

3.1.2 创建扩展基本体

除了上述10种造型外,3ds max系统还提供了一些扩展基本体造型创建按钮。下面来了解这些扩展基本体造型的创建过程。

单击【创建】/【几何体】/标准基本体对话窗(也可单击右侧的小黑三角),在弹出的下拉式选项框中选择【扩展基本体】选项,如图3-5所示。此时创建命令面板即显示为【扩展基本体】命令面板,其形态如图3-6所示。

命令面板的【对象类型】下有13个按钮,激活这些按钮,可以直接创建相应的扩展基本体造型,其创建方法的分类和基本操作步骤与【标准基本体】选项下的操作方法完全相同。

(1)一步即可完成

主要是【异面体】造型的创建。各种异面体的系列举例如图3-7所示(系列参数及轴向比率为系统默认值)。

(2)两步才能完成

包括【环形结】造型、【胶囊】造型、【环形波体】造型和【软管】造型的创建。其形态如图3-8所示。

(3)三步才能完成

包括【切角长方体】、【切角圆柱体】、【油桶】、【L延展体】、【C延展体】、【多边体】、【棱柱】造型的创建,它们的形态如图3-9所示。

3.1.3 创建二维图形

单击【创建】/【图形】/线按钮,可以进行二维曲线的创建。共有两种类型的曲线:样条线与NURBS曲线,如图3-10所示。在许多方面它们是相同的,并且可以相互转化,在以后的创作中用得最多的是样条曲线,所以本节只介绍样条曲线。

单击【创建】/【图形】/样条线按钮,样条线类型命令面板的显示状态如图3-11所示。

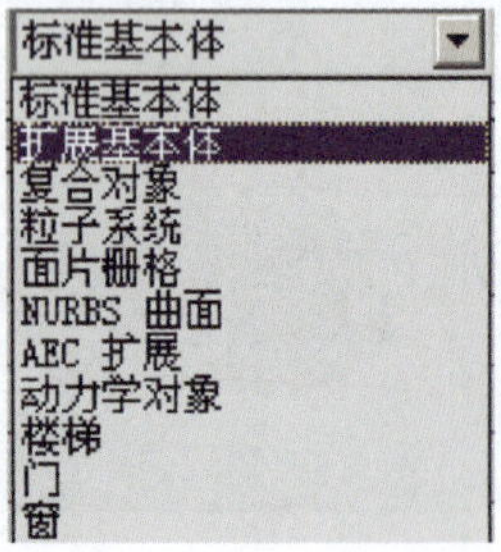

图3－5　下拉式选项框

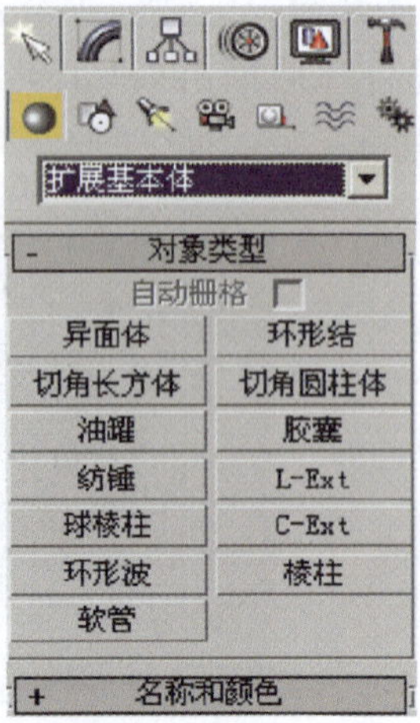

图3－6　扩展基本体命令面板

图3－7　各异面体的形态

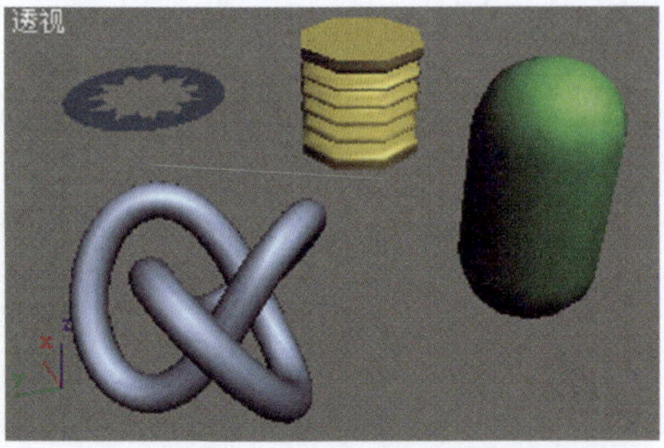

图3－8　环形波、环形结、胶囊、软管的形态

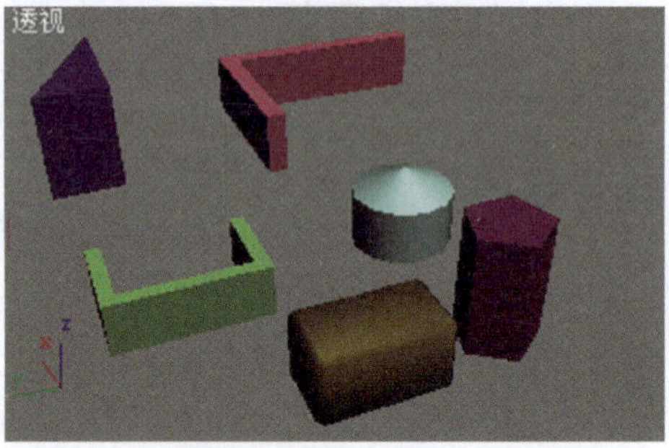

图3－9　三步创建扩展体的形态

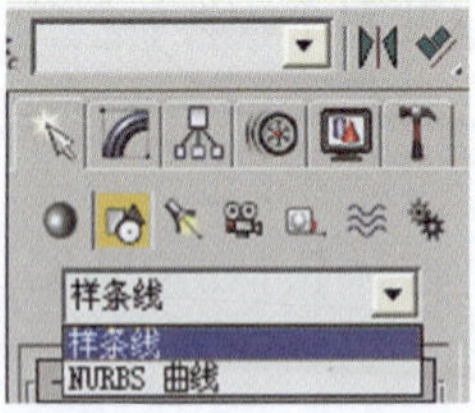

图3－10　创建图形面板形态

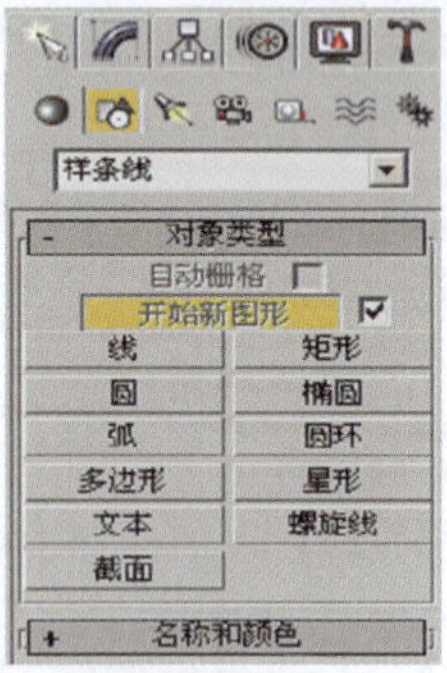

图3－11　样条曲线命令面板

命令面板有对象类型与名字和颜色两大类。在对象类型类下有11种样条曲线，顶端的 开始新图形 ☑按钮默认是开启的，表示每创建一条曲线都作为一个新的独立的物体；如果将它关闭，那么建立的多条曲线都被作为一个物体对待。

(1)【线】

线是样条曲线中最基本的一类，也是变化最多的一类。单击【创建】/【图形】/ 样条线 / 线 按钮，可以绘制出直线、折线和曲线的各种形态。

例 3.1　绘制一条曲线

①单击菜单栏中的【文件】/【重新设置】命令重新设置系统在以后的创作中此步将简述为“重新设置系统”。

②单击命令面板上的【创建】/【图形】/样条线/线按钮，将其激活。

③在【起点类型】中，点选【角点】选项，在拖动类型中点选【角点】选项(后面的操作中将这种选择方式称为角方式)，如图 3－12 所示。

④在正视图中选适宜位置单击后，移动鼠标至适当位置再单击，移动鼠标到另一位置再次单击，再移动鼠标……如此往复，就会绘制出一条曲线，最后单击鼠标右键结束创建。这样绘出了一条折形曲线其结果如图 3－13 所示。

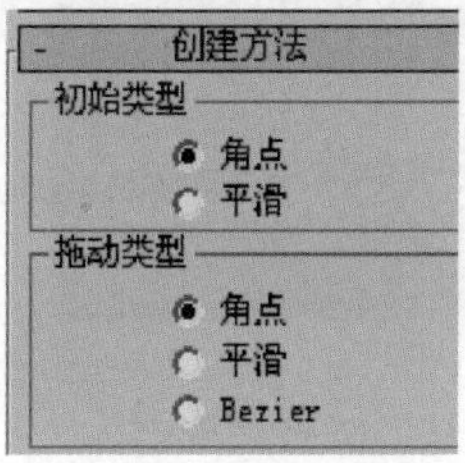

图 3－12　线的创建方式

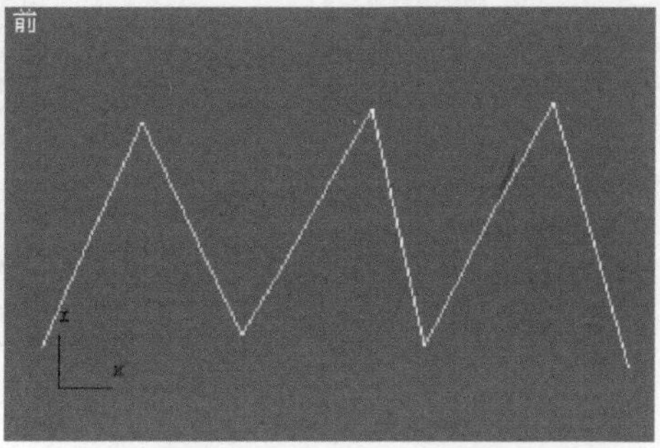

图 3－13　角方式创建的线

⑤在拖动类型中点选平滑选项如图 3－14 所示。在正视图中选适宜位置单击后，按住左键拖动至适当位置再单击，这样就可以绘制出一段曲线。用上面的方式不断单击、拖动、单击鼠标就会绘制出一条平滑的曲线，单击鼠标右键结束创建，其形态如图 3－15 所示。

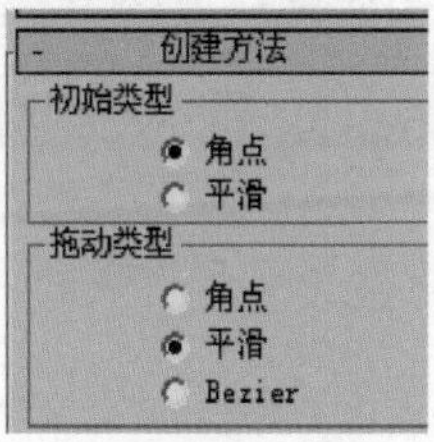

图 3－14　线的平滑创建方式

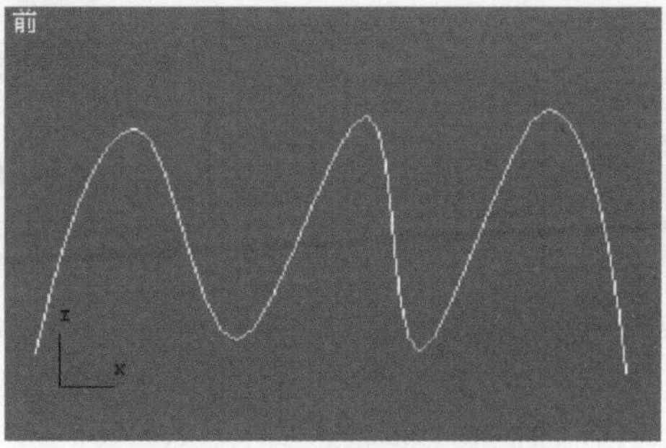

图 3－15　平滑曲线

注意:缺省状态下，二维线形在渲染时是看不见的，必须勾选可以渲染选项，二维线形才可以在渲染时显示出来。而三维物体在一般情况下渲染时是可以看见的，这是二维线形和三维物体的一个非常重要的差别。

⑥单击【修改】按钮，进入修改命令面板。在渲染类下勾选可以渲染选项，厚度值为 1(默认值)，如图 3－16 所示。注意:插值类下的步数参数默认为 6。图 3－17 为插值为 2 时的形态。

⑦此时感觉这条曲线的圆滑度不够。将步数设定为 30(或选择自适应)如图 3－18 所示。

曲线形态如图 3－19 所示，就变得很圆滑了。

提示：插值选项下的步数决定曲线的圆滑程度。当步数设置过小时会感觉到曲线不够圆滑。这时应适当增加步数；或者直接勾选自适应选项，系统会将曲线自动设置为最佳圆滑状态。渲染性和插值是所有二维线形的共有属性。

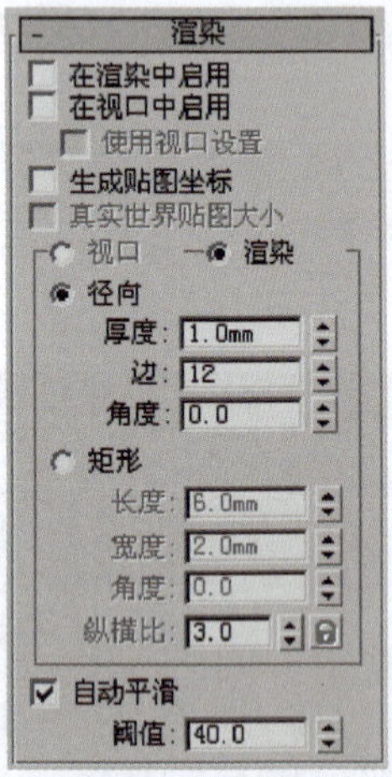

图 3－16　渲染类下参数

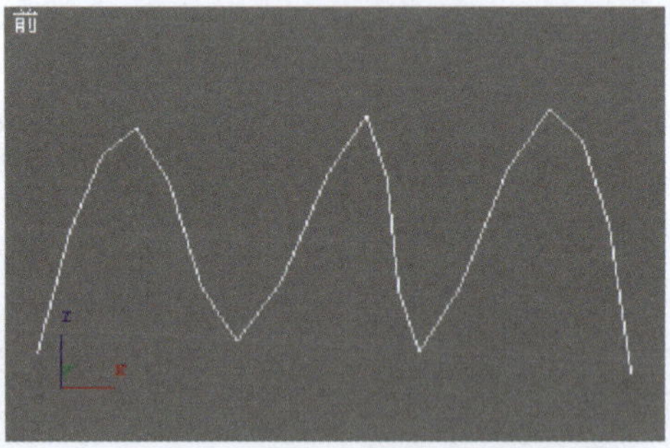

图 3－17　步数为默认的样条线形态

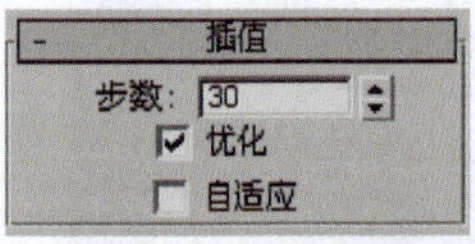

图 3－18　调整步数

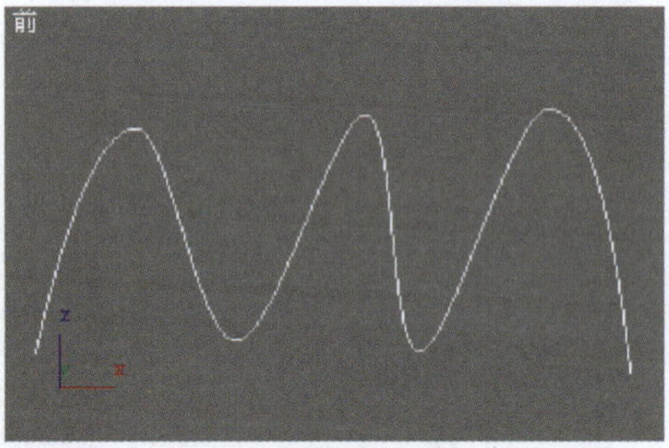

图 3－19　步数为 30 的样条线形态

（2）【矩形】、【圆形】、【椭圆形】

这几种二维线型的创建方法基本相同，在视图中适当位置单击后，拖曳鼠标至适当位置，即可绘制出矩形、圆形和椭圆形，它们的形态如图 3－20 所示。另外，也可以通过设置矩形单选参数，使其显示或渲染为长方体式实体。如图 3－21 所示，是矩形的矩形参数修改与修改后矩形的形态。这种做法在效果图创作中，经常用于创作门窗框，且非常方便，以后练习中可细心体会。

提示：配合键盘上的 Ctrl 键，矩形和椭圆命令可创建出正方形与圆形。

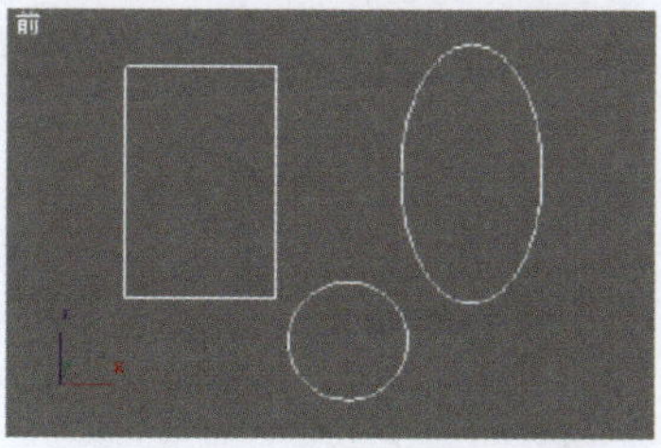

图3-20 矩形、椭圆和圆形的形态

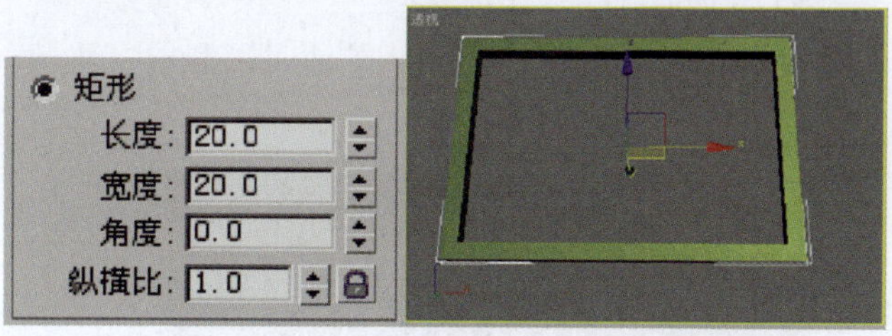

图3-21 调整矩形渲染参数后矩形的形态

(3)【弧】

单击【弧】命令(弧的各参数如图3-22所示),在视图中单击(确定弧的第一个端点位置),拖动鼠标至合适位置松手(确定弧的第二个端点位置),移动鼠标至合适位置(决定弧度),单击鼠标左键结束创建。此为默认创建方式。

单击【弧】命令,在【创建方法】类下勾选【中心、端点、端点】方式,在视图中单击(确定弧的中央位置),拖动鼠标至合适位置松手(确定弧线第一个端点的位置),再次移动鼠标的位置(确定弧线第二个端点的位置),单击结束创建。弧的形态如图3-23所示。

(4)【圆环】、【多边形】、【星形】

选择【圆环】命令,在视图中单击(确定圆环的中心)后,拖曳鼠标至合适位置(确定圆环的半径1),产生一级圆,松开鼠标左键移动鼠标至合适位置后单击(确定星形的半径2),产生第二级圆,完成圆环的创建。圆环的形态如图3-24所示。

选择【多边形】命令。在视图中单击(确定多边形的中心)后,拖曳鼠标至适当位置松手,生成一个多边形。多边形的形态如图3-24所示。

选择【星形】命令,在视图中单击(确定星形中心)后,拖曳鼠标至合适位置(确定星形的半径1),再移动鼠标至合适位置单击(确定星形的半径2),完成星形的创建。星形的形态如图3-24所示。

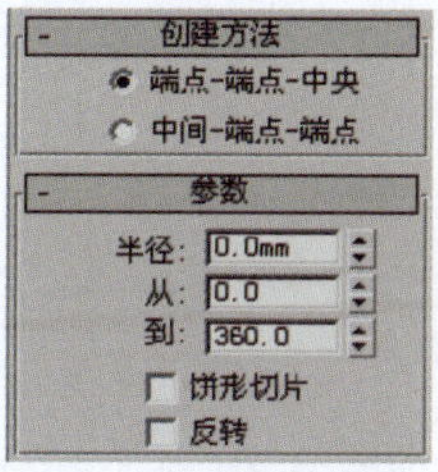

图3-22 弧的各参数

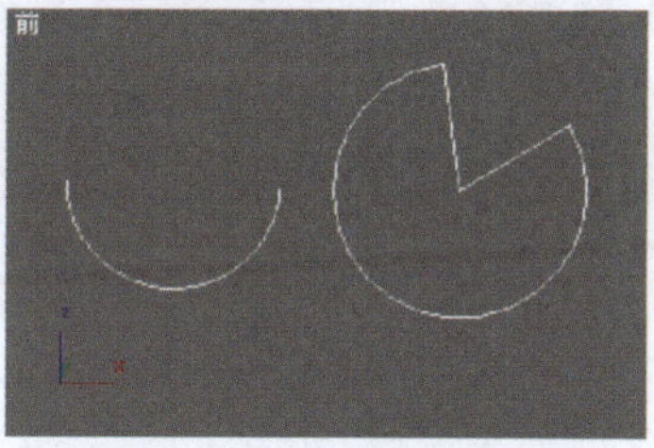

图3-23 各种形态的弧

图3-24 圆环、多边形、星形的形态

(5)【螺旋线】

选择【螺旋线】命令,在透视图中单击(确定螺旋线的轴中心)后,拖曳鼠标至合适位置(确定螺旋线底圆半径大小),再移动鼠标至合适位置单击(确定螺旋线的高度),第三次移动鼠标至合适位置单击(决定顶圆半径的大小),完成螺旋线的创建。螺旋线的形态如图3-25所示,其参数设置如图3-26所示。

注意:在修改物体的参数时,如果它的形态不发生变化,表明它已经脱离了创建状态。确认物体处于选择状态(这里物体显示为白色),单击【修改】按钮在修改命令面板下就可以进行修改了。

(6)【截面】

截面的创建方法有些特别，它是通过截取三维物体的截面而获得二维线形。

图 3－25　螺旋线的形态

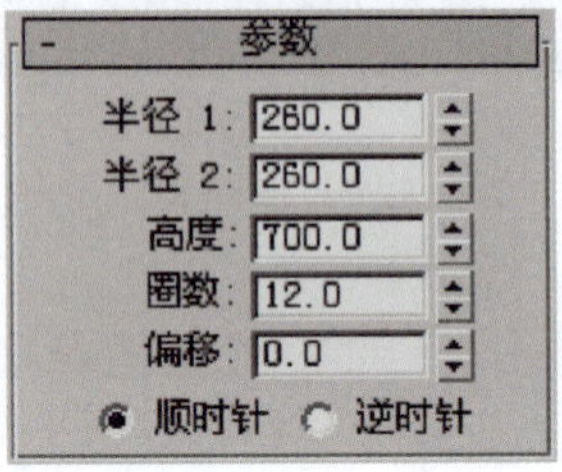

图 3－26　螺旋线参数设置

例 3.2　从茶壶上截取截面

①重新设置系统。

②单击【创建】/【几何体】/ 茶壶 按钮，在透视图中创建一个茶壶。单击【创建】/【图形】/ 截面 按钮，将其激活。在前视图中拖曳鼠标生成一个“田”字形截面，创建的截面大小，由命令面板中的截面大小类下的参数决定。在左视图中将其移动到如图 3－27 所示位置。

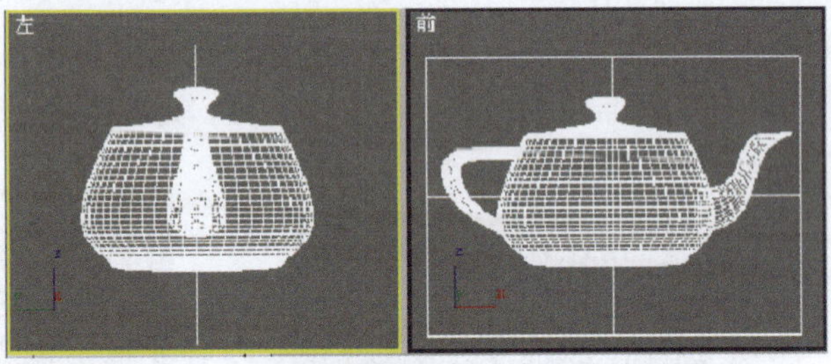

图 3－27　创建并调整截面位置后的视图形态

③单击【修改】按钮，进入修改命令面板。截面的参数及选项命令面板如图 3－28 所示。

④单击 创建图形 按钮，弹出命名截面图形对话框如图 3－29 所示。注意：修改截面对话框默认生成的截面名称，可以根据自己的需要更改名称。单击 确定 按钮后，视图中黄色线框勾画的部分就是新生成的截面图形。

⑤按 H 键，在选择对话框中选择茶壶及“田”形截面，按键盘上的 Delete 键将它们删除。此时截面形态如图 3－30 所示。

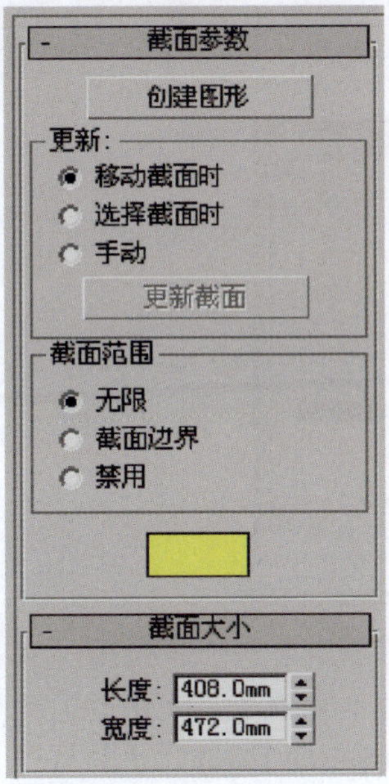

图 3 – 28 截面参数面板

图 3 – 29 命名截面图形对话框图

图 3 – 30 前视图截面形态

⑥选中截面，在【渲染】类下勾选【可渲染】选项，调整各参数值如图 3 – 31 所示。渲染透视图效果如图 3 – 32 所示。提示:用这种方法可以从任意一个三维造型物体上截取形态各异的剖面图形，建筑物中装饰面上的腰线或伸缩缝，就是用截面来创建的。

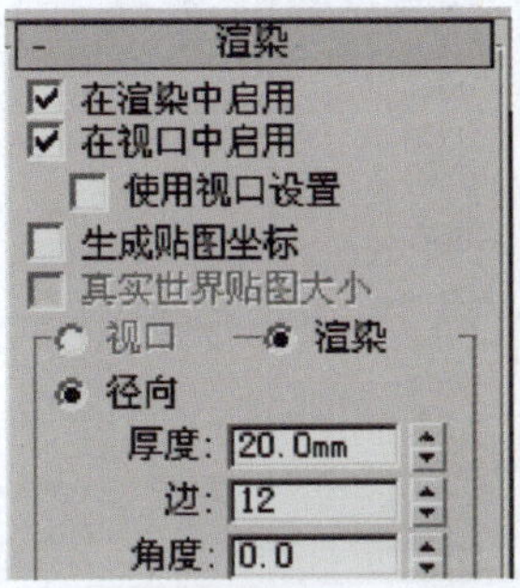

图 3 – 31 截面渲染参数设置

图 3 – 32 茶壶截面渲染效果

(7)【文字】

在文本窗口中输入文字后，将鼠标移动至适当视图中、单击，即可创建图形文字。

例 3.3 创建“工程效果图”图形文字

①重新设置系统。

②单击【创建】/【图形】/ 文本 按钮，将其激活，此时命令面板的状态如图 3 – 33 所示。在【参数】类下第一栏中，【大小】决定字的大小，【字间距】决定字与字之间的间距，【行间距】决定行与行之间的间距。如果要修改文字内容，只要在【文本】框中重新输入即可。字的大小、字间距和行间距的值都可以进行修改。字大小默认值为 100mm，字间距、行间距数值的缺省值为 0mm。

③单击“Arial”文本字体对话框右侧的小黑三角，在弹出的下拉菜单中选择“华文行楷”选项，此时要创建的文字字体为华文行楷，如图 3 – 34 所示。

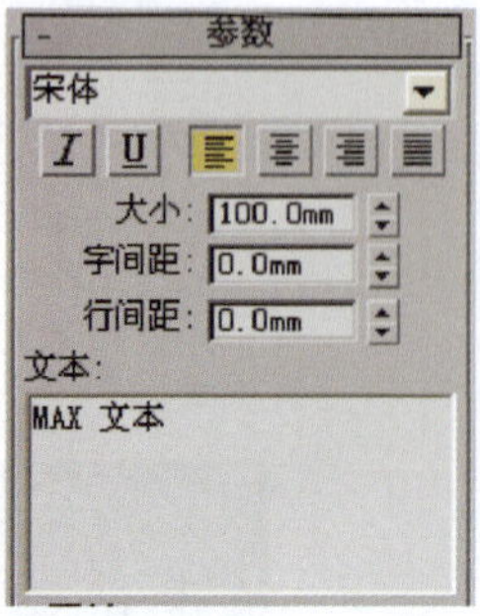

图 3 – 33　文字的初始设置

图 3 – 34　选择文字字体对话框

④修改文字参数。在下方的文本框中输入“工程效果图”几个字如图 3 – 35 所示。在前视图中合适的位置单击鼠标，“工程效果图”几个字就出现在视图中，如图 3 – 36 所示。此时“工程效果图”几个字，只是平面文字，一般利用修改命令面板中的【倒角】命令，将其转变成为立体文字造型。

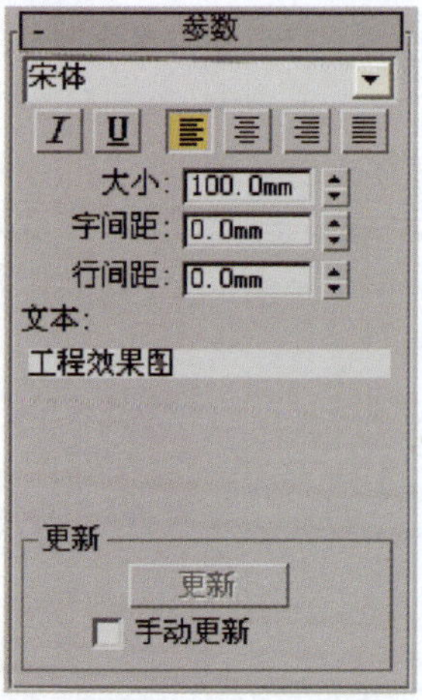

图 3 – 35　文字参数设置

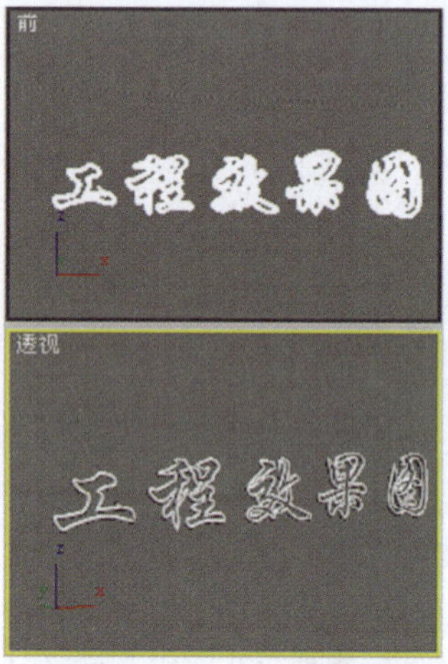

图 3 – 36　输入文字的效果

任务 3.2　创作床头柜

3.2.1 设计目的

练习标准基本体与扩展基本体创建方法；通过造型组合创作床头柜模型。

3.2.2 创作构思

创建两长方体(其一进行锥化处理)作为柜座;创建一个长方体作柜体;创建一个切角长方体作柜顶板;三个切角长方体作抽屉,注意使用对齐命令调整位置。床头柜形态与尺寸如图3－37所示。

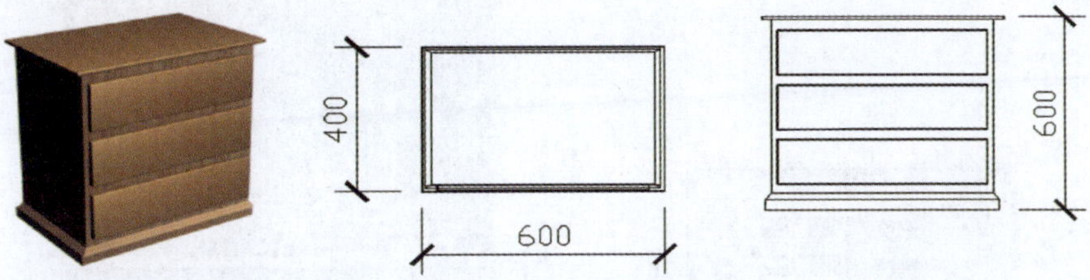

图3－37 床头柜尺寸及形态

3.2.3 操作步骤

(1)重新设置系统。

(2)单击命令面板上的 / /标准基本体/长方体,在顶视图绘制两个长方体,分别命名为“柜底01”和“柜底02”,参数设置如图3－38所示;选中柜底02,在修改器列表中选择锥化,参数设置如图3－39所示;利用对齐命令对齐后效果图如3－38所示。

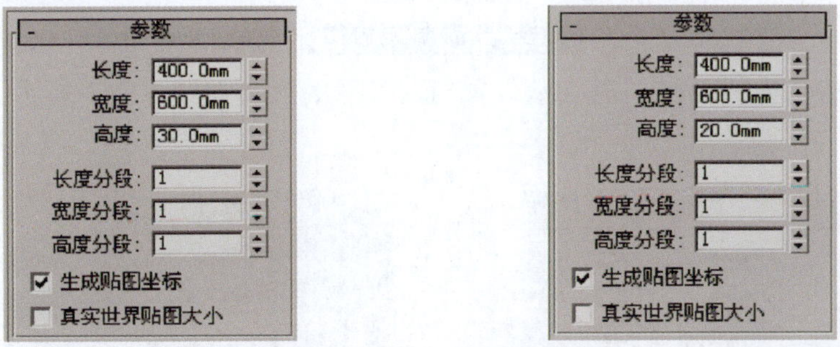

图3－38 长方体参数

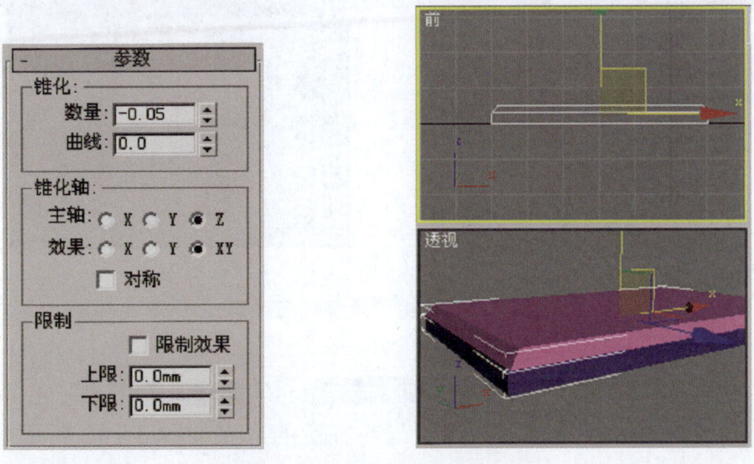

图3－39 锥化参数和柜底形态

(3)单击命令面板上的 / / 标准基本体 / 长方体 按钮，在顶视图中创建一个长方体，其设置参数如图3－40所示，命名为“柜体”；利用对齐命令对齐后效果如图3－40所示。

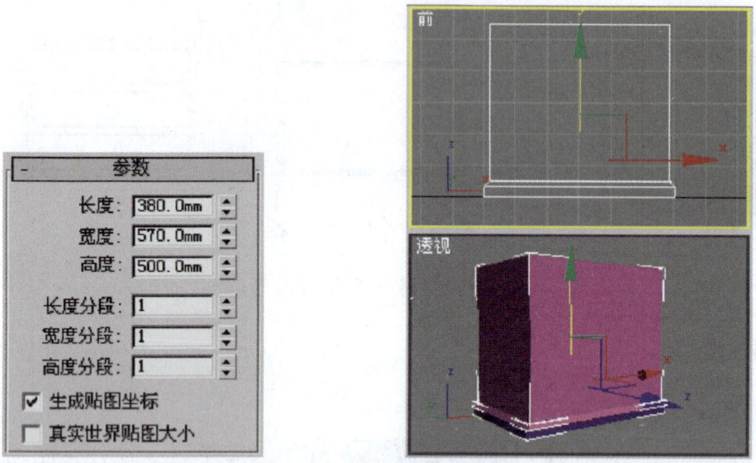

图3－40　柜体参数与对齐

(4)单击命令面板上的 / / 扩展基本体 / 切角长方体 按钮，在顶视图中创建一个切角长方体，命名为“柜顶板”其参数设置与对齐后的形态如图3－41所示。

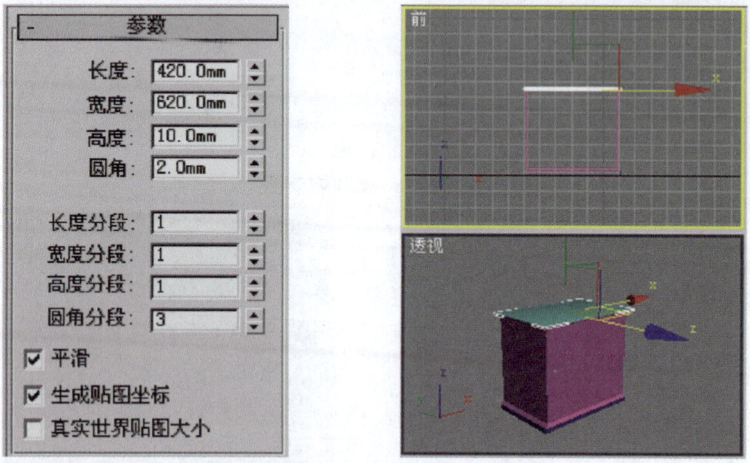

图3－41　柜顶板参数与形态

(5)单击命令面板上的 / / 扩展基本体 / 切角长方体 按钮，在前视图中创建一个切角长方体，命名为“抽屉”，其参数设置与对齐后的形态如图3－42所示。

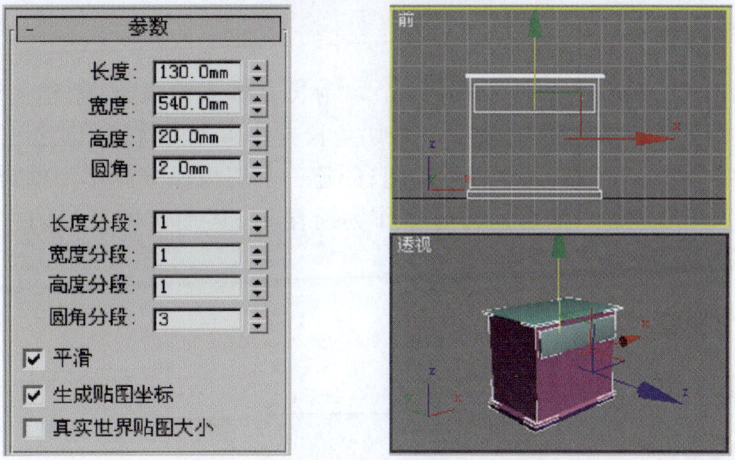

图3-42 抽屉参数与对齐后的形态

(6)激活前视图，单击主工具栏中的【移动】按钮，按住键盘上的Shift键沿Y轴方向向下拖曳鼠标至合适位置。此时将弹出【克隆选项】对话框，设置各项参数如图3-43所示(在以后的操作中此步将简述为“运用移动复制的方式”)。单击按钮新复制出两个抽屉;赋予木纹材质后形态如图3-44所示。

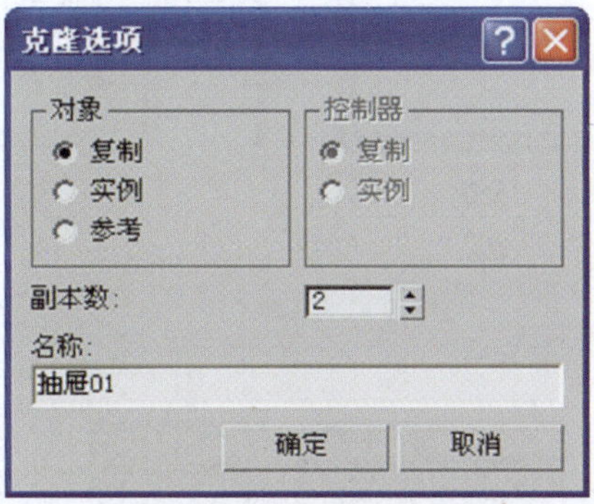

图3-43 克隆选项对话框

图3-44 床头柜效果

(7)单击菜单栏中的【文件】/【保存】命令，将此模型保存到适当的文件夹下起名为“床头柜.max”。

任务3.3 创作餐椅

3.3.1 设计目的

通过本例练习，可达到举一反三，基本掌握小家具创作的一般方法。经过较长时间的磨练，达到熟能生巧，熟练掌握3ds max的操作技巧，尽快完成较复杂模型创作的目的。

3.3.2 创作构思

创建一个切角长方体作为椅座；创建一个切角长方体作为椅背；创建一个圆柱作为椅背1；运用关联复制的方式生成椅背2；创建一个切角长方体作为椅背顶；创建一个切角长方体作为椅腿；运用实例复制方式生成其他三条椅腿；创建一个切角长方体作为椅柽01；运用实例复制的方式生成椅柽02；创建一个切角长方体作为椅柽03；运用实例复制的方式生成椅柽04。最后，餐椅的形态与尺寸如图3－45所示。

3.3.3 操作步骤

(1)重新设置系统。

(2)单击命令面板上的 / / 扩展基本体 / 切角长方体 / 按钮，在顶视图中创建一个切角长方体作为椅座，其参数设置与形态如图3－46所示。

(3)在前视图中创建一个切角长方体作为椅背，运用【对齐】工具，调整椅背的位置，椅背参数设置及形态如图3－47所示。

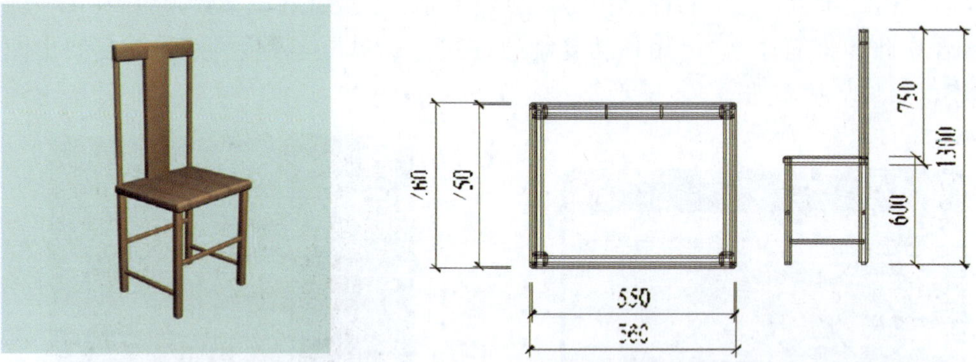

图3－45　餐椅的形态与尺寸

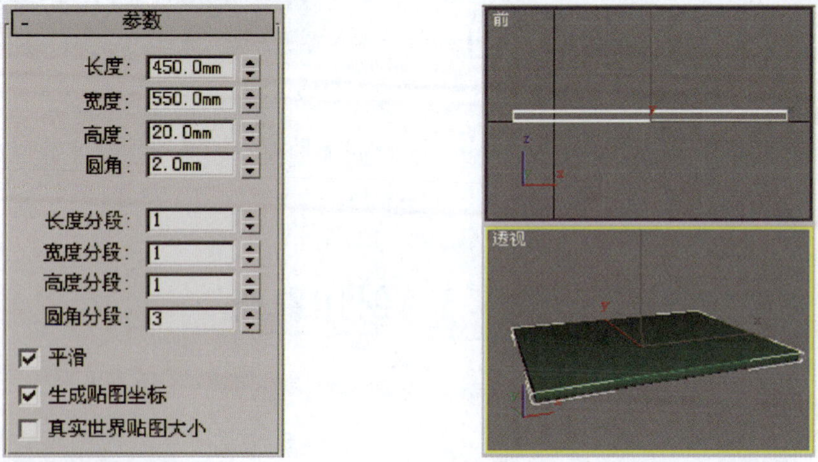

图3－46　椅座参数与形态

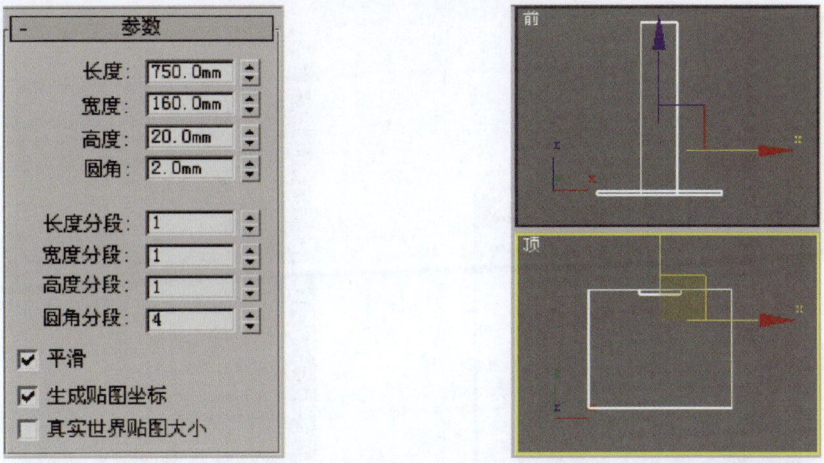

图3－47 **椅背参数设置与形态**

(4)单击命令面板上的 / / 标准基本体 / 圆柱体 按钮，在顶视图中创建一个圆柱作为椅背01，运用【对齐】命令调整椅背01的位置，椅背01参数设置与形态如图3－48所示。

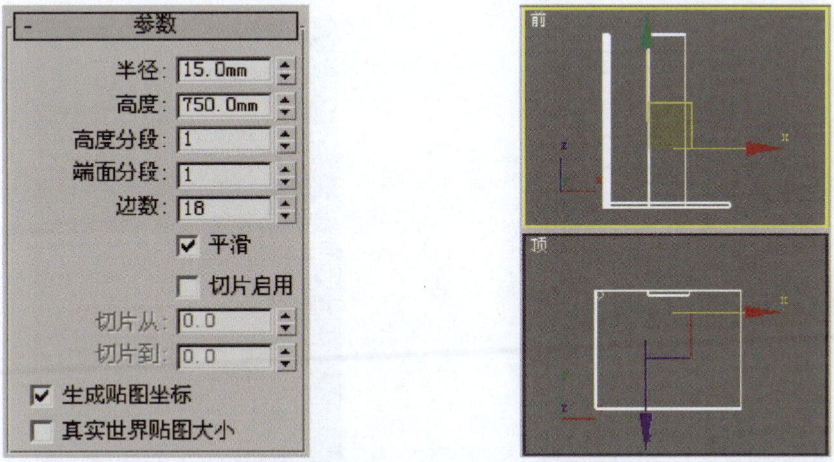

图3－48 **椅背01参数设置与形态**

(5)选中椅背01，在前视图中运用移动复制的方式，向右侧复制出一个椅背02，【克隆选项】对话框如图3－49所示，运用【对齐】工具调整其位置，如3－50所示。

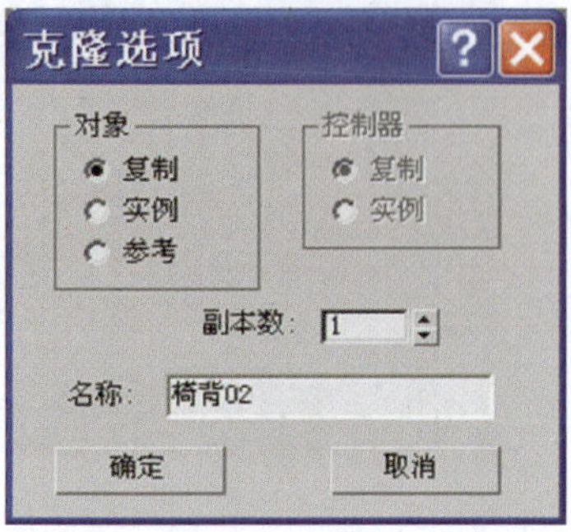

图 3－49　克隆对话框参数设置

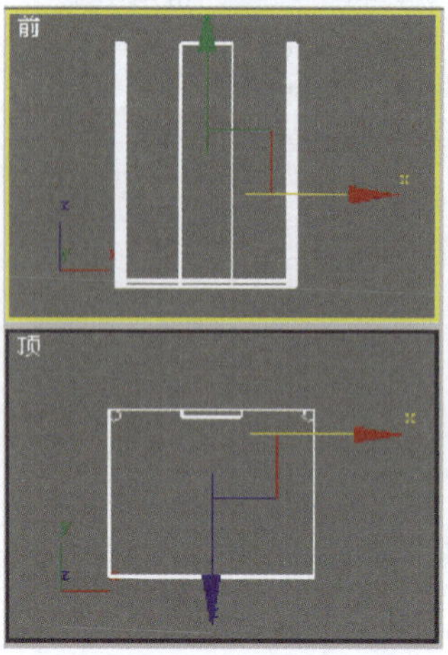

图 3－50　椅背 02 的位置与形态

(6)在前视图中创建切角长方体，作为椅背顶，调整椅背顶的位置，其参数设置与形态如图 3－51 所示。

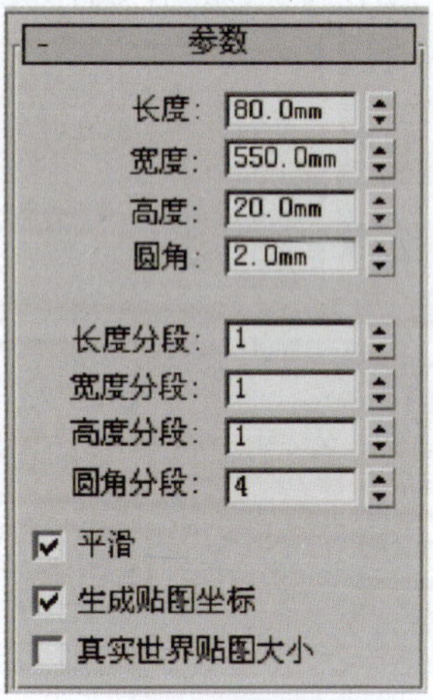

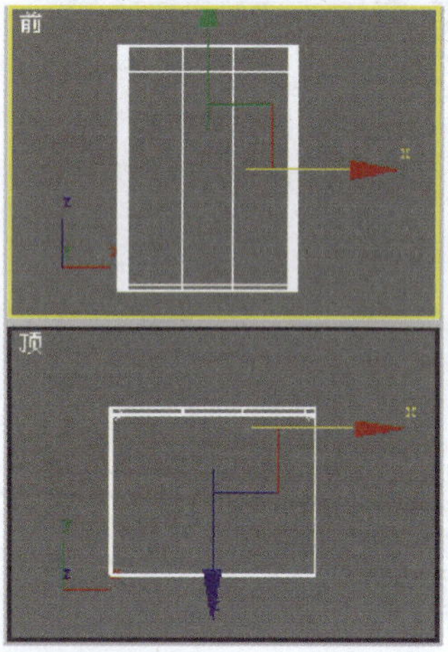

图 3－51　椅背顶参数设置与形态

(7)在顶视图中，创建一个切角长方体作为椅腿 01，调整椅腿位置，其参数设置与形态如图 3－52 所示。

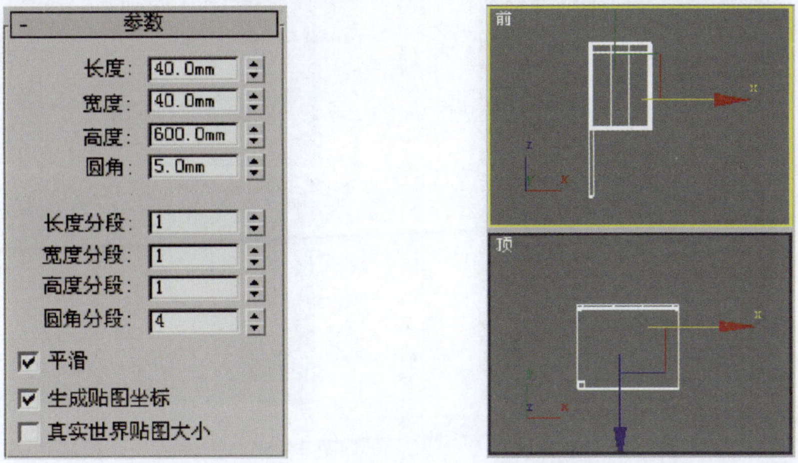

图3－52 椅腿01参数设置与形态

（8）选中椅腿01，在拾取椅座坐标系下，如图3－53所示；选择主工具栏的 按钮，弹出镜像对话框，设置相关参数，如图3－54所示，单击 确定 按钮，效果如图3－55所示；同理，同时选中两个椅腿，在Y轴上实例镜像，效果如图3－56所示。

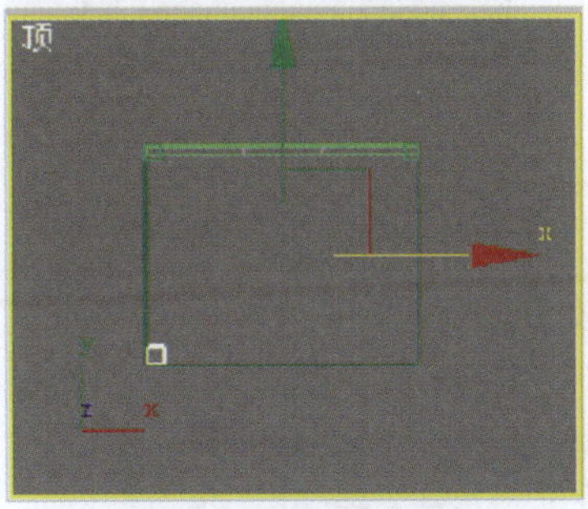

图3－53 拾取椅座坐标系

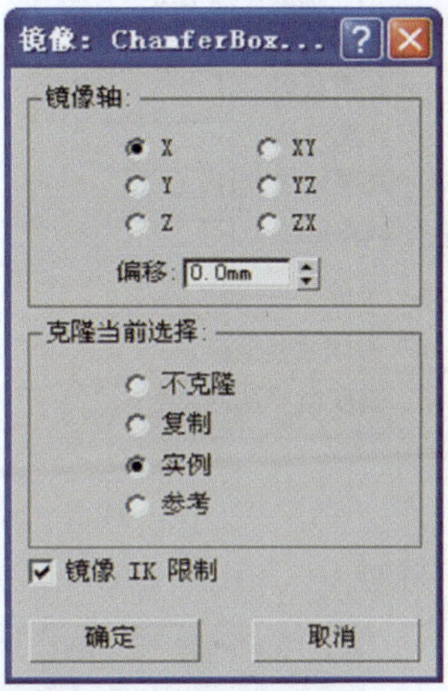

图3－54 镜像对话框

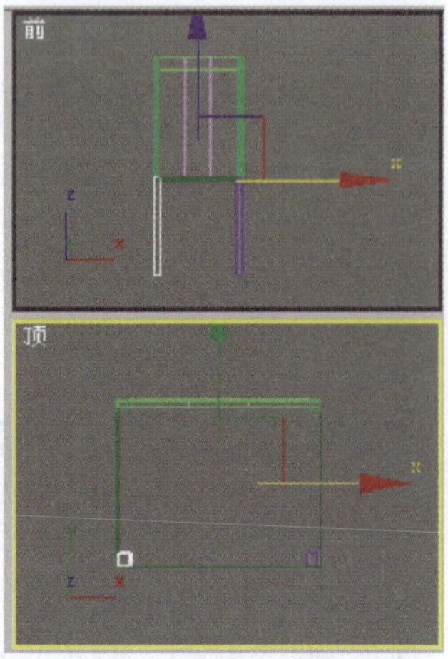

图 3－55　镜像第二个椅腿

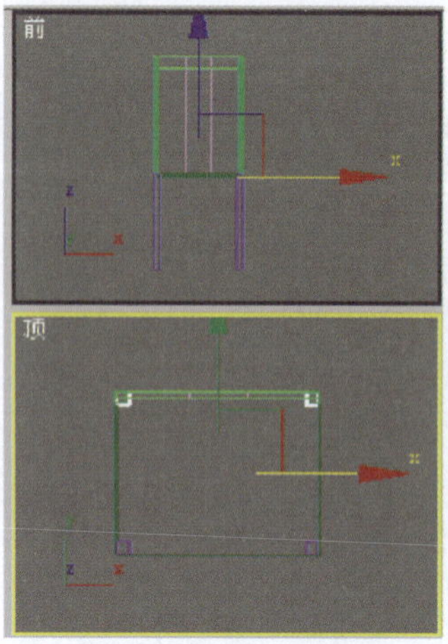

图 3－56　镜像后二个椅腿形态

(9)单击命令面板上的 / / 扩展基本体 / 切角长方体 按钮，在顶视图中创建一个切角长方体，作为椅枨 01，运用【对齐】工具，调整椅枨的位置，其参数设置与形态如图 3－57 所示。

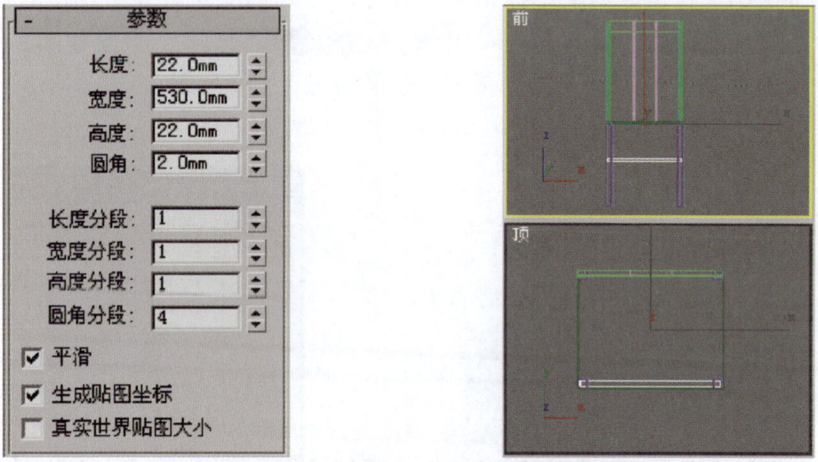

图 3－57　椅枨 01 参数设置与形态

(10)选中椅枨 01，在顶视图镜像实例复制复制出椅枨 02，其位置如图 3－58 所示。

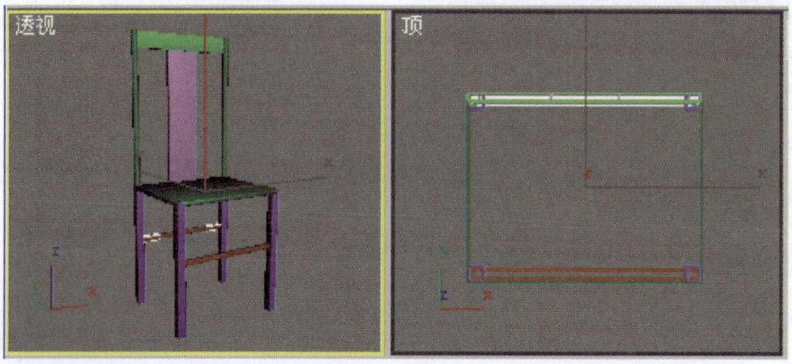

图 3－58　镜像椅枨 02 的位置与形态

(11)在左视图中创建一个切角长方体作为椅柽03，参数如图3－59所示，运用【对齐】工具调整椅柽03的位置；运用镜像实例复制椅柽04，效果如图3－60所示。

(12)渲染透视图，其效果如图3－61所示，可以发现椅腿与椅座不太合适。接下来选中椅座，单击【修改】按钮，进入修改命令面板，调整椅座长度为460mm，宽度为560mm，再适当调整椅座位置，赋予材质后，渲染透视图如图3－62所示。

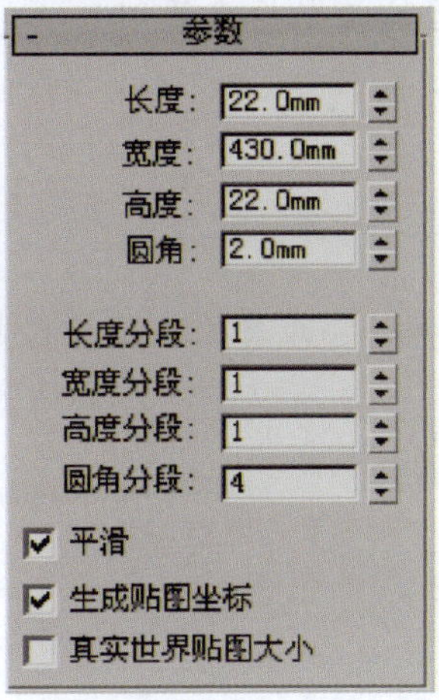

图3－59　椅柽03的参数设置

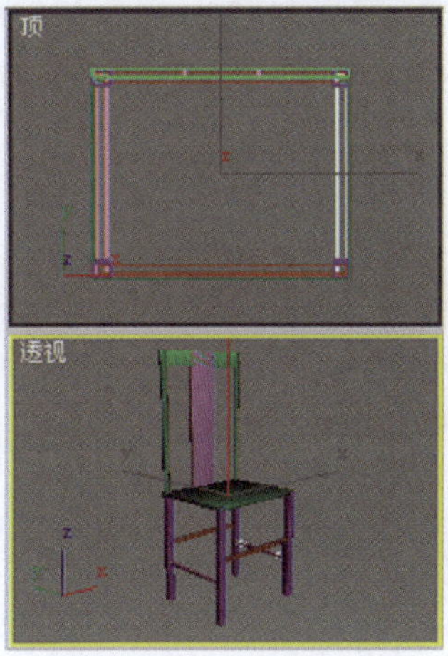

图3－60　餐椅初始形态

图3－61　餐椅初步渲染效果

图3－62　餐椅最后渲染效果

(14)至此餐椅模型创作完成。单击菜单栏中的【文件】/【保存】命令将餐椅模型保存到合适的文件夹下起名为“餐椅.max”。

习　题

一、填空题

1. 每一个新创建的对象，系统会对其自动命名，这个名字的命名原则是__________。

2. 3ds max9 中很多对象都有现成的模型，例如球体，圆柱体、茶壶等，创建此类三维对象方法包括__________和__________。

3. 绘制多边形时，多边形半径值分为两种圆的半径，__________为多边形内接圆的半径，__________为多边形外切圆的半径。

4. 绘制星形时，【半径 1】和【半径 2】为星形的两个半径，两者的数值差距越大，星形的造型越__________。

5. 创建矩形时，____________复选框用于对矩形创建插图。

二、简答题

1. 2D 造型的绘制方法有几种？

2. 二维曲线的顶点分为几种类型？如何编辑二维曲线？

3. 试述创建截面物体的步骤。

4. 怎样修改二维图形的属性，才能渲染为方形？

5. 2 维、2.5 维、3 维捕捉方式有何异同？

三、操作题

利用 3ds max9 中提供的模型对象，创作一张电脑桌，尺寸按实际大小绘制，其形态如图 3－63 所示。

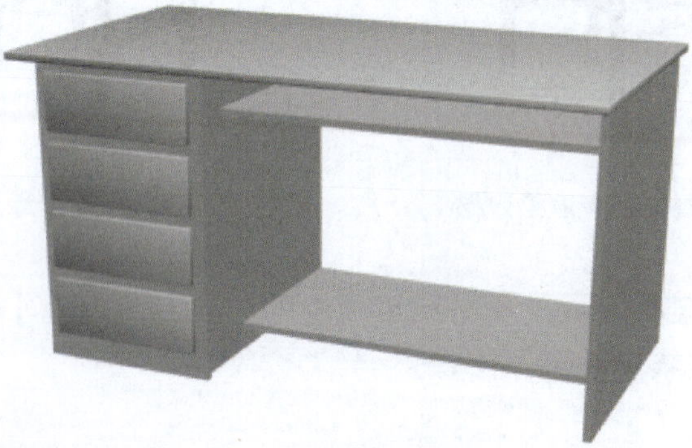

图 3－63　电脑桌形态

模块4 扩展建模

模块导读

本模块介绍了效果图创作中经常使用的几种建模方法。这些修改命令主要是通过一定规律的调整，达到改变物体外形的目的。这些修改命令的效果如何，很大程度上取决于物体的分段数，分段数愈多效果越好，但计算机负担也会越重，严重影响计算机运行速度，甚至造成死机现象，因此，只要保持修改后物体表面比较光滑即可。通过本模块的学习，希望读者能够举一反三，创作出设计思路独特、形态逼真的模型，提高对日常生活实践中物体的观察能力，以创作出更多更好的实体模型。

在创作复杂模型时，有些很难用简单的几何体生成，这时就要结合3ds max中扩展建模方法创建模型。如可以先创建二维线形作为物体的轮廓，然后对二维线形进行编辑修改，再使用挤出、车削等命令转换成三维物体；也可以对几何物体施加弯曲、扭曲、锥化等修改命令，对物体进行变形修改。这些方法大大增加了建模的灵活性，为创建复杂的模型提供了很好的创作空间。

学习内容分解

主要介绍了编辑样条曲线命令，二维线形转变成三维造型的修改命令，三维造型的修改命令，复合物体中的几个常用命令的使用技巧。通过台灯、茶几、落地灯和窗帘四个典型工作任务的创作，理论结合实践，练习创作身边的家具构件。希望同学们练习过程中，细心体会，取得较快进步并且应精益求精做到最好，因为这些模型在综合性创作任务中会用得上。

任务4.1　主要命令简介

4.1.1 二维线形的修改

在3ds max中，二维线形是由顶点、线段、样条曲线等元素组成的。其中只有线是可以进行直接编辑，其他二维线形的修改都要先转化为可编辑样条线或对二维线形执行编辑样条命令，再对线形进行顶点、线段等的修改。下面用实例来介绍二维线形的修改方法。

例4.1　二维线形的修改

(1)创建场景

①重新设置系统。

②单击创建命令面板上的【创建】/【图形】按钮，在顶视图中，分别创建一个圆形、一个圆环、一个矩形、一个六边形，各图形的形态如图4-1所示。

(2)如何进入样条曲线的子对象级别

①确认圆环处于被选择状态，即显示为白色，如图4-2所示。右击、从右键菜单中选择【转换为】/【转换为可编辑样条线】。

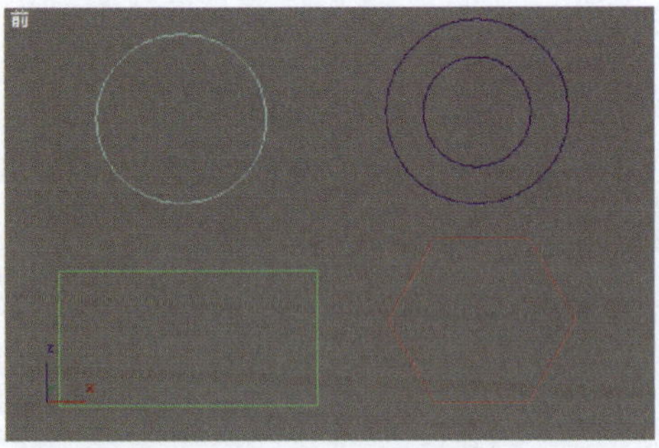

图4-1　创建二维图形

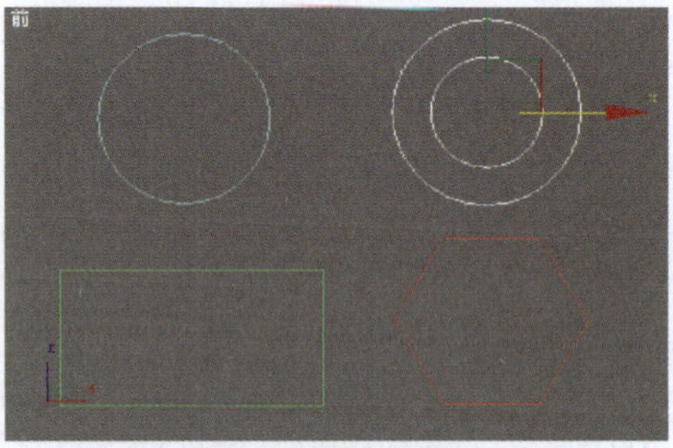

图4-2　圆环选中的形态

②选中圆环，单击按钮，命令面板的形态如图4-3所示。【选择】类下首行的3个图标按钮，就是二维线形"子对象"的三项内容：从左至右分别是顶点、线段、样条线。

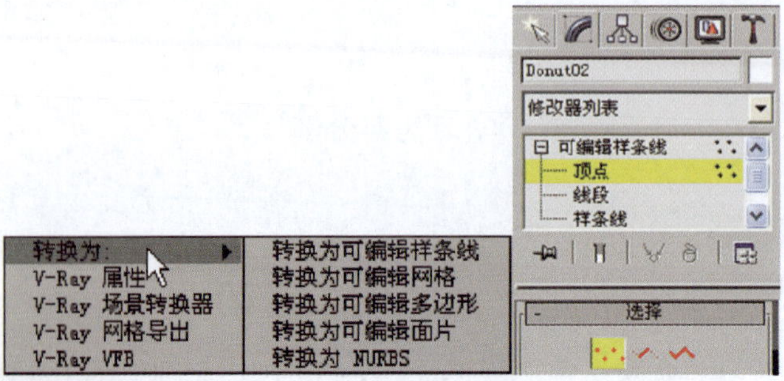

图4-3　转换为可编辑样条线与子对象级别

(3)如何将多个图形合为一体

①选中可编辑样条线，单击【几何体】类左侧的+号，展开卷展栏，其部分选项面板如图4-4所示。单击其下的【附加】按钮，在视图中选择六边形，当出现附加符号时，单击后，六边形变成白色，说明它与圆环已经合为一体，其形态如图4-5所示。

②再单击矩形、圆，变成白色后，说明它们已经全部合为一体，其形态如图4-6所示。

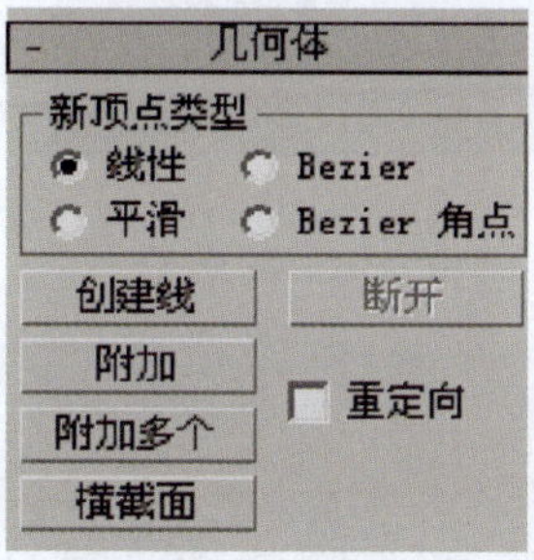

图4-4 几何体类的形态

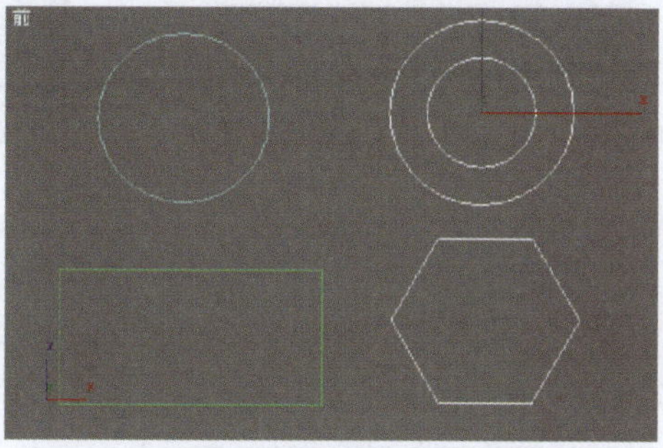

图4-5 圆环与六边形结合的形态图

③若选中可编辑样条线后，单击【几何体】类中的【多重结合】按钮，弹出的【附加多个】对话框，如图4-7所示，将全部线形按名称选择，单击对话框中【附加】按钮后，图形对象也可以一次被全部连接到一起。

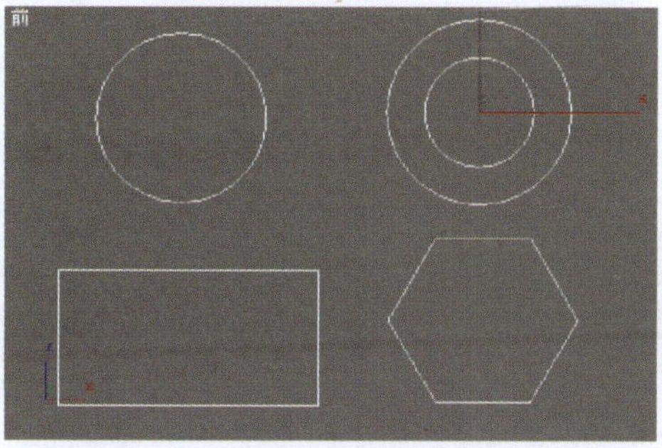

图4-6 全部图形结合的形态

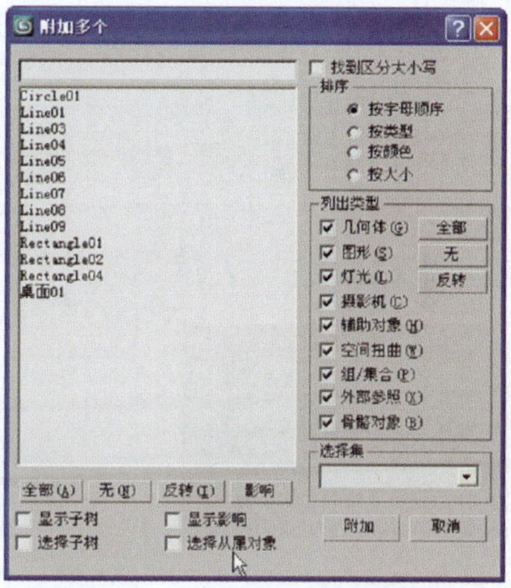

图4-7 附加多个对话框

(4)二维线形分离的方法

①单击【编辑样条线】左侧的+号，展开其下的子对象，选择【样条线】选项，如图4-8所示。选择其中任意一条样条曲线(例如六边形)，变成红色，其形态如图4-9所示。

②推动命令面板到底部，单击命令面板上的【分离】按钮，弹出【分离】对话框，如图4-10所示。系统默认名称为图形01，可根据需要自行命名。单击对话框中的【确定】按钮后，选择的六边形被分离出来，标志是六边形颜色已变。

③继续选择圆环和矩形，进行分离，最后只剩矩形，结果如图4-11所示。

图 4－8　选择样条线

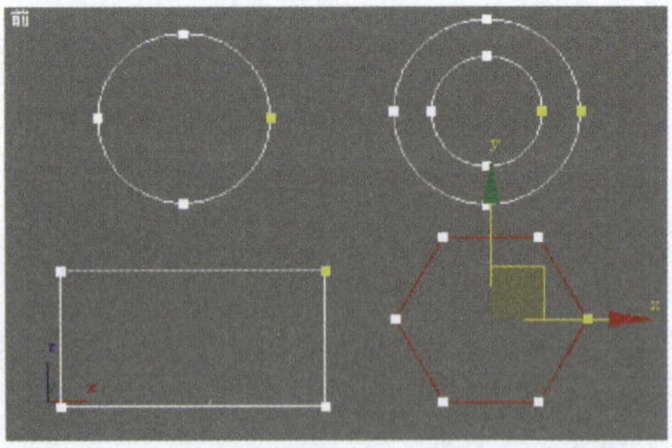

图 4－9　选中六边形的形态

图 4－10　图形分离对话框

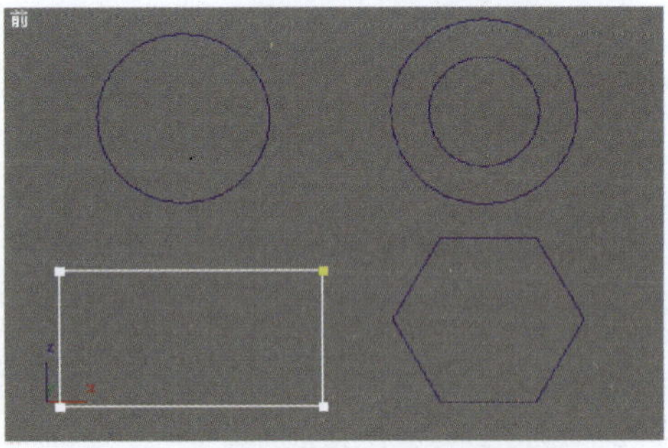

图 4－11　删除后只剩矩形的形态

(5)二维线形的编辑

①单击按钮，进入修改命令面板。激活【顶点】子对象，单击 优化 【优化】按钮，分别在矩形的两条边上单击插入2个顶点，如图4－12所示。右击弹出快捷菜单，选择平滑选项，如图4－13所示，其结果如图4－14所示。

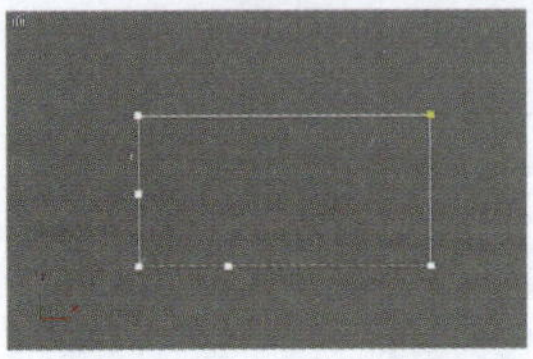

图 4－12　插入两个顶点的矩形

图 4－13　选中顶点下平滑选项

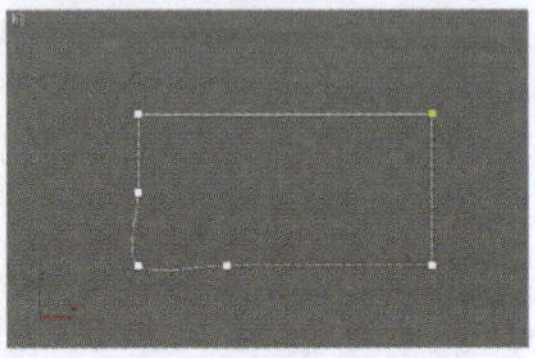

图 4－14　顶点平滑后的矩形

②分别选择矩形的左下角三个顶点，用【移动】工具调节各顶点的位置，结果如图4－15所示。关闭顶点级别，返回样条线级别。

提示:在任意一个顶点上右击，在快捷菜单中可设置该点的不同属性，包括4种类型，【平滑】:强制线段为圆滑的曲线，但仍和顶点呈相切状态，无调节手柄;【角点】:将顶点两侧曲率设为直线，不产生任何光滑的曲线;【贝赛尔】:提供两根调节杆，但两根调节杆锁定成一条直线并与顶点相切，使两侧的曲线总保持平滑过渡;【贝赛尔角点】:提供两侧不相关联的调节杆，各自调节一侧的曲线曲率。

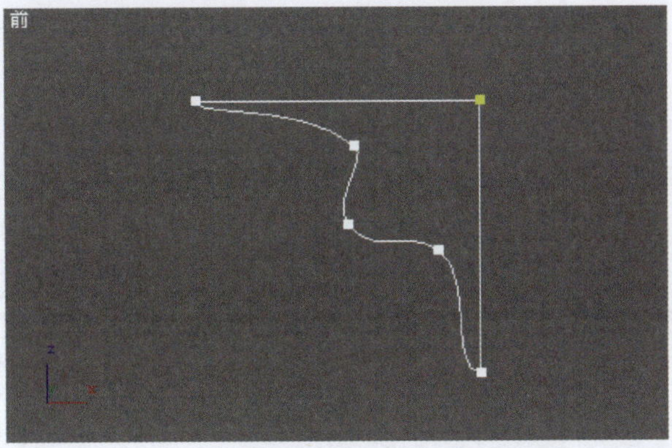

图 4－15 调整矩形顶点后的形态

4.1.2 二维线形修改成三维造型的修改器

(1)【挤出】

【挤出】可以使二维线形挤出一定的厚度，成为一个立体造型。选中二维线图形，单击按钮，进入修改命令面板，选择【修改器列表】中的【挤出】命令，调整【挤出】命令面板中的数量如图 4－16 所示，挤出后的结果如图 4－17 所示。

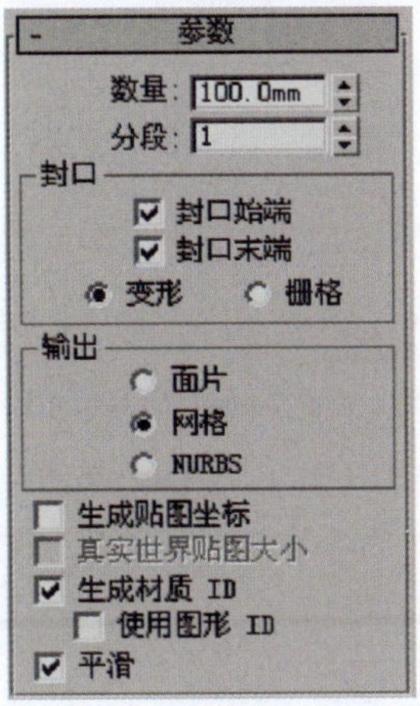

图 4－16 调整挤出参数

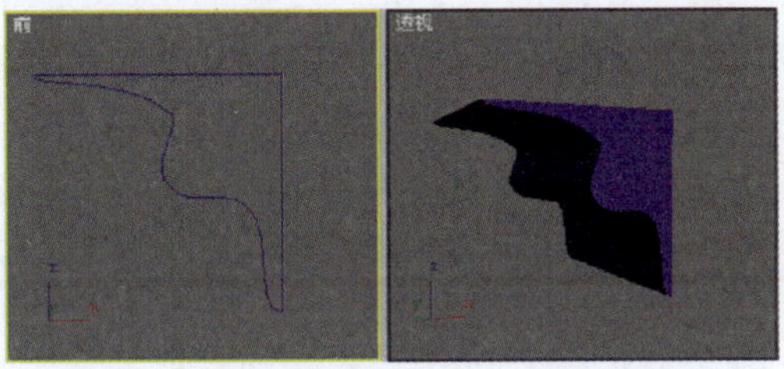

图 4－17 样条线挤出效果

挤出参数及选项介绍如下：

- 【数量】:设置挤出的高度。
- 【分段数】:设置挤出高度上的片段划分数。
- 【封闭始端】:在顶端加面封盖物体。
- 【封闭末端】:在底端加面封盖物体。
- 【面片】:将挤出物体输出为网格模型，可以使用【编辑网格】修改命令。
- 【NURBS】:将挤出物体输出为 NURBS 模型。
- 【创建材质 ID 号】:对顶盖指定 ID 号为 1，对底盖指定 ID 号为 2，对侧面指定 ID 号为 3。

自由练习:绘制一个截面图形，加入挤出修改命令，调节挤出值，产生一个挤出造型。

(2)【车削】

【车削】可以使二维线形沿某一轴线车削，生成相应的立体造型，如图 4－18 所示高脚杯模型与旋转桌桌体的创建。【车削】命令面板如图 4－19 所示。

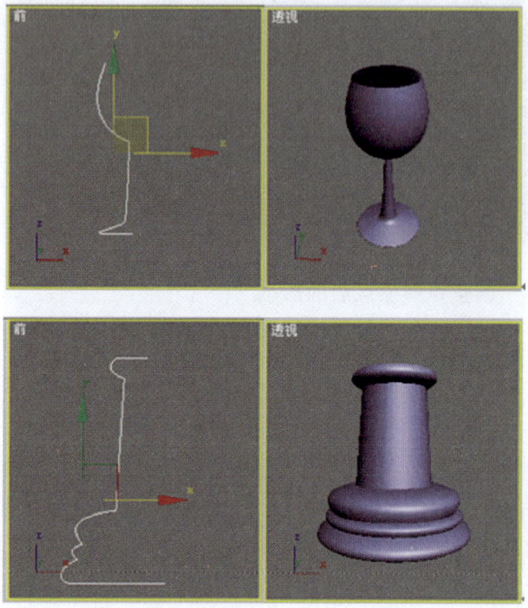

图 4－18　创建二维曲线与车削效果

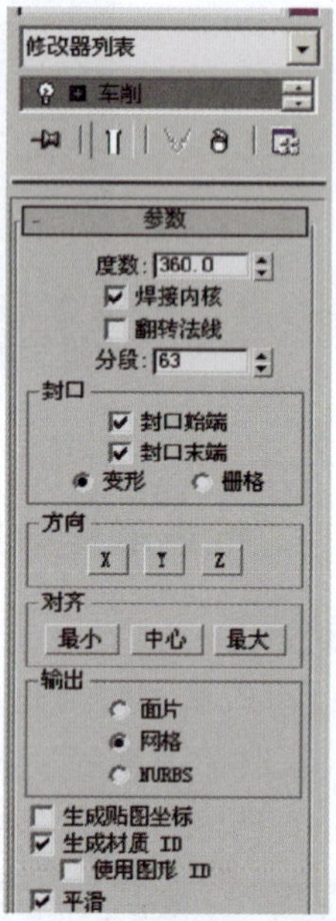

图 4－19　车削命令面板参数设置

参数及选项介绍：

●【角度 】：设置车削成型的角度 360 度为一个完整环形，小于 360 度为不完整的扇形。

●【焊接核心】：把中心轴向上重合的点焊接精减，得到结构相对简单的造型。如果要作为变形物体，不能将此项打开。

●【镜像法线】：将造型表面的法线方向镜像。

●【分段数】：设置车削圆周上的段数，值越高，造型越光滑。

●【封闭始端】将顶端加面覆盖。

●【封闭末端】：将底端加面覆盖。

●【X】、【Y】、【Z】：分别设置不同的轴向。

●【最小】将曲线内边界与中心轴对齐。

●【最大】将曲线外边界与中心轴对齐。

●【面片】：将车削生成的物体转化为面片造型。

●【网格】：将车削生成的物体转化为网格造型。

●【NURBS】：将车削生成的物体转化为 NURBS 曲面造型。

●【创建材质 ID 号】：为造型指定特殊的材质 ID 号。

自由练习：绘制一个截面图形，加入车削修改命令，按下最小对齐按钮，产生一个车削造型，调节角度值，控制车削成型的角度。

(3)【倒角】

【倒角】可以使平面造型增长一定的厚度，形成立体造型，还可以使生成的立体造型产生一定的倒角，【倒角】命令面板如图4－20所示。

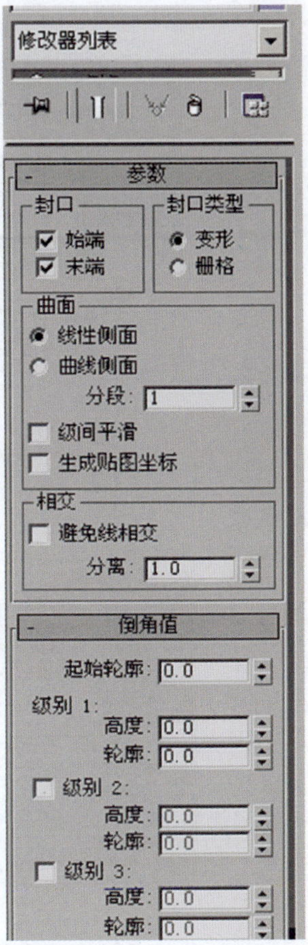

图4－20　倒角参数面板

参数类下各选项含义：

●【开始】:将开始截面封顶加盖。

●【结束】:将结束截面封顶加盖。

提示:将【开始】和【结束】勾选取消，可生成透空效果。

●【直线边】:设置倒角内部片段划分为直线方式。

●【曲线边】: 设置倒角内部片段划分为弧形方式。

●【分段数】:设置倒角内部的片段划分数。

●【保留不相交线】:勾选了它，指当【倒角剖面】值过大或过小时，使整个造型的形态不出现畸变。

●【分离】:设置两个边界线之间的距离间隔，防止越界交叉。

倒角值类下各选项含义：

●【起始轮廓】:可以设置对原始轮廓进行加粗或变细的修改。大于零变粗，小于零变细。

●【高度】:指造型挤出的高度。

●【轮廓】:指外轮廓线是收缩还是扩张。大于零扩张，小于零收缩。

●【水平2】和【水平3】与【水平1】的意义相同，只不过需要勾选其下的参数后才生效。

自由练习:绘制一个截面图形，加入倒角修改命令，调节倒角值产生一个倒角造型。

例4.2　创作倒角文字

①重新设置系统。

②单击创建命令面板上的【创建】/【图形】/ 文本 按钮，在【文本】中输入“效果图设计”5个字，其他参数采用默认值，如图4－21所示，正视图中单击鼠标，“效果图设计”5个字就出现在视图中，其形态如图4－22所示。

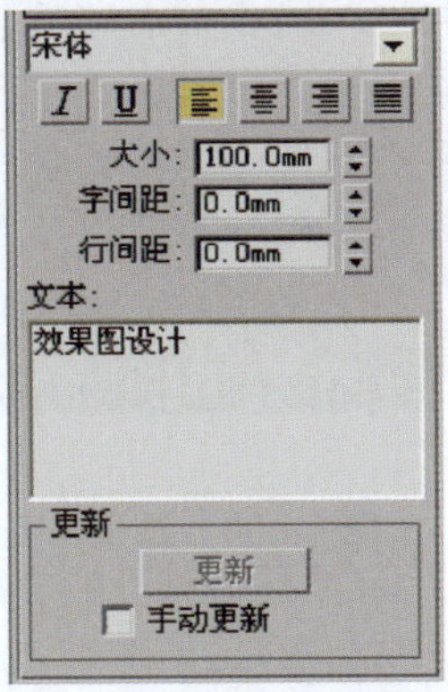

图4－21　文字面板参数

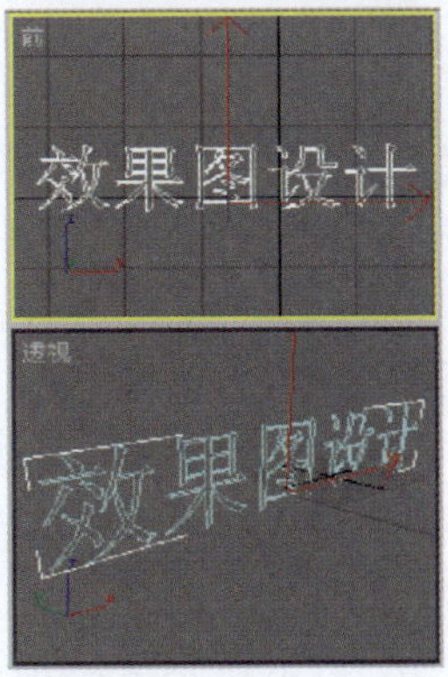

图4－22　创建的文字形态

③单击按钮，进入【修改】命令面板。将【修改器列表】下的【倒角】命令激活，设置各项参数如图4－23所示。这时，文字出现了倒角状态，其形态如图4－24所示。

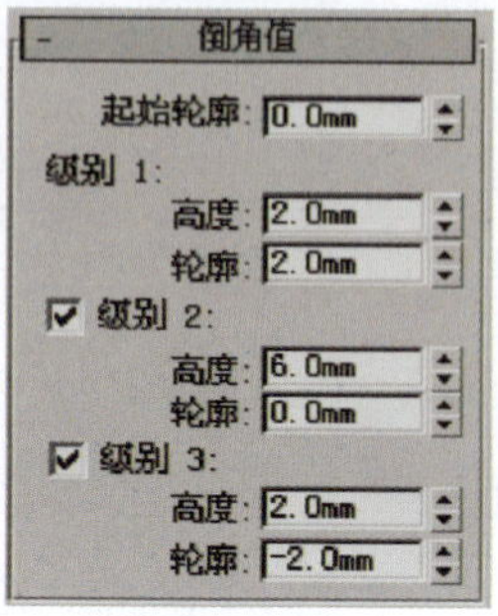

图4－23　倒角参数设置

图4－24　文字倒角效果

④在【参数】类下，设置各项参数如图4－25所示。这时，文字成为圆滑形态，如图4－26所示。

图4－25　倒角参数调整

图4－26　级间平滑效果

⑤在【参数】类下，取消【封盖】下的【开始】和【结束】选项的勾选，如图4－27所示。这时，文字成为透空字其形态如图4－28所示。

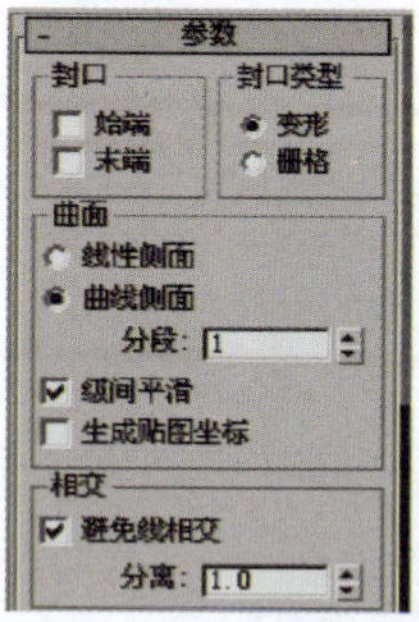

图4－27　倒角参数调整

图4－28　透空文字效果

(4)【倒角剖面】

【倒角剖面】命令，可以说是从倒角工具衍生出来的，它要求提供一个路径，作为倒角的倒角剖面线，绘制一个图形作截面，如图4－29所示。【倒角剖面】命令面板如图4－30所示。倒角剖面的效果见图4－31所示。

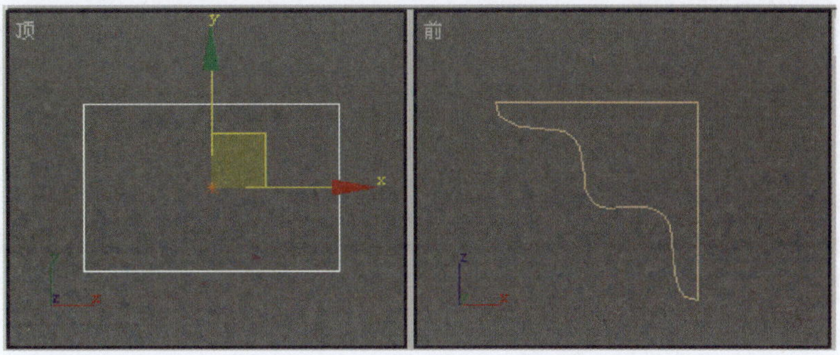

图 4－29　绘制倒角剖面线与截面图形

参数及选项介绍如下：

●【倒角剖面】：在为图形指定了此修改命令后，按下 拾取剖面 按钮，可以在视图中点取一个图形或 NURBS 曲线作为倒角的截面。

●【开始】：将开始端封顶。

●【结束】：将结束端封顶。

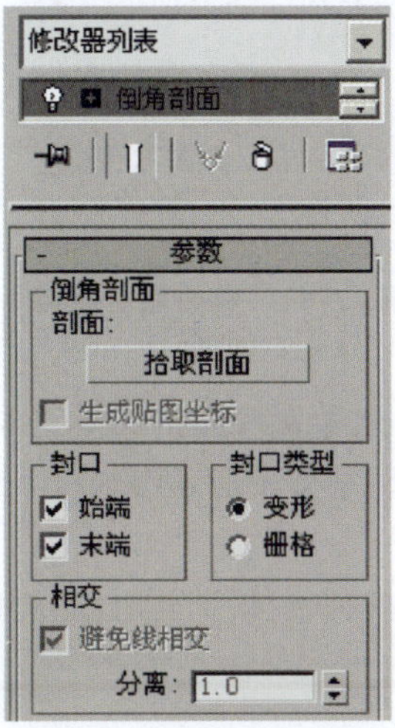

图 4－30　倒角剖面面板

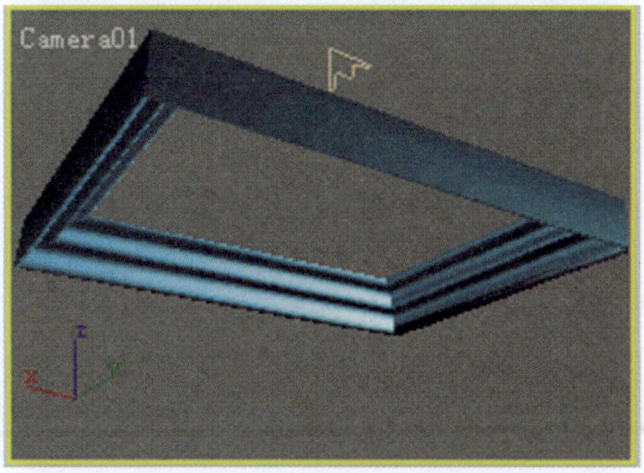

图 4－31　倒角剖面效果

●【变形】：不处理表面，以便进行变形操作，创作变形动画。

●【网格】：进行表面网格处理，它产生的渲染效果更优于 Morph 方式。

●【保留不相交线】：打开此选项，可以防止尖锐折角产生的突出变形。

●【分离】：设置两个边界线之间的距离间隔，防止越界交叉。

自由练习：绘制一个截面图形，绘制一个侧面轮廓线，加入倒角剖面修改命令，按下 拾取剖面 按钮，产生一个倒角剖面造型。

4.1.3 三维造型修改器

(1)【弯曲】

【弯曲】是使造型物体沿一定轴向产生弯曲，通过参数可以控制弯曲的角度、轴向和范围等，弯曲的效果如图4－32所示。【弯曲】命令面板如图4－33所示。

弯曲命令面板参数及选项介绍如下：

● 【角度】：设置弯曲的角度大小，取值范围是－999，999.0至999，999.0。

● 【方向】：设置弯曲相对于水平面的方向，取值范围是－999，999.0至999，999.0。

● 【弯曲轴】：设置物体弯曲时依据的坐标轴向，有X、Y、Z三个选项。

● 【限制效果】：对物体指定限制影响，影响区域将由下面的上限值和下限值来确定。

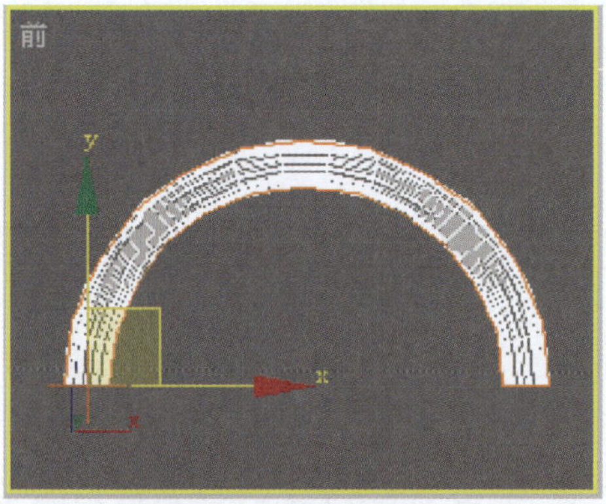

图4－32　弯曲效果

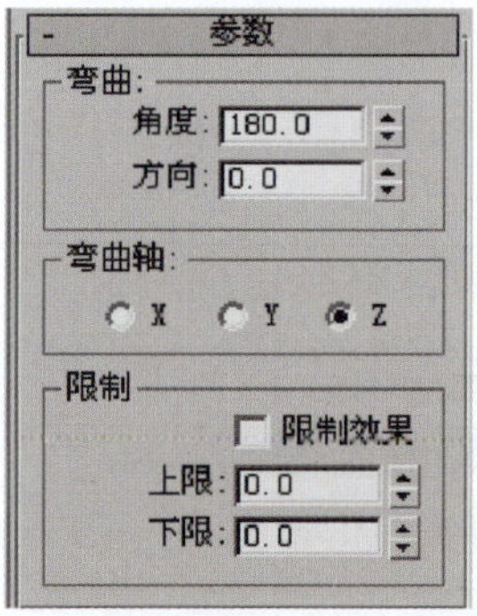

图4－33　弯曲命令面板

● 【上限】：设置弯曲的上限。在此限度以上的区域将不会受到弯曲的影响。

● 【下限】：设置弯曲的下限，在此限度与上限之间的区域将受到弯曲影响。

(2)【扭曲】

● 【扭曲】是指沿一定的轴向扭曲造型的表面顶点，从而对物体产生扭曲作用，扭曲操作同样可以对其有效范围进行限制，如图4－34所示。

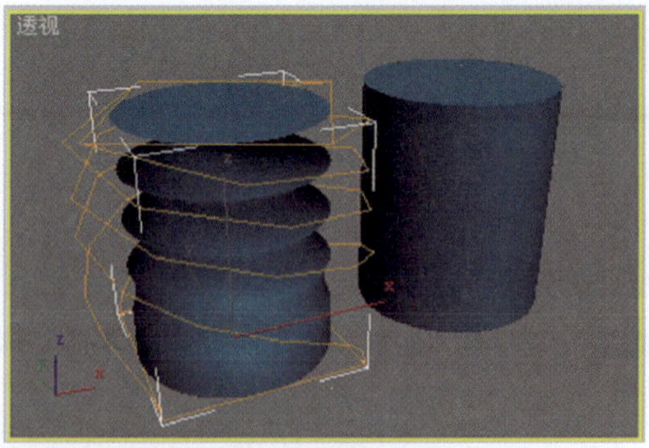

图4－34　扭曲效果

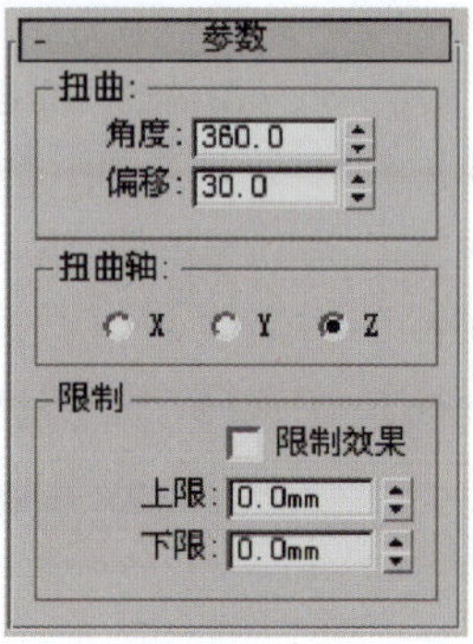

图4－35　扭曲命令面板

扭曲命令面板参数及选项介绍如下：

●【角度】:设置扭转的角度大小。

●【偏差】:设置扭转向上或向下的偏向度值为0，扭曲均匀分布;值大于0，扭曲的程度向上偏移;值小于0，扭曲的程度向下偏移。

●【扭曲轴】:设置扭曲依据的坐标轴向。

●【限制效果】:打开限制影响，允许限制扭曲影响在Gizmo物体上的范围。

●【上限/下限】:分别设置扭曲限制的区域。

(3)【锥化】

●【锥化】指按一定曲线轮廓缩放造型，使其产生锥化变形的效果，锥化的效果如图4-36所示。【锥化】命令面板如图4-37所示。

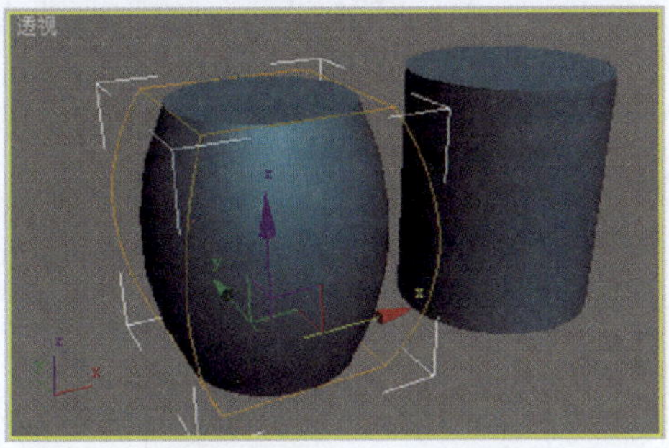

图4-36 锥化效果

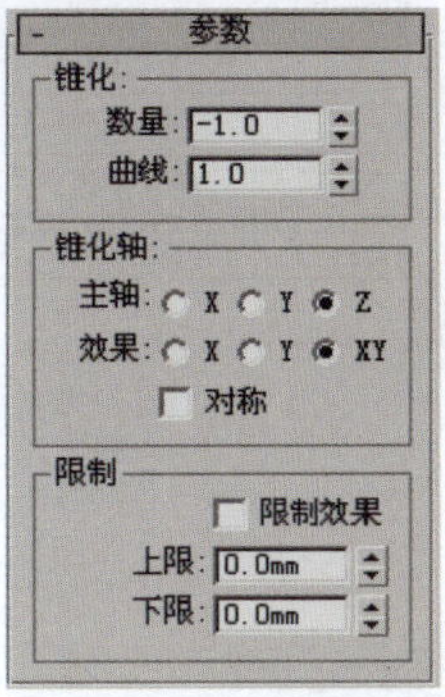

图4-37 锥化命令面板

面板参数及选项介绍如下：

●【数量】:设置锥化的程度。

●【弯曲】:设置锥化曲线的弯曲程度。为0时，锥化曲线为直线;大于0时，锥化曲线向外凸出，值越大，凸出得越剧烈;小于0时，锥化曲线向内凹陷，值越小，凹陷得越厉害。

●【主要】:设置物体锥化时的坐标轴。

●【效果】:设置锥化对物体的影响。

●【对称】:设置一个对称的影响效果。

●【限制效果】:打开限制影响，允许限制锥化影响在Gizmo物体上的范围。

●【上限/下限】:分别设置锥化限制的区域。

(4)【多边形编辑】

多边形编辑主要是对可编辑多边形的五个子对象级别(顶点、边、边界、多边形和元素)进行编辑，参见图4-38所示。在建筑、装饰效果图设计中经常用到的是点、边和多边形级别的编辑，用到的面板如图4-38、4-39所示。

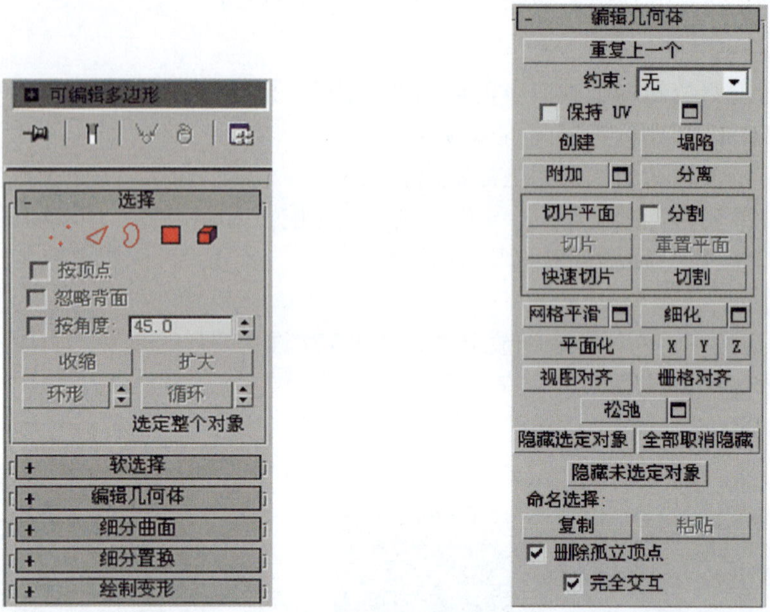

图 4－38　编辑多边形与编辑几何体面板

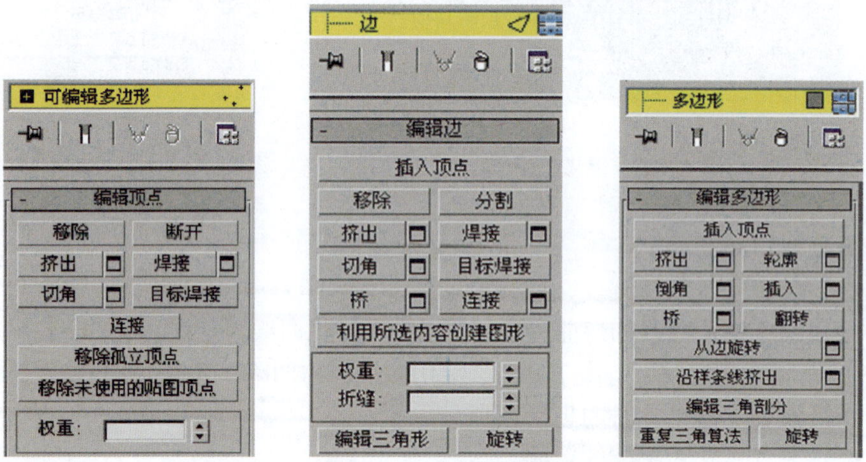

图 4－39　多边形主要子级别面板

①【插入】在多边形子对象级别下，按指定距离向内偏移得到另一个多边形，也可以手动进行插入操作。操作方法是：依次选择 /编辑多边形/插入 ，单击插入后的 按钮，则弹出如图 4－40 所示对话框，进行参数设置即可；若直接单击 插入 按钮，在视图中鼠标指针变为 时，则托动鼠标执行手动插入操作。

②【挤出】在多边形子对象级别下，按指定距离向外（正值）凸出或向内（负值）凹进得到另一个多边形，也可以手动进行插入操作。操作方法是：依次选择 /编辑多边形/挤出 ，单击挤出后的 按钮，则弹出如图 4－41 所示对话框，进行参数设置即可；若直接单击 挤出 按钮，在视图中鼠标指针变为 时，则托动鼠标执行手动插入操作。

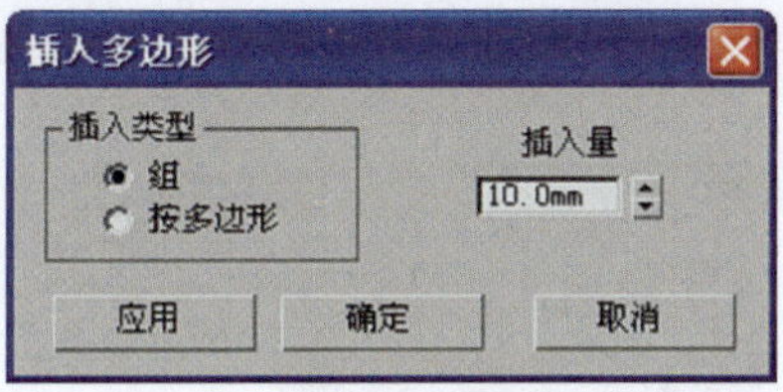

图4－40　**插入多边形**

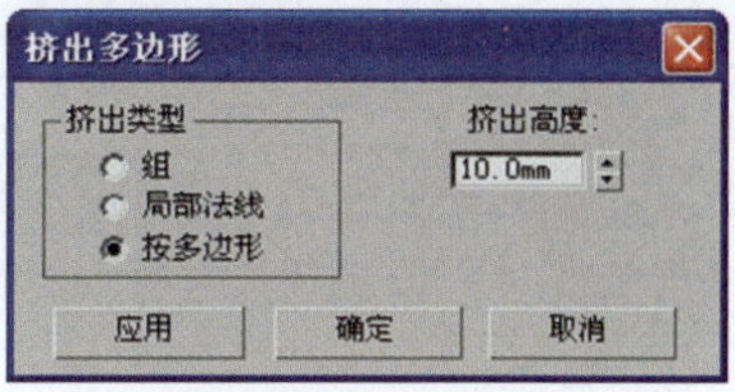

图4－41　**挤出多边形**

③【切角】在边子对象级别下，按指定距离向两侧作等距离偏移得到两条线，也可以手动进行切角操作。操作方法是：依次选择/ - 编辑边 / 切角 ，单击切角后的按钮，则弹出如图4－42所示对话框，进行参数设置即可；若直接单击 切角 按钮，在视图中鼠标指针变为时，则托动鼠标执行手动切角操作。

④【连接】在边子对象级别下，按指定数目在选定的两条或多条边上创建线段。操作方法是：依次选择/ - 编辑边 / 连接 ，单击连接后的按钮，则弹出如图4－43所示对话框，进行参数设置即可；若直接单击 连接 按钮，则按缺省值（上次连接操作的设定值）进行连接。

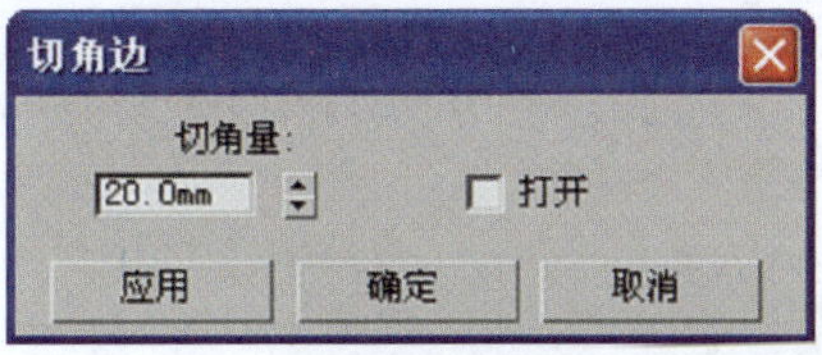

图4－42　**切角边**

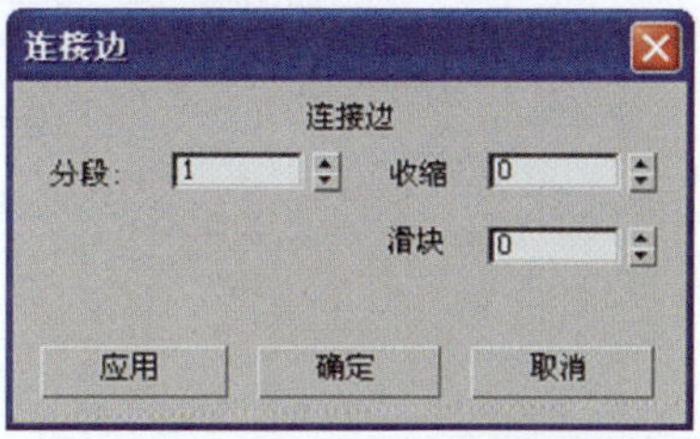

图4－43　**连接边**

⑤【分离】它是在可编辑多边形中分离出其中的一部分，作为一个独立对象存在，在五个子对象级别下，均可进行分离操作。在建筑、装饰效果图设计中经常用到的是多边形与边级别下的分离操作。操作方法是：依次选择子对象 - 编辑几何体 / 分离 ，则弹出如图4－44所示对话框，为分离出的对象命名后单击 确定 按钮即可。

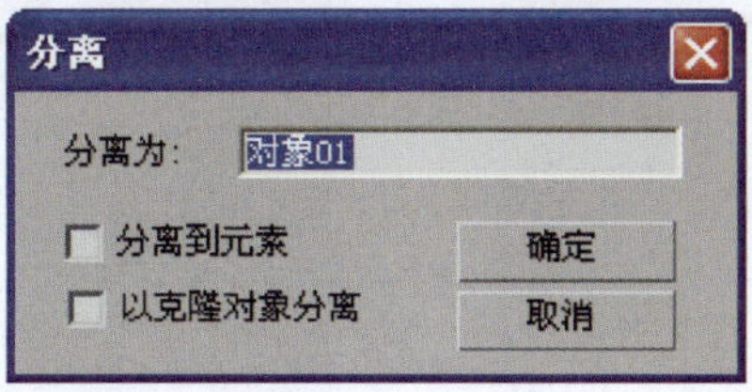

图4－44　**分离**

⑥【快速切片】它是在可编辑多边形的整体或指定子对象级别上划分若干分格线，为进行其它操作如挤出、弯曲等创造条件。操作方法是：选择 - 编辑几何体 / 快速切片 ，然后在视图中每单击两次，即可切割一次。这里有两种情况：一是选择多边形或元素子对象级别进行操作，则只在选中的多边形或元素中进行切割。二是不选择子对象或选择点、边、边界子对象级别进行操作，则对可编辑多边形整体进行切割。

例 4.3 创作电视机

①重新设置系统。

②创建主体：单击命令面板上的 / / 扩展基本体 / 切角长方体 按钮，在前视图中创建一个切角长方体，命名为“电视”。参数与效果如图 4－45 所示。

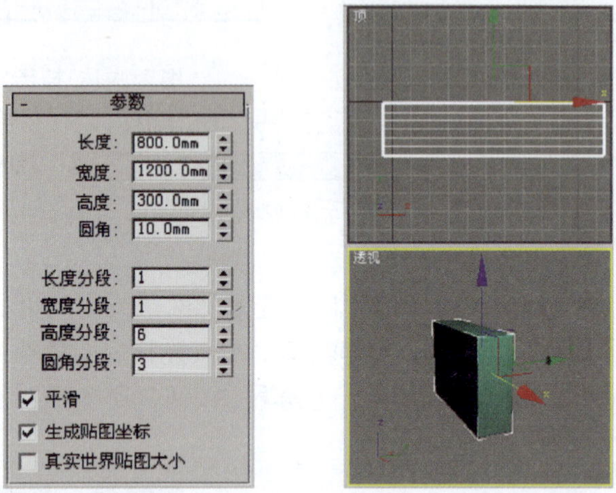

图 4－45 电视参数与效果

③锥化操作：选中电视，添加锥化修改器，参数设置如图 4－46 所示；然后调整锥化下中心子级别的位置如图 4－46 所示，调整后的电视效果如图 4－46 所示。

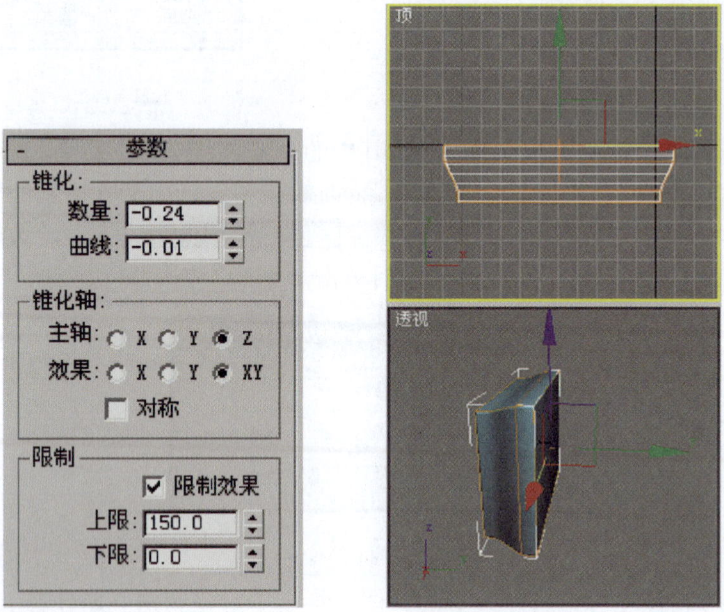

图 4－46 锥化参数与电视效果

④多边形操作：

a. 选中电视，在视图中右击，在快捷菜单中选择转换为“可编辑多边形”选项。

b. 进入多边形子对象级别，在透视图中选择电视前面，单击编辑多边形面板下的 插入后边的小按钮，弹出如图 4－47 所示对话框，设置参数后确定，效果如图 4－47 所示。

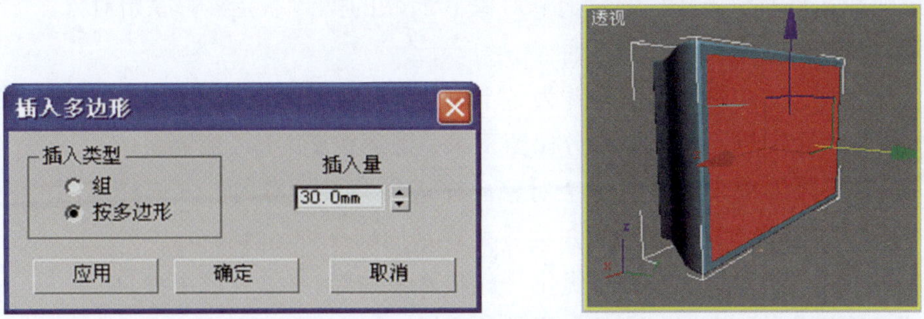

图 4－47　插入多边形与效果

c. 单击编辑多边形面板下的 挤出 后边的小按钮，弹出如图 4－48 所示对话框，设置参数后确定，效果如图 4－48 所示。

d. 进入“多边形属性”面板，设计 ID 号为 1，单击菜单栏中的编辑/反选项，设置 ID 号为 2。最后赋予电视多维子对象材质，渲染效果如图 4－49 所示。保存，命名为“电视”。

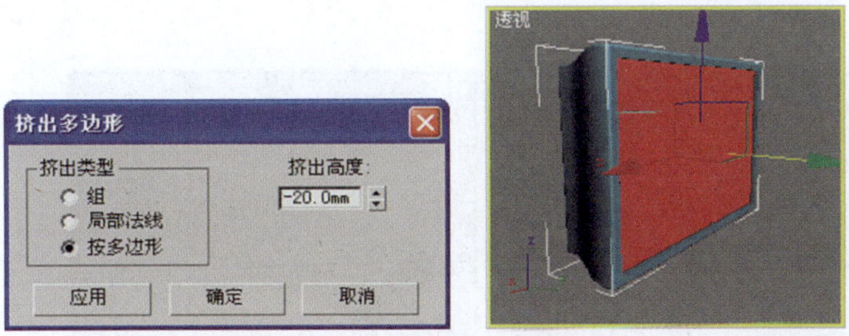

图 4－48　挤出多边形与效果

图 4－49　电视渲染效果

4.1.4 布尔运算

布尔运算主要对两个以上的对象进行并集、差集、交集运算，从而得到新的造型。

在 3ds max9 中，布尔运算的灵活性在于构成布尔运算的对象，仍作为一个对象存在。每个运算对象仍保留它自己的修改器堆栈，并且可以在面板中进行编辑修改。甚至可以在次对象层次变换运算对象。

布尔运算的拾取方式包括复制、移动、实例和参考 4 种。

（1）复制：将原始对象的一个复制品作为运算对象 B 进行运算，不破坏原始对象。

（2）移动：将原始对象直接作为运算对象 B 进行运算后，原始对象消失。

（3）实例：将原始对象的一个实例复制品作为运算对象 B 进行布尔运算后，修改其中的一个将影响另外一个。

(4)参考:将原始对象的一个关联复制品作为运算对象 B，进行运算后，对原始对象的操作会直接反映在运算对象 B 上，但对运算对象 B 所做的操作不会影响原始对象。

布尔运算的运算方式分为以下 8 种：

- 并集:进行运算的两个对象合并为一个对象，且将两个对象的相交部分删除。
- 交集:将两个运算对象重叠部分保留下来，将不相交的部分删除。
- 差集:从一个对象中减去另一个对象。在进行差集运算时，可选择不同的相减顺序，即可以产生不同的运算结果。差集布尔运算是最常用的一种运算方式。
- 切割:切割布尔运算方式共有优化、分割、移除内部、移除外部 4 种。
- 优化:可以在对象表面创建任意形状的选择区域，而不受网格的限制。
- 分割:可以将布尔运算的相交部分，分离为目标对象的一个元素次对象。
- 移除内部:将运算对象的相交部分删除，并将目标对象创建为一个空心对象。
- 移除内部:将运算对象的相交部分创建为一个空心对象，将其他部分删除。

例 4.4　创作电视柜

①重新设置系统。

②创建主体:单击命令面板上的 / / 标准基本体 / 长方体 按钮，在前视图中创建一个长方体，命名为“电视柜”。参数与效果如图 4 - 50 所示。

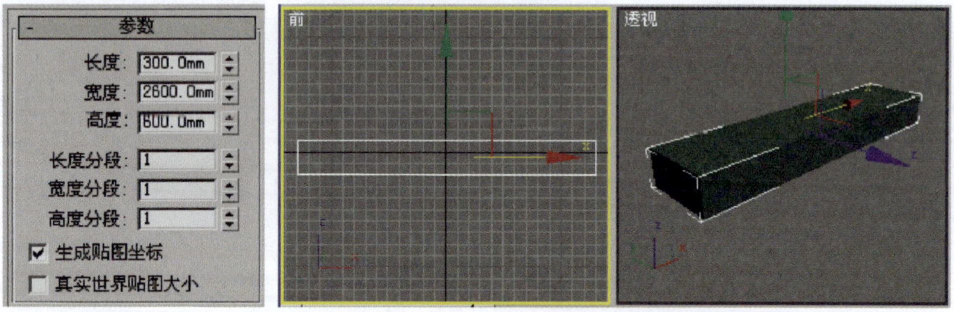

图 4 - 50　电视柜参数与形态

③创建被减对象:在前视图分别创建两个长方体，并利用对齐与移动命令，将其调整到如图 4 - 51 所示位置。

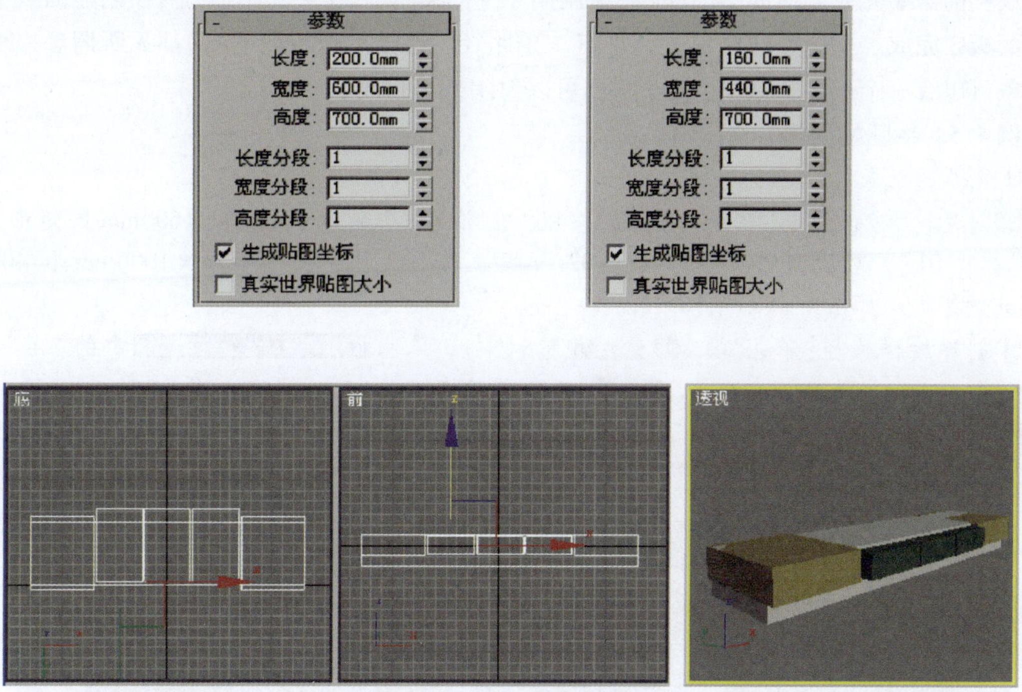

图 4－51 被减对象参数与位置

④布尔：选择电视柜，单击命令面板上的 / / 复合对象 / 布尔 / 拾取操作对象 B，拾取一个长方体；然后再单击 布尔 ，拾取另一个长方体；重复上步直至完成。最后，赋予木纹材质后形态如图 4－52 所示。保存，命名为“电视柜”。

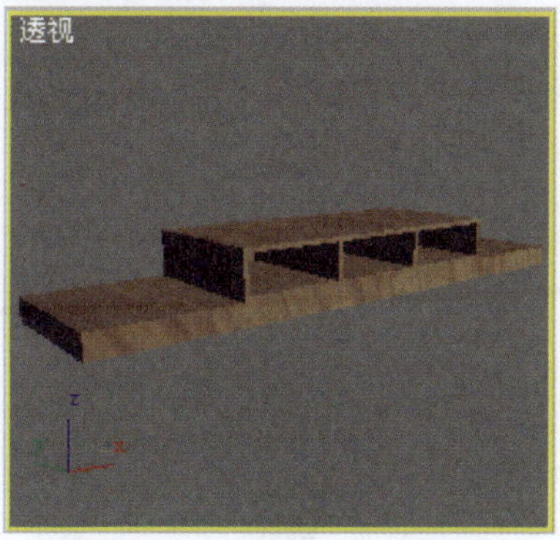

图 4－52 电视柜效果

4.1.5 放样

放样就是让一个截面沿着一个路径伸展，来创建一个复杂的三维对象。可以沿直线或曲线的路径方式进行放样，也可以在不同的位置设置不同的横截面形状进行放样。在 3ds max9 中，要有两个或两个以上的二维图形才能构成一个放样模型。其中一个图形作为放样模型的“路径 ”，其余的图形作为放样模型的“截面”。

放样前需要先完成截面图形和路径的创作，它们属于二维平面图形，要在创建面板中的图形面板中完成。一个放样对象只允许有一条路径，路径是否封闭、交错都无所谓。一个放样对象可以有一个或多个截面图形，截面可以封闭或不封闭。

例 4.5　牛腿柱创作

①重新设置系统。

②创建截面：单击 / / 矩形 按钮，在顶视图中创建一个 400 × 600mm 的矩形，命名为“截面 01”，然后同法再创建截面 02 与截面 03，大小分别为 400 × 1000mm 和 400 × 400mm 的矩形。如图 4 – 53 所示 。

③创建放样路径：单击 / / 线 按钮，单击 键盘输入 中的“ + ”号，展开，在 x,y,z 均为 0 时，单击 添加点 即确定了直线的起点；输入 y 值 6000mm，再次单击 添加点 ，则在前视图中创建了一条高度为 6m 的放样路径，命名为“路径 01”。如图 4 – 53 所示 。

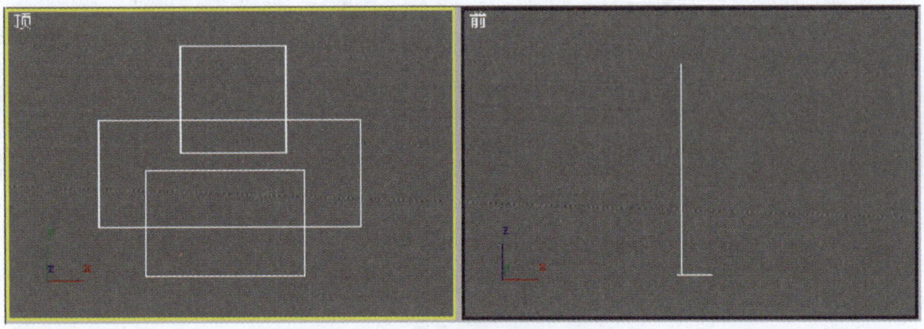

图 4 – 53　牛腿柱截面与路径

④放样：在前视图选择路径 01，单击 / / 复合对象 / 放样 / 获取图形 按钮，在顶视图拾取截面 01；修改路径参数为 路径: 60.0 ，再在顶视图拾取截面 01；修改路径参数为 65，拾取截面 02，修改路径参数为 70，拾取截面 02，修改路径参数为 70.001，拾取截面 03。最后，按 F9 渲染，牛腿柱形态如图 4 – 54 所示。

图 4 – 54　牛腿柱

任务 4.2 创作台灯

4.2.1 设计目的

综合运用所学命令，创作台灯。

4.2.2 创作构思

创建一个切角圆柱体，执行锥化命令，生成灯罩；复制一个小的灯罩实体作减对象，布尔运算生成灯罩；运用截面命令生成装饰线并修改其渲染属性；绘制一条样条线后车削生成灯座。最后台灯的形态及其尺寸如图 4－55 所示。

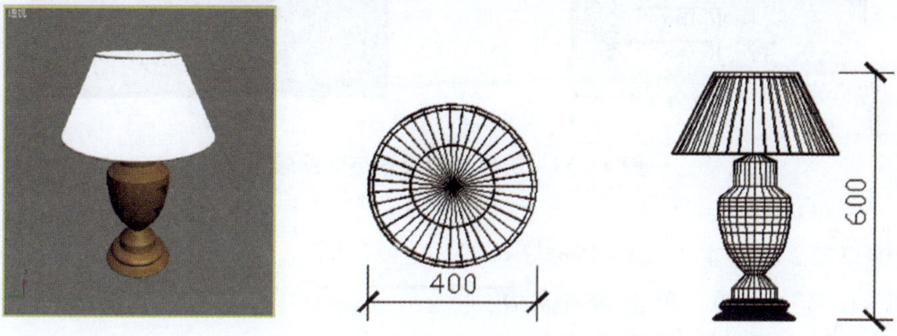

图 4－55 台灯的形态及其尺寸

4.2.3 操作步骤

（1）重新设置系统。

（2）单击 / / 扩展基本体 / 切角圆柱体 按钮，在顶视图中创建一个切角圆柱体，命名为“灯罩”，其参数设置与形态如图 4－56 所示。

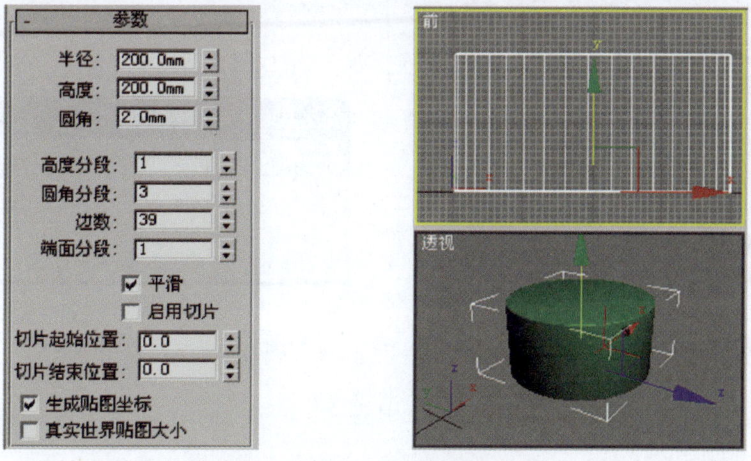

图 4－56 灯罩参数设置与形态

(3)单击按钮，进入修改命令面板，执行修改器列表中的锥化命令，调整参数与形成的图形形态如图4－57所示。

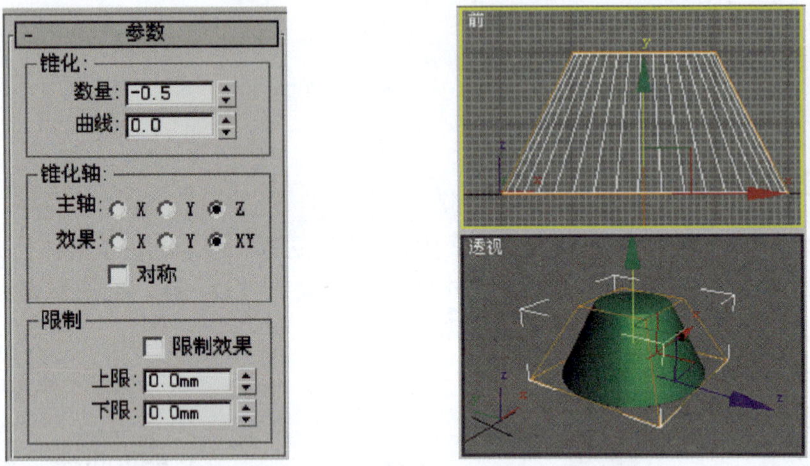

图4－57　锥化参数设置与灯罩形态

(4)选中灯罩，单击主工具栏中的按钮，在顶视图按住Shift键，拖动鼠标至合适位置，复制出灯罩01；选中灯罩，单击/复合对象/布尔/拾取操作对象B，拾取灯罩01，得到如图4－58所示灯罩形态。

(5)单击/样条线/截面按钮，在顶视图中，单击托动鼠标创建一个截面；单击按钮，进入修改命令面板，单击创建图形按钮，弹出图4－59所示对话框，命名为“装饰线1”；在前视图移动截面到灯罩顶端，单击创建图形按钮，命名为“装饰线2”；调整装饰线渲染属性后，其形态如图4－60所示。

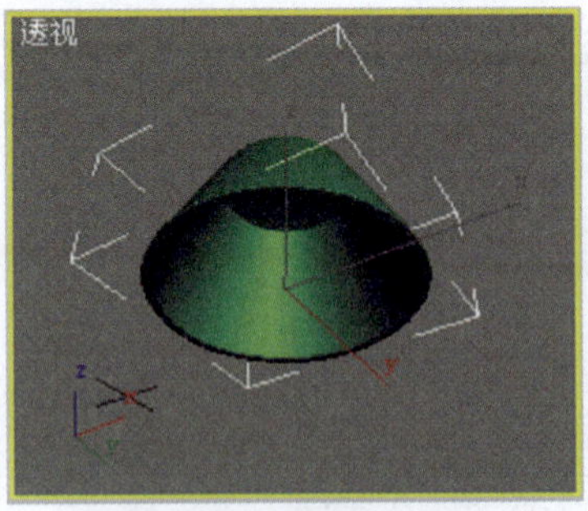

图4－58　灯罩形态

图4－59　命名截面图形对话框

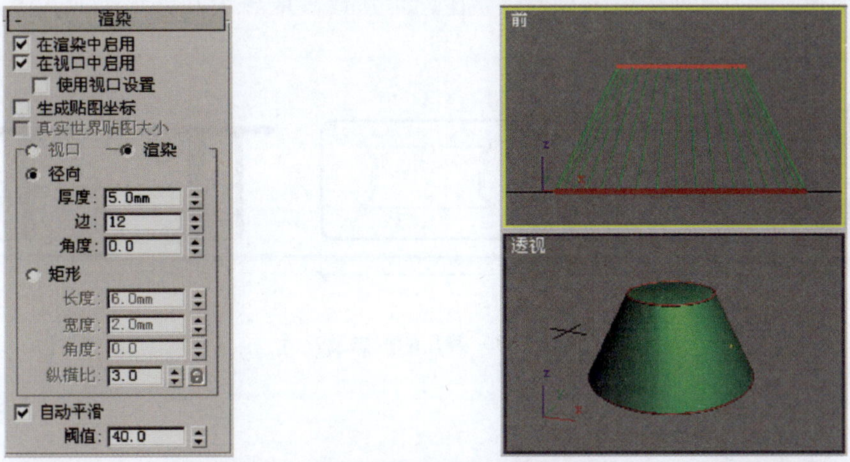

图4－60　装饰线参数与形态

(6)单击 / / 样条线 / 线 ，在前视图创建如图4－61所示的样条线，命名为“灯座”；选择修改器列表中的车削命令，适当调整相应参数，形态如图4－61所示。

(7)赋予相应材质，渲染透视图，其效果如图4－62所示。

(8)单击菜单栏中的文件/保存命令，将此图形存为“台灯. max”。

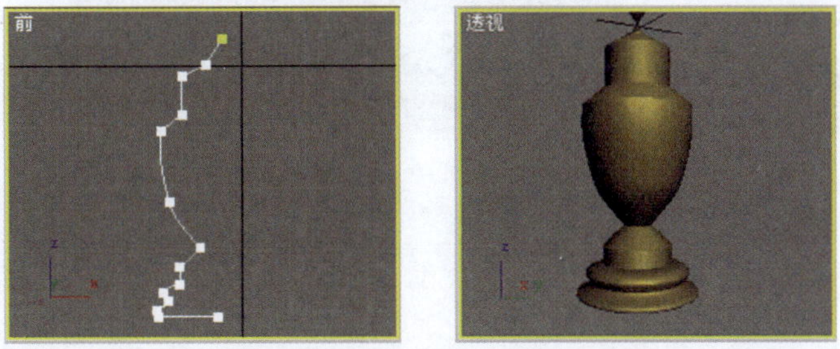

图4－61　灯座线与车削后的形态

图4－62　台灯渲染效果

任务4.3　创作茶几

4.2.1 设计目的

综合运用线编辑、倒角剖面、挤出等命令，创作茶几模型。

4.2.2 创作构思

创建一个矩形，作为轮廓线，创建一个弧，作为剖面，执行倒角剖面命令，生成茶几面；绘制一条线形，先编辑样条线变为理想形态，再执行挤出命令，生成茶几腿01；运用镜像复制命令，生成茶几腿 02；创建切角长方体，作为茶几枨。最后茶几的形态及尺寸如图 4－63 所示。

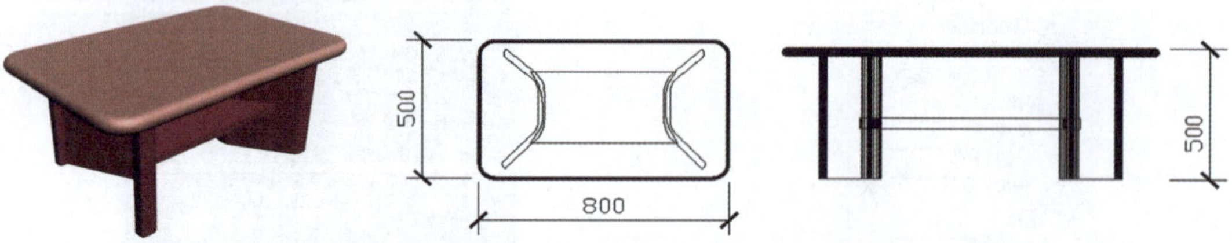

图 4－63　茶几的形态及尺寸

4.2.3 操作步骤

（1）重新设置系统。

（2）单击【矩形】按钮，在顶视图中创建一个矩形，命名为“茶几面”，其参数设置与形态如图 4－64 所示。

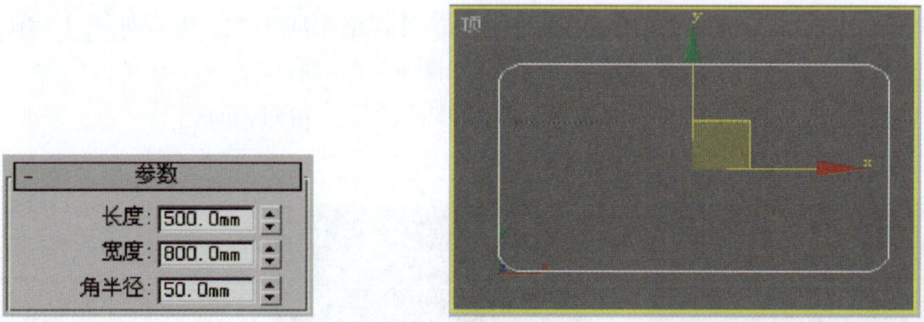

图 4－64　矩形参数设置与形态

（3）单击//弧按钮，运用键盘输入法，在前视图创建一个圆弧，其参数设置与形态见图 4－65 所示。

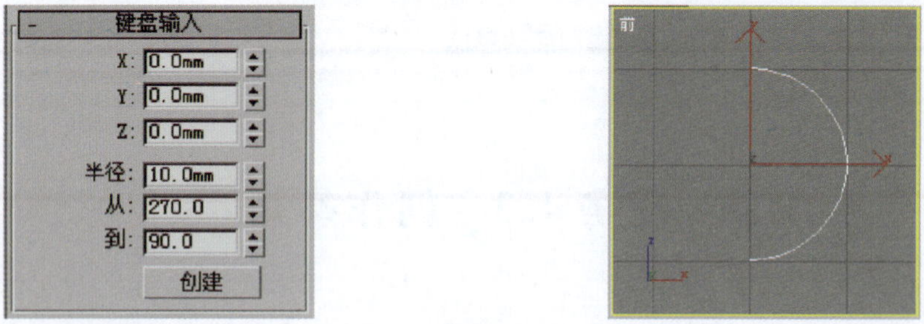

图 4－65　圆弧参数与形态

（4）选中矩形，单击按钮，进入修改命令面板，选择修改器列表中的【倒角剖面】命令，单击拾取剖面按钮，在视图中单击圆弧，然后，再单击倒角剖面前面的＋号，选择剖面 Gizmo选项，调整剖面的角度，最后改名为“茶几面”，其形态如图 4－66 所示。

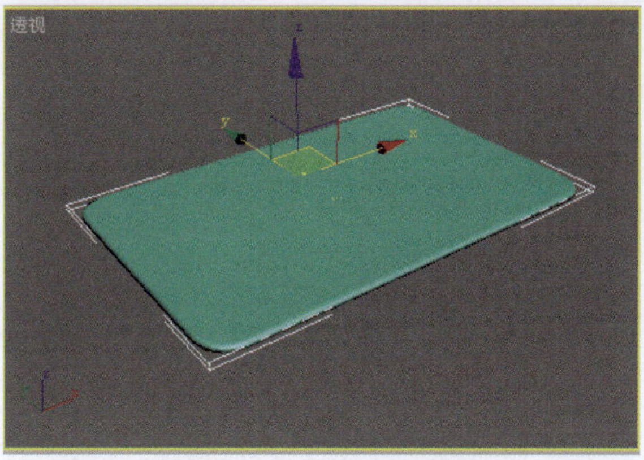

图4-66 茶几面形态

（5）单击 线 按钮，设定为角点方式，如图4-67所示。在顶视图中，绘制一条线形，命名为“茶几腿”，在顶视图中以Y轴中心对齐后的形态如图4-68所示。

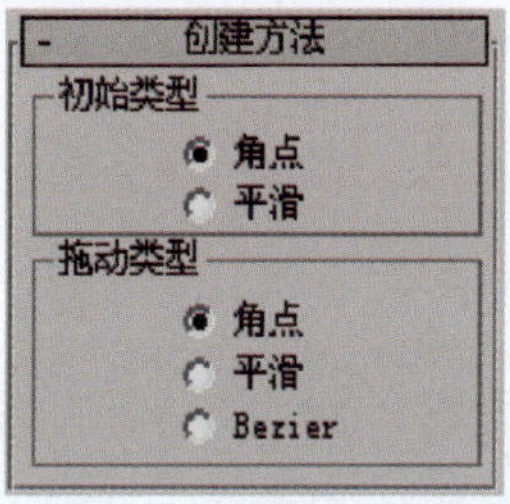

图4-67 绘制线的参数

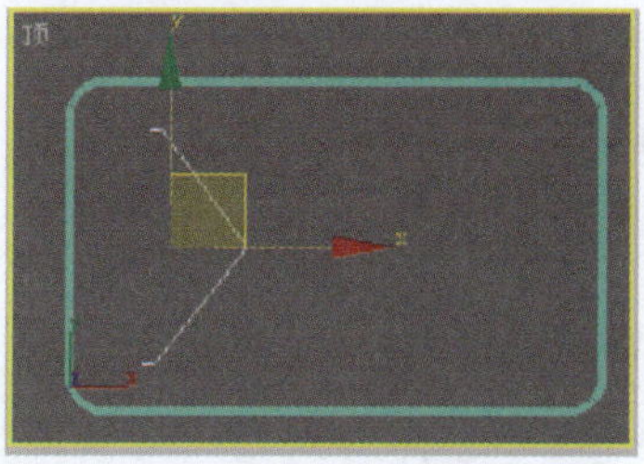

图4-68 线的形态

（6）单击按钮，进入修改命令面板，激活对象层级，选择 轮廓 按钮，其值设为30，结果如图4-69所示。然后，再激活对象层级，选择 圆角 按钮，把不同的点分别设为5或10，调整后的茶几腿的形态如图4-70所示。最后关闭子对象，返回样条线。

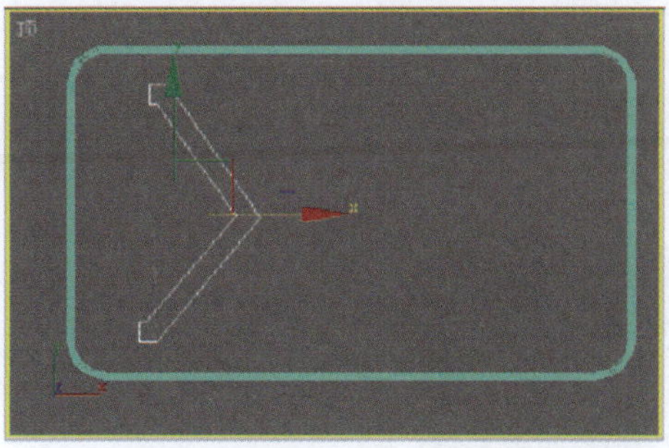

图4-69 轮廓后的茶几腿

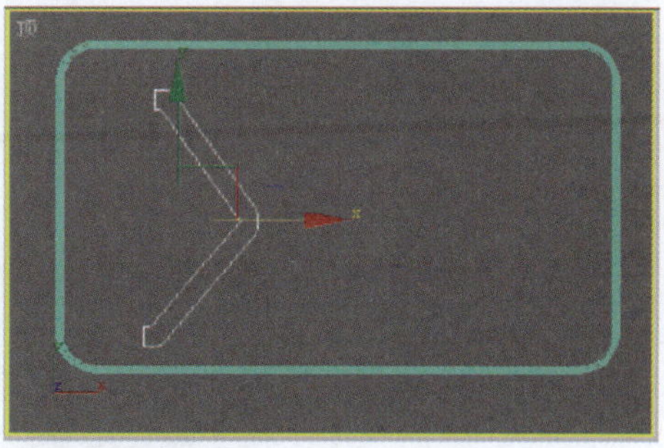

图4-70 圆角后的茶几腿

（7）单击【修改器列表】中的【挤出】命令，设置挤出的【数量】值为500mm，在前视图中调整茶几腿01的位置，透视图的形态如图4-71所示。

图 4－71　茶几腿 01 形态

（8）调整坐标系为拾取茶几面，选中茶几腿 01，在顶视图中，单击工具栏中的按钮，在弹出的对话框中，设置选项如图 4－72。单击对话框中的【确定】按钮，此时，镜像复制出一个茶几腿 02，其形态如图 4－73 所示。

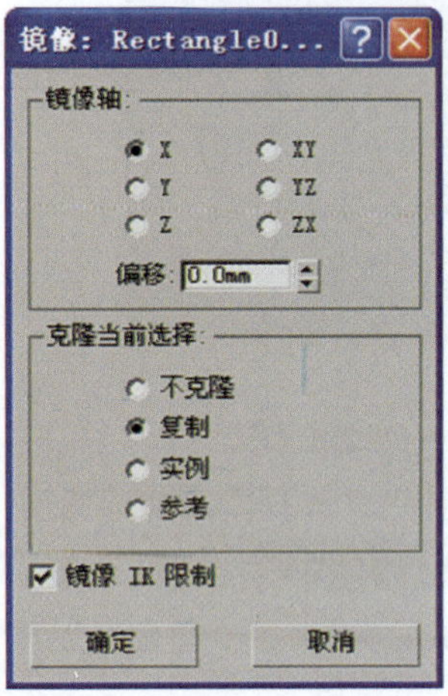

图 4－72　镜像参数设置

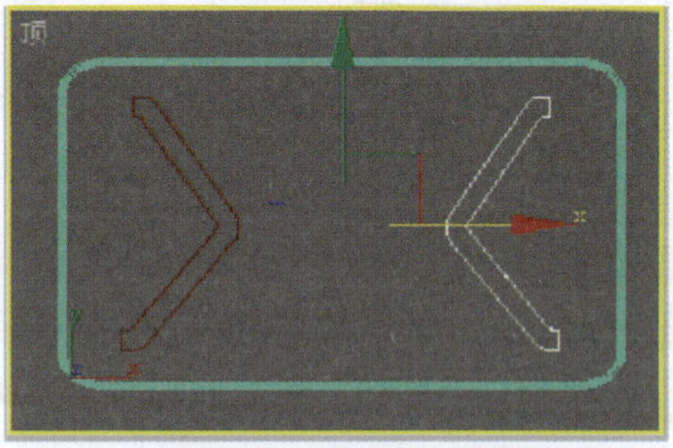

图 4－73　茶几腿镜像结果

（9）激活顶视图中，创建一个矩形，命名为“茶几柽”，转化为可编辑样条线后，在对象层级下，优化加点，调整点位置如图 4－74 所示。

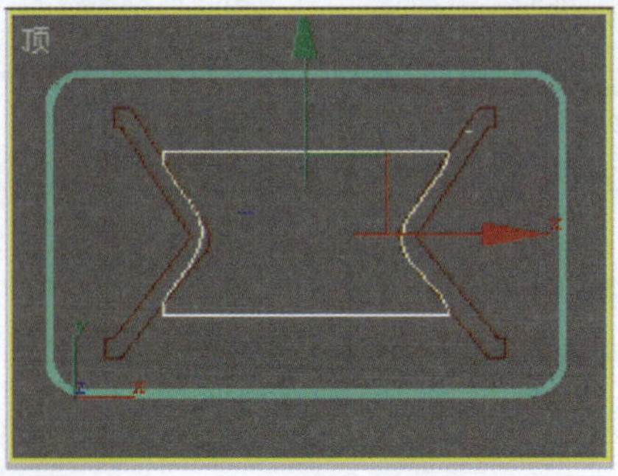

图 4－74　绘制茶几柽形态

（10）激活【挤出】命令，数量设为20，在前视图中调整茶几柽的位置，赋予材质后，其透视图中形态如图4－75所示。至此，茶几模型创作完成，渲染透视图如图4－76所示。

（11）单击菜单栏中的【文件】/【保存】命令，将此图保存为“茶几. max”。

图4－75　茶几透视图形态

图4－76　茶几渲染效果图

任务4.4　创作落地灯

4.4.1 设计目的

本例将具体应用前面所学命令创作落地灯。

4.4.2 创作构思

创建一个半球，作为灯罩，复制一个后再布尔生成灯罩，利用截面命令创建装饰线；使用线命令创建灯架；利用线命令与车削命令创建装饰葫芦与灯座。落地灯的形态与尺寸如图4－77所示。

图4－77　落地灯的形态与尺寸

4.4.3 操作步骤

(1)重新设置系统。

(2)单击 / / 球体 按钮，在顶视图中创建一个半球体，命名为“灯罩”，其参数设置与形态如图 4－78 所示。

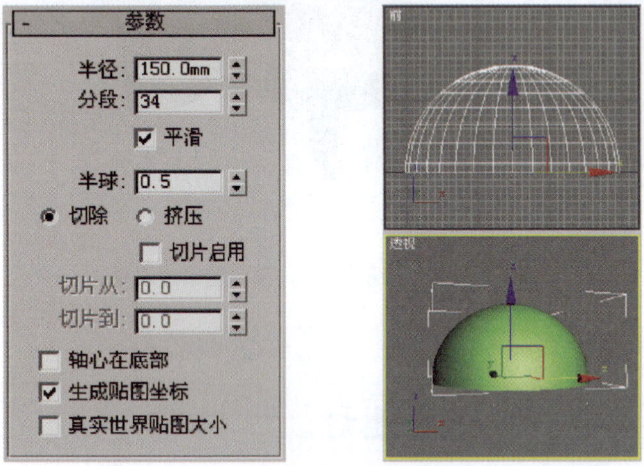

图 4－78　灯罩参数设置与形态

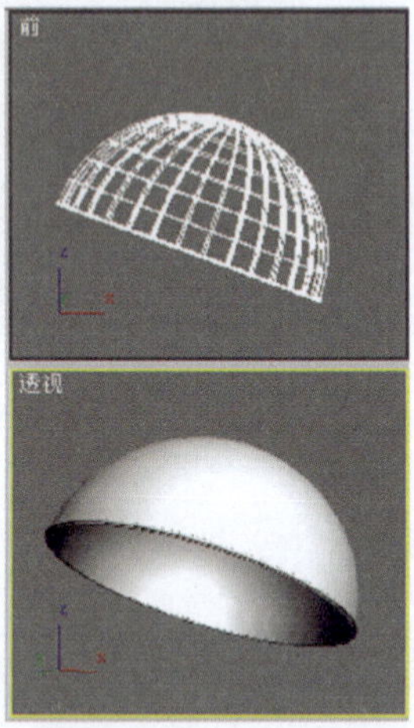

图 4－79　灯罩效果

(3)按 4.2.1 方法与前面所学技能，挖空灯罩，创建装饰线；进行 ID 编号；在前视图绕 Z 轴旋转 －20 度，处理效果如图 4－79 所示。

(4)单击 / / 线 按钮，在前视图适当位置创建三条样条线，修改其属性，其参数设置与形态如图 4－80 所示。

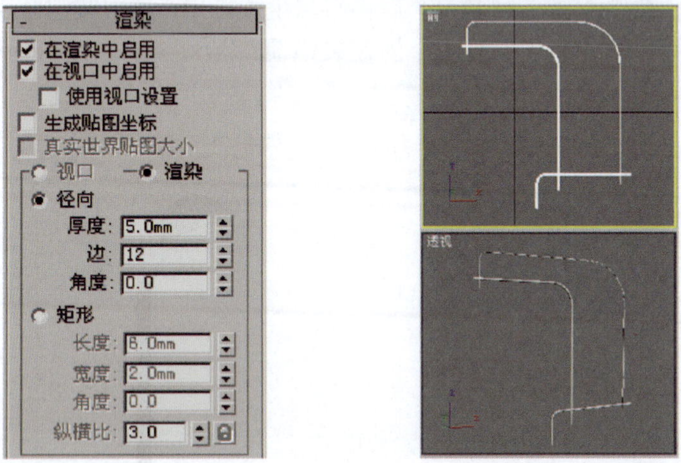

图 4－80　灯架参数设置与形态

(5)在前视图中创建一条样条线，命名为“装饰葫芦”，车削后其形态如图 4－81 所示。

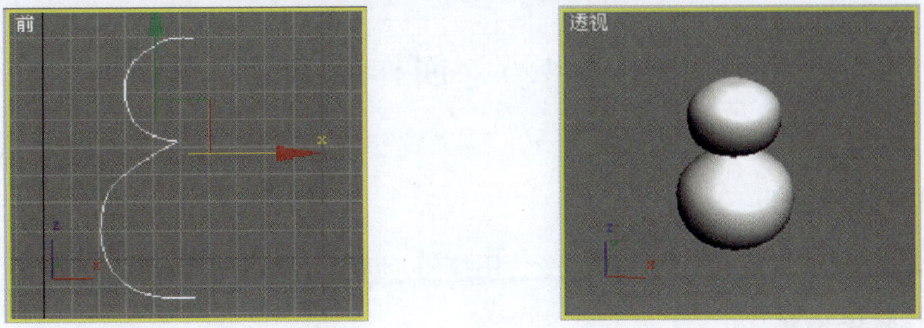

图4－81　装饰葫芦线与车削形态

(6)在前视图中创建一条样条线，命名为“灯座”，车削后其形态如图4－82所示。

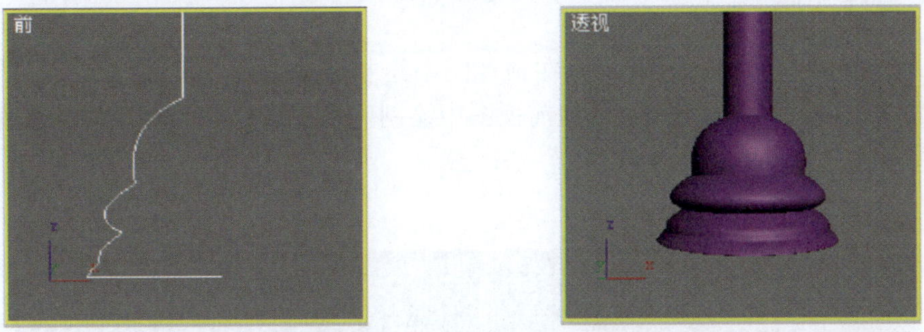

图4－82　灯座线与车削后形态

(7)适当调整各部分的大小和位置，赋予材质，按键盘上的F9键，渲染透视图，其效果如图4－83所示。单击菜单栏中的【文件】/【保存】命令，将此图形保存为“落地灯.max”。

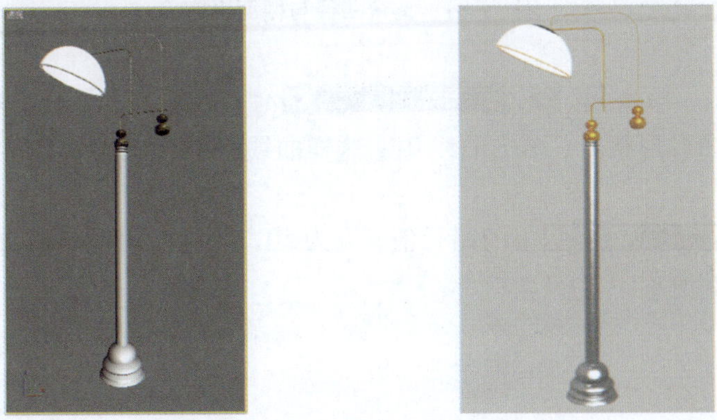

图4－83　落地灯透视图与渲染效果

任务 4.5　创作窗帘

4.5.1 设计目的

练习线、放样、车削等命令，掌握命令使用技巧，创作出形态真实的窗帘造型。

4.5.2 创作构思

窗帘长3600mm、高3000mm。使用线命令创建放样的截面与路径，然后进行分步放样；通过线命令绘制与编辑一条线，再使用车削命令生成窗帘杆造型；最后，运用修改二维图形属性方法，创建窗帘环。

4.5.3 操作步骤

（1）单击 / / 线 按钮，在顶视图中绘制窗帘的两个截面图形，分别命名为曲线 01 与曲线 02，作为放样的截面；再在前视图中绘制一条直线命名为直线 01，作为放样的路径。各图形的形态如图 4－84 所示。

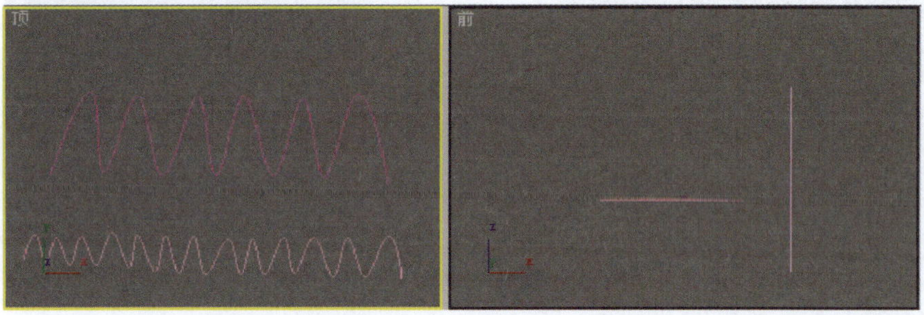

图 4－84　窗帘路径与截面形态

（2）选中直线 01，单击 / / 复合对象 / 放样 ，选择 获取图形 按钮，在视图中鼠标变为获取图形形状时，单击曲线 01，这样曲线沿放样的直线放样，生成的图形形状如图 4－85 所示。

（3）调整 - 路径参数 下的路径值，设为 50，在顶视图中单击曲线 02，这时生成的放样模型如图 4－86 所示。

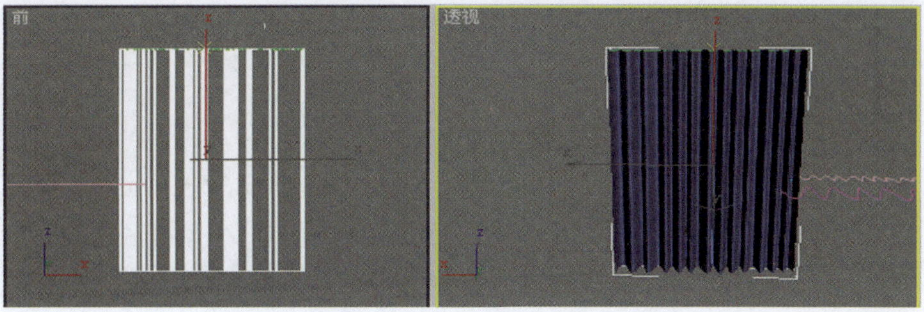

图 4－85 第一次放样图形形状

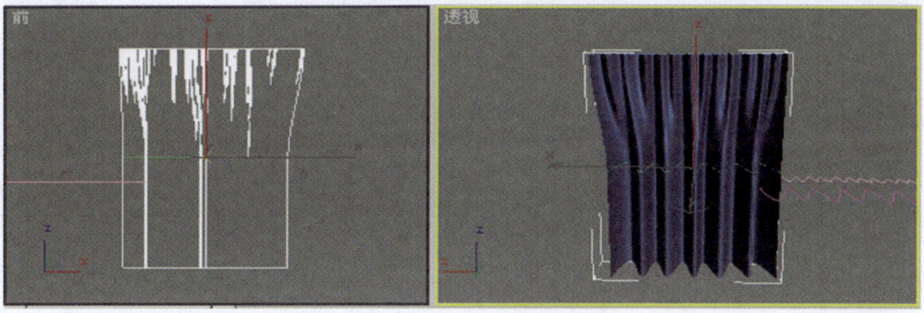

图 4－86 第二次放样后的形态

(4)选中窗帘，单击 Loft 前面的＋号，进入放样的次级对象图形级别，点击 Ctrl＋A 组合键，这时选中图形变为红色，单击对齐下的 左 按钮，各选项见图 4－87 所示，绘制结果如图 4－88 所示。

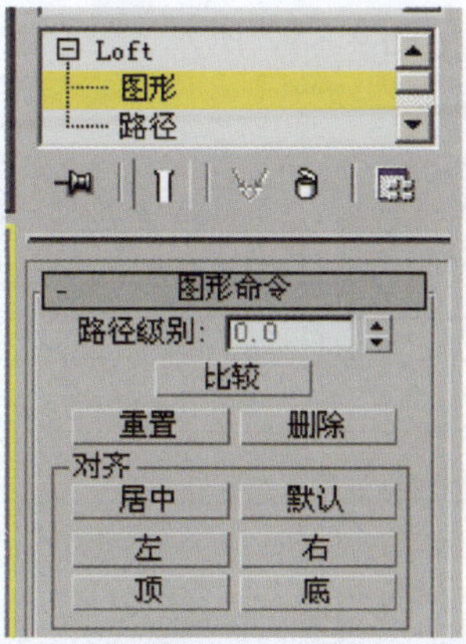

图 4－87 放样图形子级别各选项

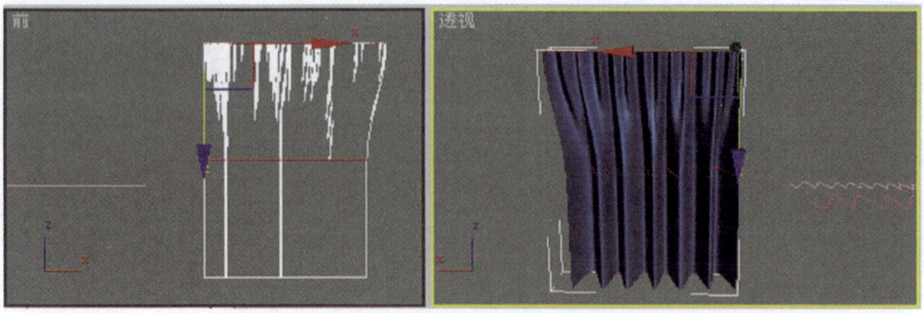

图 4-88　调整的结果

（5）选择【放样】/【变形】/【缩放】按钮，如图 4-89 所示，弹出如图 4-90 所示对话框。

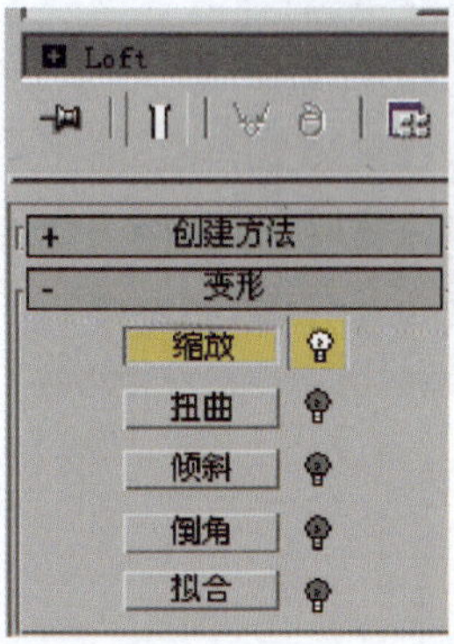

图 4-89　选择缩放选项

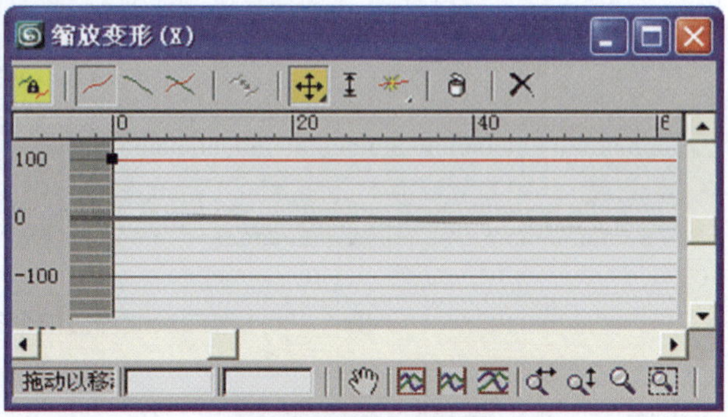

图 4-90　缩放变形对话框

（6）单击对话框中的【插入角点】按钮，在 20 处添加一点，然后单击按钮，调整两点到图 4-91 所示位置，窗帘效果见图 4-92 所示。

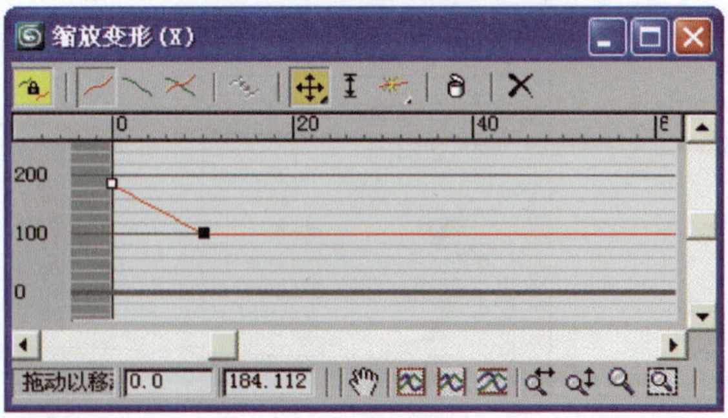

图 4-91　调整点位置

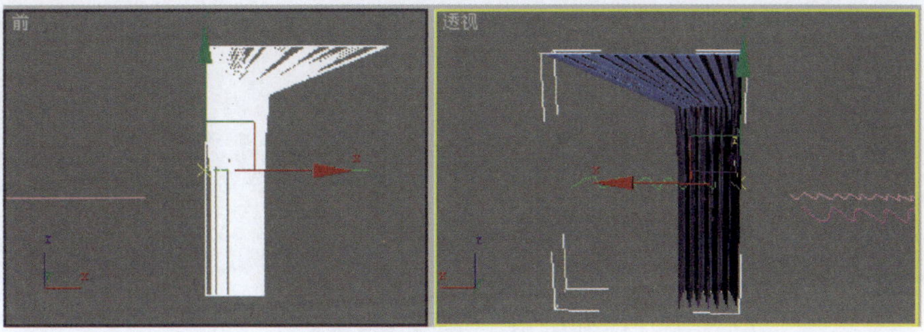

图 4－92 调整点后窗帘效果

（7）单击【镜像】按钮，其参数设置如图 4－93 所示，镜像效果见图 4－94。

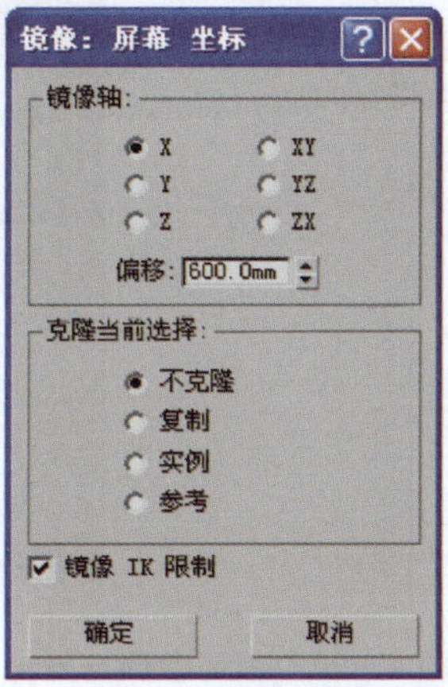

图 4－93 镜像参数设置

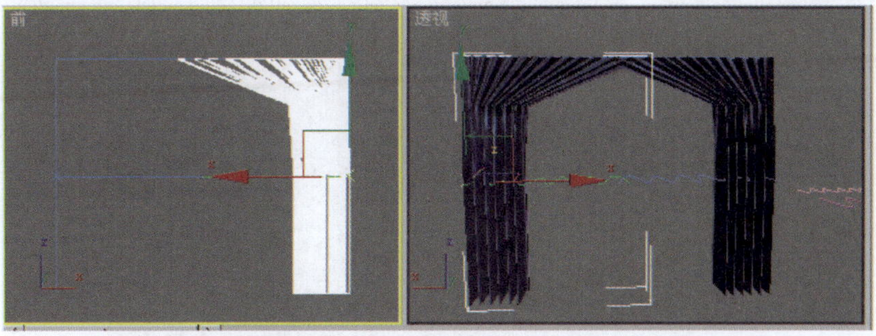

图 4－94 窗帘镜像后的效果

（8）在顶视图使用线命令绘制一条样条线，命名为“帘杆”，施加车削修改器后效果如图 4－95 所示。

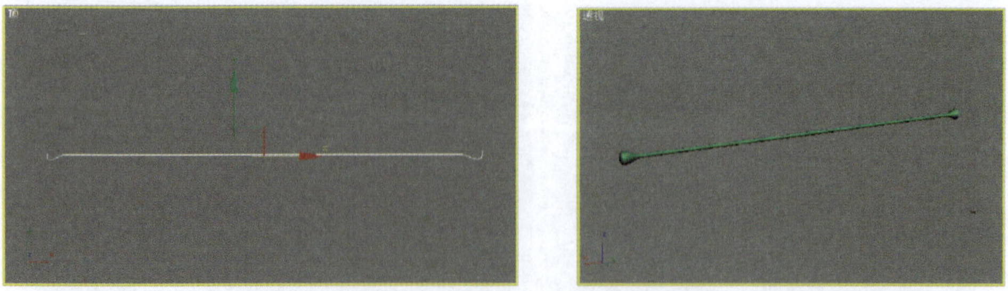

图 4－95 帘杆线与效果

(9)在左视图绘制半径为 60mm 的圆，命名为“帘环”，修改其属性，对齐后的形态如图 4－96 所示。

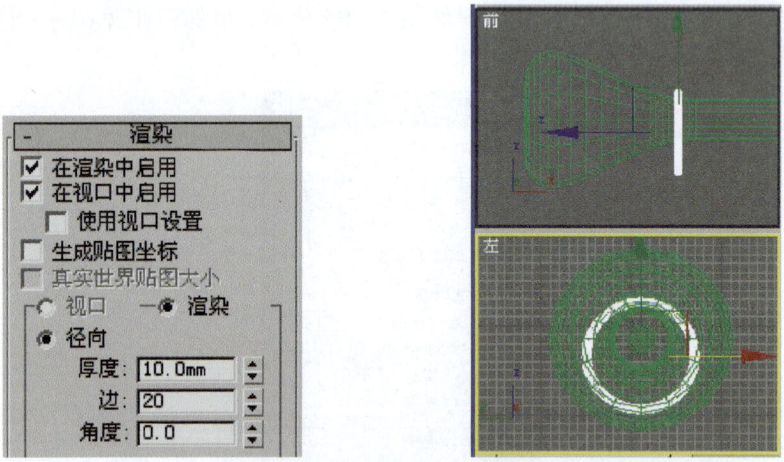

图 4－96 帘环参数与形态

(10)在前视图沿帘杆绘制一条辅助样条线，调整线与帘杆的位置如图 4－97 所示；选中帘环，单击工具/间隔工具，弹出图 4－98 所示对话框，设置相关参数，单击 拾取路径 按钮，在视图中选择辅助样条线，单击 应用 按钮，得到如图 4－99 所示效果。

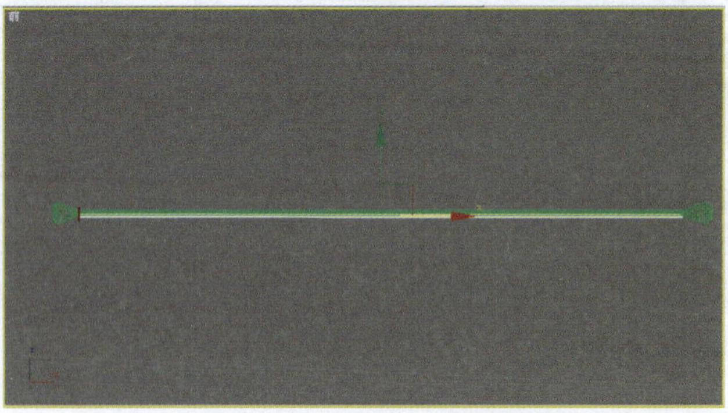

图 4－97 辅助样条线位置

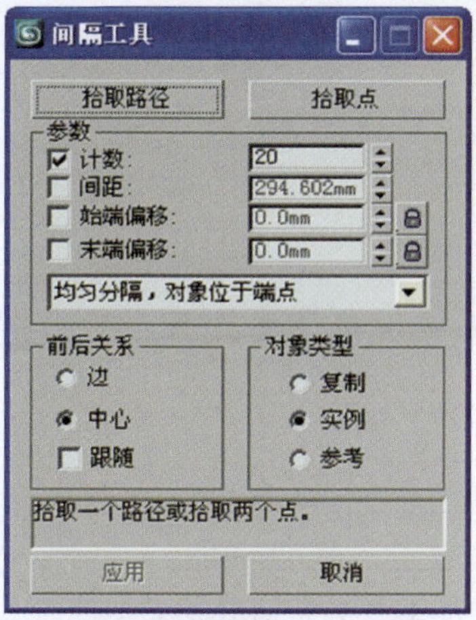

图 4－98　间隔工具对话框

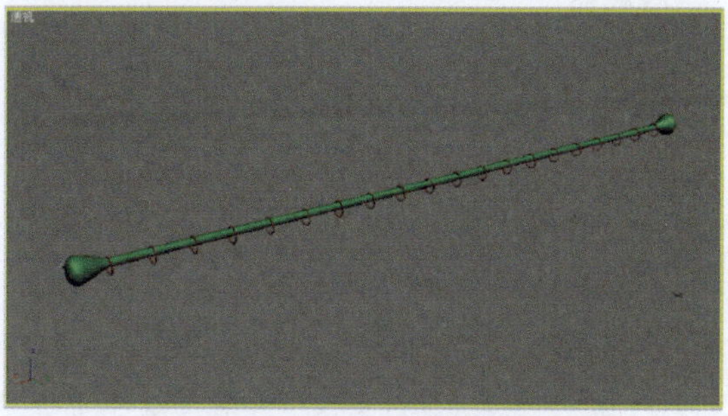

图 4－99　帘环最后状态

(11)全部取消隐藏，赋予相应材质，按 F9 渲染，窗帘最后效果如图 4－100 所示。单击菜单栏中的【文件】/【保存】命令，将此模型保存到适当的文件夹下,起名为“窗帘. max”。

图 4－100　窗帘渲染效果

习　题

一、填空题

1. 现在有一个长宽高方向段数都是 1 的长方体，如果按网格方式计算，它的面数是______。

2. 在复合对象中，__________类型可以产生抠洞效果。

3. “显示最终结果开/关切换”按扭的作用是______________________________。

4. 挤出修改器的作用是____。

5. 对于放样对象，3ds max9 为用户提供了 5 种不同的变形工具，它们分别是__________、__________、__________、__________、__________。

二、简答题

1. 编辑样条线线段中的【分离】按钮的作用是:单击该按钮可将选取的线段分离成新的样条线，其中【分离】按钮、【重定向】按钮、【复制】按钮有何区别?

2. 建立放样对象的方法有哪几种?

3. 为什么有时对模型进行弯曲时，总是无法生成弯曲效果?

4. 说明倒角剖面命令与放样命令的区别?

5. 倒角与倒角剖面命令有何区别。试说明倒角命令中倒角值下三个级别参数的含义。

三、操作题

利用放样工具创作电脑椅与牙膏模型，尺寸按实际大小绘制，其形态如图 4－101 所示。

图 4－101　电脑椅与牙膏模型

模块5 材质和贴图

模块导读

本模块介绍材质和贴图的概念、材质编辑器和材质浏览器的使用方法、材质的编辑、修改、保存和为3D对象赋材质的方法。以典型工作任务为载体，讲解了几种常见材质的创作。通过工作任务训练，要求同学们理解基本概念、掌握基本知识和操作方法，恰当合理地为对象选择材质和贴图。在材质的创作过程中，要把从生活中观察到的实际物体的材质细节，通过3D强大的材质编辑手法逼真地表现出来。

学习内容分解

主要介绍材质编辑器的使用方法，通过材质编辑器创作出完美的符合实际需要的材质效果并赋予相应的对象。

通过室内一角模型材质创建的典型工作任务，介绍了玻璃材质和金属材质的创作方法，利用贴图合成材质方法和直接调用材质库中材质的方法，并将创作好的材质赋予场景中对象：桌子、墙、地板、酒杯和酒壶。

任务5.1　主要命令简介

材质的编辑创作是通过【材质编辑器】来完成的，【材质编辑器】的功能非常强大而复杂，学习中要细心体会。

5.1.1 材质编辑器窗口

打开【材质编辑器】窗口有以下几种方法：a. 按键盘上的“M”键；b. 用鼠标点主工具栏中的按钮；c. 从主菜单的【渲染】菜单下，选择【材质编辑器】菜单项，【材质编辑器】窗口见图5-1。【材质编辑器】窗口分为上、下两大部分：上半部分主要是对示例窗的操作部分，由菜单栏、材质示例窗、行工具栏和列工具栏组成；下半部分为材质和贴图参数控制部分，包括【着色基本参数】、【胶性基本参数】、【扩展参数】、【超级采样参数】、【贴图】和【动力学属性】几大参数部分。

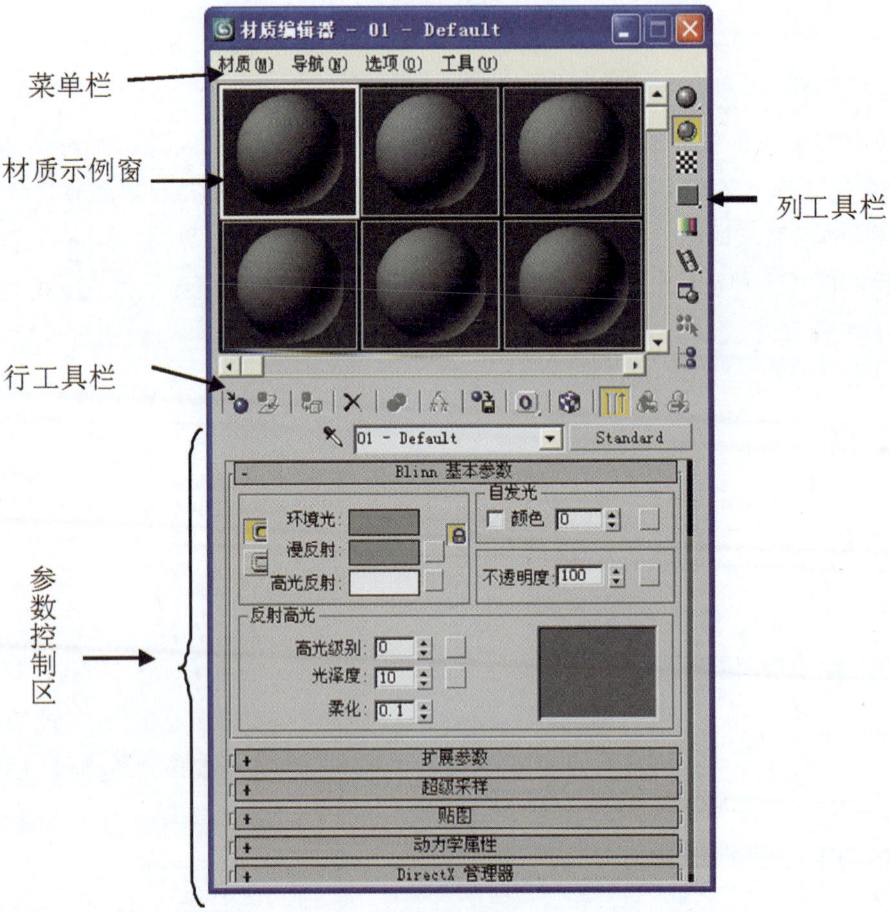

图5-1　【材质编辑器】窗口

(1)菜单栏

菜单栏位于【材质编辑器】窗口的最上方，包括【材质】、【导航】、【选项】和【工具】4 个菜单项，一般很少直接使用菜单进行操作，它们的功能完全可以由工具栏代替。

(2)材质示例窗

材质示例窗是显示材质效果的窗口，在示例窗中，窗口缺省都以黑色边框显示，当前正在编辑的材质称为激活材质，它具有白色边框。如果要对材质进行编辑，首先要在其上单击鼠标，将它激活。可以双击某一材质球将该示例窗独立显示在一个窗口中，也可以通过右键点击某材质球，从弹出的菜单中选择对其进行操作。【材质编辑器】中共有 24 个示例样本球，材质球的显示个数和样式可以通过列工具栏中的工具按钮改变。

(3)列工具栏

列工具栏位于示例窗的右侧，用来控制示例窗中材质球的外观样式和显示状态。共有 9 个按钮组成。见图 5－2。

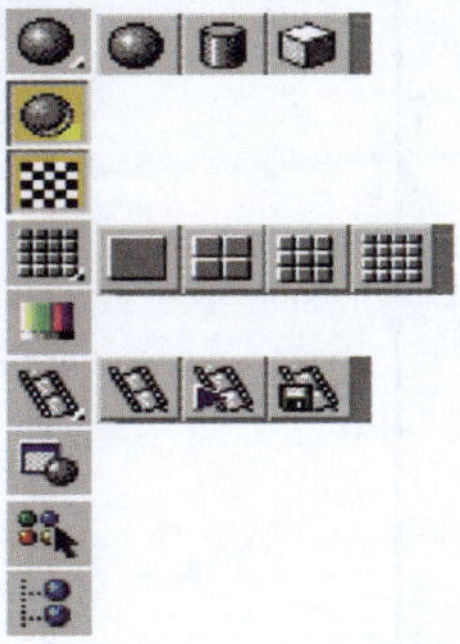

图 5－2　列工具栏中的各工具按钮

①【采样类型】按下该按钮后，后面出现 3 个子项按钮，球体、柱体和方体，可以通过这 3 个按钮改变示例窗中材质样本的显示类型。

②【背光】当该按钮被激活时，示例球显示出背光效果，当该按钮处在非激活状态时，示例球不显示背光效果，见图 5－3。

③【背景】当该按钮被激活时，示例球显示出透明背景，当该按钮处在非激活状态时，示例球显示黑色背景，见图 5－4。

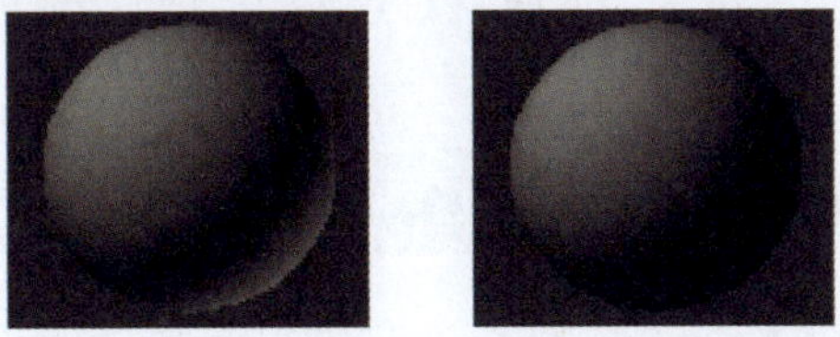

图 5－3　示例球背光与不背光效果比较

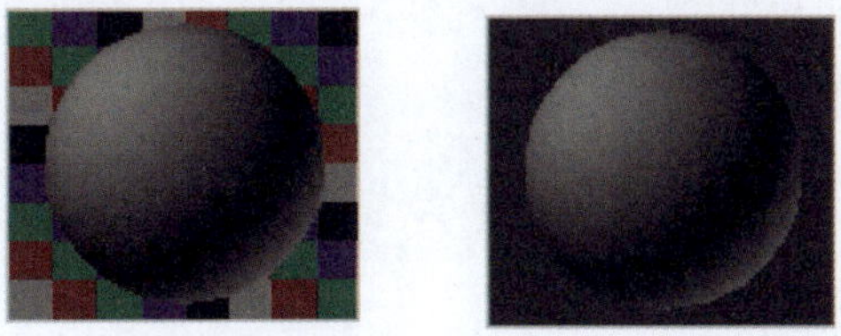

图 5－4　背景效果比较

④【采样平铺】按下该按钮后，后面出现 4 个子项按钮，可以通过这 4 个子按钮来改变贴图在示例球上的平铺次数，它们依次表示：平铺 1 次、平铺 2 次、平铺 3 次和平铺 4 次，该操作只影响贴图在示例球上的显示效果，不对效果图中的三维物体起作用。

⑤【视频颜色检测】激活该按钮时，当材质的颜色在其他视频设备上无法表示时用黑

色显示；不激活该按钮时，用原颜色表示。

⑥【视频预览】按下该按钮后后面出现3个子项按钮，设置视频、显示视频和保存视频，当创作动画材质时，可以通过该按钮使示例球以动画的形式显示和保存。

⑦【选项】单击该按钮时可以打开如图5-5所示的对话框，可以通过该对话框对示例球的灯光颜色、示例窗中示例球的显示个数等进行设置。

⑧【按材质选择】可以通过该按钮选择场景中赋予当前材质球材质的对象。

⑨【材质贴图导航器】当编辑复杂的多层级材质时，有时候搞不清楚当前所处的位置，到底是哪一个材质层级或贴图层级，可以通过该按钮打开如图5-6所示的材质贴图导航器对话框，通过该对话框可以方便的在材质的各个层级间切换。

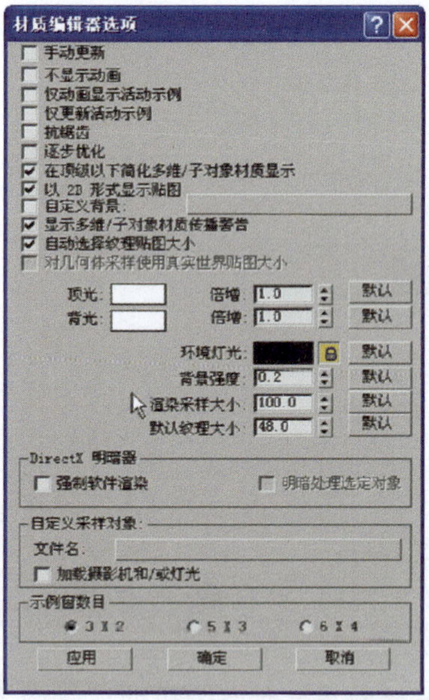

图5-5　材质编辑器选项对话框

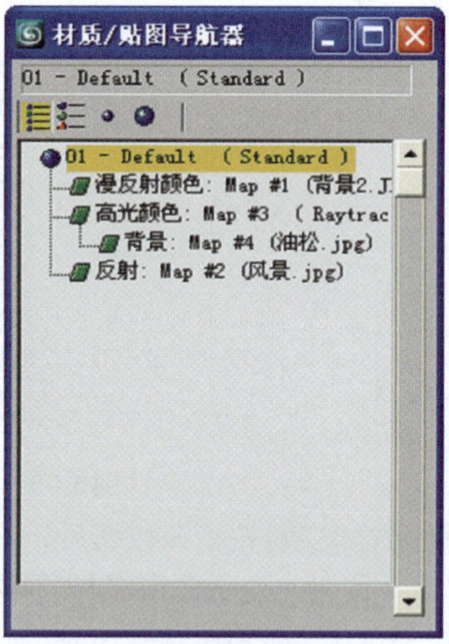

图5-6　材质贴图导航器

(4)行工具栏

示例窗下方有一个由12个按钮组成的行工具栏，见图5-7。行工具栏的功能主要用于材质的打开、保存、将材质赋予对象、切换材质/贴图等级等，下面就对这些按钮的功能逐一进行简单介绍。

图5-7　【材质编辑器】行工具栏

①【获取材质】单击该按钮可打开材质贴图浏览器对话框。

②【赋材质到场景】当前材质球为非同步材质且有同名的同步材质时该按钮可用。单击该按钮可以把当前材质球中的材质赋给与当前材质球同名的同步材质所对应的对象，并将该材质球变为同步材质。

③【赋材质到选中对象】单击该按钮可以将当前材质球中的材质赋给场景中的选中对

象。

④【置当前材质球为缺省材质】使当前材质球回到原来从来没有编辑过的原始状态。

⑤【复制材质】当前材质球为同步材质时可用，单击该按钮将同步材质复制为非同步材质。

⑥【使独立】单击该按钮将材质的关联分离出来，单独进行修改。

⑦【放入库】单击该按钮将当前材质球中的材质保存到当前材质库中，可以通过材质浏览器中的保存按钮，将该材质保存在文件中以备以后调出使用。

⑧【材质效果通道】按下该按钮打开如图5－8所示的通道号选项，从中选择一个通道号，可以改变当前材质的通道号，通过材质的通道号可以为具有该材质的对象添加特效。

图5－8 材质通道号

⑨【在视图中显示贴图】按下该按钮，可以使贴图在场景中赋有当前材质的对象中显示出来。

⑩【显示最后结果】材质可以有多个层级，当前材质为子层级时，按下按钮，显示主材质的综合效果，不激活该按钮时，只显示当前层级的材质效果。

⑪【回到上一层级】当当前层级为子层级时该按钮可用，单击该按钮，可以返回到当前层级的上一个层级。

⑫【进到同层级的另一层级】单击该按钮，可以进到和当前材质同层级的另一个层级。

(5)参数控制区第一行

图5－9 参数控制区第一行

①【材质吸管按钮】可以使用该按钮从场景中的对象中吸取材质，替换当前材质球中的材质。

② 01 - Default【材质名称】可以用来显示和编辑当前示例球中材质的名称。

③ Standard【材质/贴图浏览器】可以通过单击该按钮，打开与当前材质球相对应的【材质/贴图浏览器】对话框。

(6)参数控制区第二行——【明暗基本参数】

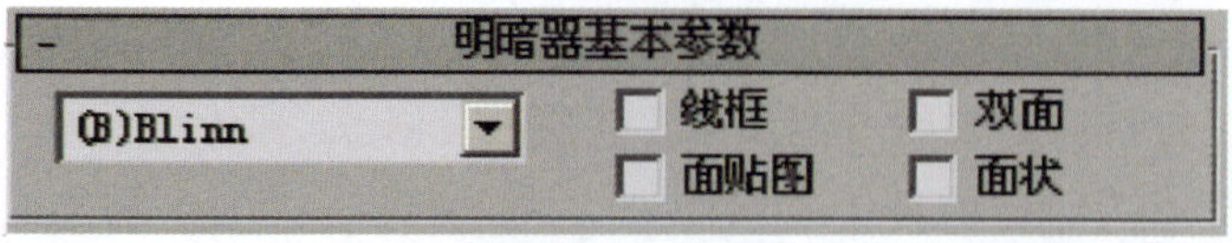

图5－10 【明暗基本参数】

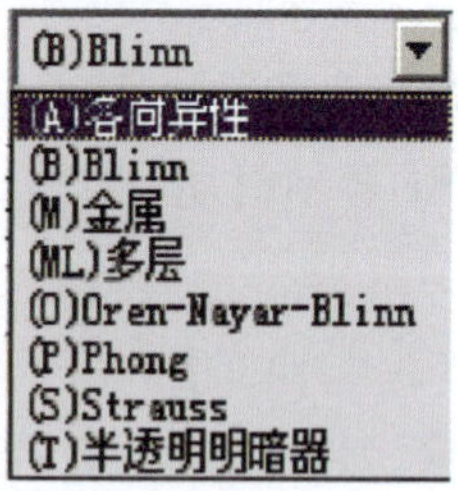

图5－11 【材质明暗属性】列表

①用鼠标单击左面的【材质明暗属性】的下拉箭头打开如图5－11所示的下拉列表，该列表下共有8项明暗属性可供选取：

● 【各向异性】可以在模型表面产生椭圆高光，用于模拟具有反光材料，如头发，玻璃和刮削后的金属表面等。

● 【Blinn】(胶性)为缺省的材质明暗属性，主要用于柔软物质，如地毯、织物、床罩、窗帘等，是使用最多的一个属性。

● 【金属】是专门用来模拟金属材质的一种属性模式，一般在创作金属材质时选择该属性模式。

● 【多层】可以产生椭圆型高光，可以生成复杂的高光效果，使用该属性可以创造出生动的材质效果。

● 【Oren－Nayar－Blinn】(明暗处理)适合用来创作水果材质。

● 【Phong】(塑性)以光滑的方式进行表面渲染，适合用来创作塑料等质感的材质。

● 【Strauss】(金属加强)用来创作金属材质，与【金属】相近，但比【金属】要简单。

● 【半透明明暗器】同【Blinn】相似，与灯光配合使用可以创作灯光透射效果。

②【材质显示类型】共有4种【材质显示类型】可供勾选，图5－12是几种选项的区别。

图5－12 未勾选与勾选【线框】、【面贴图】、【面状】选项渲染效果比较

(7)参数控制区第三行——【基本参数】

该参数中的内容会随【明暗基本参数】中的【材质明暗属性】的不同而发生变化。从【材质明暗属性】中选择默认【Blinn】(胶性)时第二个参数项就显示为【胶性基本参数】，如图5－13所示。

● 【环境光】指物体阴暗部分的颜色。

● 【漫反射】指物体本身的颜色。

● 【高光反射】指物体高光部分(亮点，反光最强的部分)的颜色。

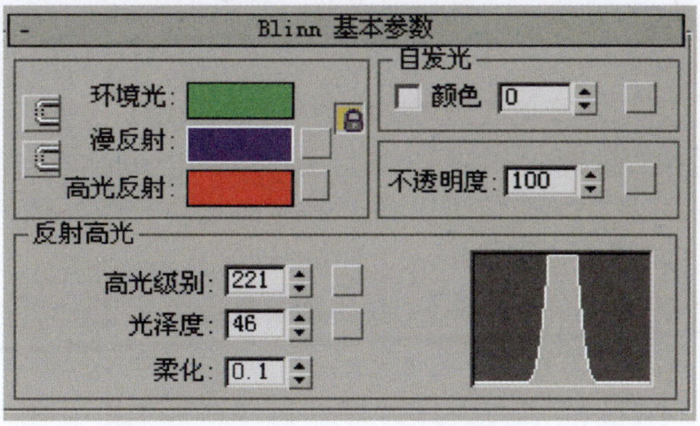

图 5－13 【胶性基本参数】

点击这三个颜色块可以改变它们的颜色，点击后面的两个灰色按钮可以打开【材质/贴图浏览器】，用贴图来取代【漫反射】和【高光反射】。它们左边的两个按钮按下时，可以将两种颜色进行关联。

勾选【自发光】复选框可以使对象自身发光，自发光的对象不受外部光线的影响，可以通过点击右面的色块来改变光线的颜色。点击最右面的灰色小按钮，打开贴图浏览器来为自发光设置贴图。

通过调整【不透明度】数值，可以改变对象的不透明度。点击右面的灰色小按钮，打开贴图浏览器来为不透明度设置贴图。

通过【反射高光】来设置对象的光感特性。

- 【高光级别】中的值越大，高光部分的亮度就越大。
- 【光泽度】中的值越大，高光部分的亮点就越小，表示对象的反光能力越强。
- 【柔化】中的值越大，高光处的亮度就显得越柔和。

右边的示例块中的浅色部分的宽度表示高光的面积，高度表示高光部分的亮度，总面积表示对象的高光总值。

(8) 参数控制区第四行——【扩展参数】

如图 5－14 为【明暗基本参数】中的【材质明暗属性】中选择【Blinn】(胶性) 时【扩展参数】的外观。

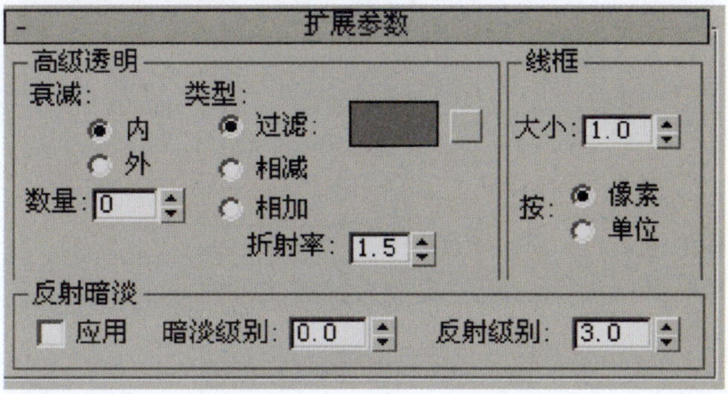

图 5－14 【胶性扩展参数】

- 【高级透明】中【衰减】中的【内】，表示透明程度由外向内增加，其程度由下面【数量】

中的值决定，在创作气泡、灯泡等空心的透明对象时采用。

●【高级透明】中【衰减】中的【外】，表示透明程度由内向外增加，其程度由下面【数量】中的值决定，在创作云、雾等边缘地方透明度高的对象时采用。

●【高级透明】中【衰减】中的【数量】，表示透明程度由内向外或由外向内的增加程度。

●【高级透明】中【类型】中的【相减】，表示和景色进行相减处理，使颜色变暗。一般很少使用。

●【高级透明】中【类型】中的【相加】，表示和景色进行相加处理，使颜色变亮。一般用来设置发光体的效果，使用也比较少。

●【高级透明】中【类型】中的【过滤色】，表示以过滤色来决定透明的色彩，它会根据过滤色在背景色上的倍增色来确定透明材质表面的颜色，是根据实际光学原理计算出来，是最真实、最常用的用来表示透明对象的方法。

●【高级透明】中【折射率】，用来为折射贴图和光线跟踪材质设置折射率。

●【线框】中【大小】，用来控制在【明暗基本参数】的【材质显示类型】中勾选【线框】时线框粗细的。选择【按】【像素】时，【线框】的粗细不会随着对象的大小而改变。选择【按】【单位】时，【线框】的粗细随着对象的大小而改变。

●【反射暗淡】中【暗淡级别】可以用来调整具有贴图的材质的模糊程度。

(9)参数控制区第五行——【贴图】

图5－15为【明暗基本参数】中的【材质明暗属性】中选择【Blinn】(胶性)时【贴图】的外观。

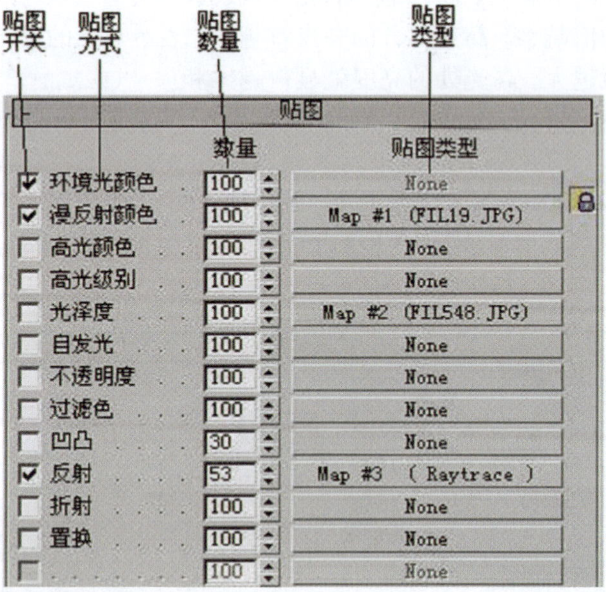

图5－15 【贴图】参数面板

通过【贴图】参数为一个材质选择不同的【贴图方式】;每一个【贴图方式】还可以设置【贴图数量】和【贴图类型】。

①【开关】只要勾选【开关】，就说明选择了该【贴图方式】。

②【贴图方式】

●【环境光颜色】、【漫反射颜色】、【高光颜色】、【高光级别】、【光泽度】、【自发光】、【不透明度】七种贴图通道与基本参数中一致。

●【过滤色】用来取代过滤色的贴图，也可以在【扩展参数】中设置，经常在创作玻璃中带有图画内容效果的材质时使用。

●【凹凸】用该贴图来使对象表面产生凹凸不平的效果，浅色的地方凸起，深色的地方凹陷，中间色产生过渡。通过该【贴图方式】，可以实现物体的凹凸质感，是使用频率较高的一种贴图方式，经常和【漫反射颜色】贴图使用同一种【贴图类型】，以使得产生出更真实的材质效果，比如砖墙、地板材质效果。

●【反射】也是最常用的一种贴图，该贴图可以产生一种对画面的反射效果，可以把对象理解为镜面，贴图理解为被镜面反射的景象。

●【折射】用来表现折射效果的一种贴图方式，一般用在玻璃等透明半透明的物体上。

③【数量】其数值可以用来调整贴图的清晰程度和亮度，值越大清楚晰度就越高，反之也就越模糊。在表现真实物体时一般都需要对【数量】的值进行调整，一般不使用缺省值100，表现光滑的物体时把该值设高，反光度低的物体把该值设低。

④【贴图类型】它的缺省内容为【无】，我们可以通过单击该按钮打开【材质/贴图浏览器】对话框，为某【贴图方式】选择【贴图类型】。

5.1.2 材质/贴图浏览器对话框

在创作材质的过程中经常需要用到贴图，在调用贴图时需要用到【材质/贴图浏览器】;我们可以通过【材质编辑器】创作材质赋给对象，我们也可以将通过【材质编辑器】创作好的材质保存起来以备以后使用，要把创作好的材质保存起来也需要用到【材质/贴图浏览器】;要调用3D安装程序自带的材质，第三方创建的材质或自己以前创建的材质时，同样也需要用到【材质/贴图浏览器】，对话框如图5-16所示。

(1)打开【材质/贴图浏览器】的方法

①通过主菜单:【渲染】/【材质/ 贴图浏览器】。

②通过【材质编辑器】中行工具中的【获取材质】按钮。

③通过【材质编辑器】参数控制区中第一行右边的 Standard 按钮。

④通过【材质编辑器】中的各个与贴图有关的按钮。

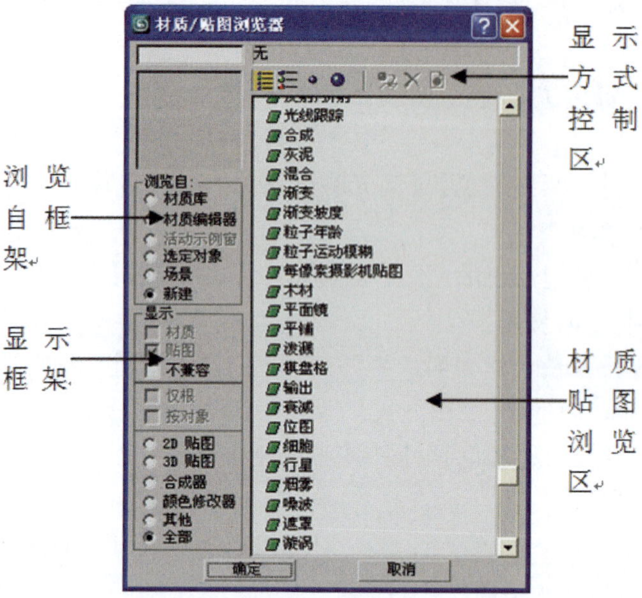

图 5－16　材质/贴图浏览器对话框

(2)【材质/ 贴图浏览器】简介

①【材质/贴图浏览器】显示方式

● 以列表的方式显示材质和贴图。

● 以小图标 + 列表的方式显示材质和贴图。

● 以小图标的方式显示材质和贴图。

● 以大图标的方式显示材质和贴图。

● 用库中材质更新场景中的材质。

● 删除当前材质。

● 删除材质库中全部材质。

②【浏览自】框架，可以选择不同的浏览对象。

● 选中【材质库】单选按钮时，浏览区显示的是材质库中的材质和贴图。

● 选中【材质编辑器】单选按钮时，浏览区显示的是【材质编辑器】中 24 个示例窗中的 24 个材质。

● 选中【活动示例窗】单选按钮时，浏览区仅显示活动示例窗中的材质和贴图。

● 选中【选定对象】单选按钮时，浏览区显示的是场景中被选中的对象的材质和贴图。

● 选中【场景】单选按钮时，浏览区显示的是场景中所有对象的材质和贴图。

● 选中【新建】单选按钮时，在【材质/贴图浏览器】中显示出 3ds max9 提供的全部 18 种材质和 42 种贴图，用户可以利用这些材质和贴图创建自己需要的材质和贴图，图 5－16 中的画面就是选中【新建】单选按钮时的画面。

③【显示】框架中可以选择材质和贴图的显示种类

● 勾选【材质】选项时，在材质和贴图浏览区显示出材质。

● 勾选【贴图】选项时，在材质和贴图浏览区显示出贴图。

● 勾选【不兼容】选项时，在材质和贴图浏览区显示不兼容的材质和贴图。

● 勾选【仅根】选项时，在材质和贴图浏览区仅显示出根材质，不显示根材质下的子层级中的材质和贴图。

● 勾选【按对象】选项时，在材质和贴图浏览区将按场景中的对象显示材质。

● 勾选【2D 贴图】选项时，在材质和贴图浏览区仅显示 2D 贴图。

● 勾选【3D 贴图】选项时，在材质和贴图浏览区仅显示 3D 贴图。

● 勾选【合成器】选项时，在材质和贴图浏览区仅显示合成贴图。

● 勾选【颜色修改器】选项时，在材质和贴图浏览区仅显示颜色贴图。

● 勾选【其他】选项时，在材质和贴图浏览区将显示 2D、3D、合成贴图、颜色贴图以外的贴图，这些贴图主要是用在材质的折射、反射方面的【光线跟踪】、【平面镜】、【折射/反射】类型。

● 勾选【全部】选项时则显示上面所有类型的贴图。

④【文件】框架。当在【浏览自】框架下选择材质库单选按钮后，在【材质/贴图浏览器】对话框左下部，会出现如图 5－17 所示的【文件】框架。

图 5－17 【文件】框架

● 

打开文件对话框，可以通过该对话框打开已经存在的【材质库】文件，以供使用。

● 

将当前【材质/贴图浏览器】中的材质，【合并】（添加）到已经存在的材质库文件中。

● 

将当前【材质/贴图浏览器】中的材质和贴图按原名保存起来。

● 

将当前【材质/贴图浏览器】中的材质和贴图取名后，保存为【材质库】文件。

5.1.3 材质和贴图类型

在【材质/贴图浏览器】中有 18 种材质类型和 42 种贴图类型，本节将对比较常用的材质和贴图类型的含义和使用场合作一介绍。

（1）贴图类型

在【材质/贴图浏览器】对话框中，把 42 种贴图分为【2D 贴图】、【3D 贴图】、【合成贴图】和【其他】4 类。我们也可以把 42 种贴图分为基本贴图和复合贴图两类，所谓基本贴图就是只有一种贴图实现的贴图，而复合贴图则是由两种或两种以上的贴图，经过一定的运算得到的贴图效果。

①【2D 贴图】

【2D 贴图】是一些简单的图形、颜色或图案，只把贴图贴在对象的表面，不会深入到对象的内部。这些贴图可以自由的创建，其中包括【位图】、【渐变】、【平铺】、【棋盘格】、【漩涡】

等。【2D 贴图】经常用在漫反射通道中。几种常见【2D 贴图】的含义如下：

●【位图】是使用最多的一种贴图，其贴图来源于各种可被 3ds max 识别的图像文件。单击该类型的贴图，首先打开一个打开文件对话框，可以选择合适的图像文件作为贴图，常用在漫反射通道中，也可以在其他贴图通道中。

●【渐变】是用来实现由一种颜色向另外一种颜色或两种颜色的阶梯渐变，或者是一种画面向另外一种或两种画面的渐变效果的贴图。选择该贴图后，【材质编辑器】中出现如图 5－18 所示的【渐变参数】，可以通过单击 3 个颜色色块，选择用于渐变的三种颜色，或通过右面的 3 个按钮来选择 3 种用于渐变的 3 种图像。图 5－18 即为选择了 3 种不同位图后的渐变贴图效果。这 3 幅位图分别是海上风景画－人物画－花草风景画。

图 5－18 【渐变参数】面板和效果

●【漩涡】使用两种颜色或两幅图画产生漩涡效果的画面的一种贴图。

②【3D 贴图】

【3D 贴图】属于程序贴图，它们依靠程序参数产生图案效果，能对物体从内到外进行贴图，有自己特定的贴图坐标系统。【3D 贴图】常用于凹凸通道。

a.【灰泥】用于铺砌材料、皮肤、混凝土图案或沙漠中的细沙。

b.【大理石】可产生类似大理石纹理的效果。

c.【噪波】是基于两种颜色或贴图产生的随机分布效果的图案，经常用于凹凸贴图。

d.【行星】是用来模拟等高线地图和地球上不同区域和海洋的轮廓线，常用在漫反射通道中。

e.【波浪】可以产生几种类似波浪的效果，经常用于凹凸贴图。

f.【木材】可产生木头纹理的图案。

③【合成器】

【合成器】是将两种或几种颜色或贴图进行混合处理，得到最终效果的一种贴图。它包括【RGB 相乘】、【合成】、【混合】和【遮罩】4 种类型。常用来产生比较复杂的特殊效果。

④【其他】

在本题目下要介绍 3 种类型的贴图，即【平面镜】贴图、【反射|折射】贴图和【光线跟踪】贴图，这 3 种类型的贴图都和反射有关，其中【反射|折射】贴图和【光线跟踪】贴图一般用在【反射】和【折射】通道中，【平面镜】贴图一般用在【漫反射颜色】通道中，有时也用在反射通道中。这几种贴图不是固定在对象上面，而是固定在世界坐标上，在对象运动或旋转的时候，这些贴图不是随着对象运动，而是随着角度和位置的不同在发展变化。

(2)材质类型

在3ds max9中，打开【材质/贴图浏览器】后，在该对话框的浏览区可以看到有18种材质类型，它们依次是【DirectX Shader】、【Ink nPaint】、【Lightscape】、【VR凹凸贴图】、【VR灯光材质】、【变型器】、【标准】、【虫漆】、【顶/底】、【多维/子对象】、【高级照明覆盖】、【光线跟踪】、【合成】、【混合】、【建筑】、【壳材质】、【双面】和【无光/投影】。我们可以把这些材质分为单层级材质和多层级材质，所谓单层级材质就是不可以包括其它材质的材质，多层级材质就是可以包括或必须包括其它材质的材质。下面就介绍几个常见的材质。

①单层级材质

【标准材质】单层级材质中最具有代表性的就是【标准材质】，【标准材质】是最经典、最常见、使用频率最高的一种材质，经常单独使用，也经常做为多层级材质的最低层级的材质，几乎编辑任何材质时都要用到【标准材质】，它是理解材质的基础。前面的【材质编辑器】中的参数部分就是根据【标准材质】讲解的，24个示例窗中的示例球缺省也是【标准材质】，【标准材质】不可以再包括其它材质。

②多层级材质

●【混合】它和【混合贴图】一样，是将两种不同的材质按照一定的比例混合在一起得到的一种材质效果，【混合材质】的参数面板和【混合贴图】差不多，见图5-19。可以通过单击【材质1】后面的按钮，打开一个【标准材质】，进行参数和贴图的设置;返回到【混合】材质后，再单击【材质2】后面的按钮，打开另一个【标准材质】后进行设置;还可以单击【遮罩】后面的按钮，为两个材质设置遮罩;通过调整【混合量】后面的数字，设置【材质2】在整个【混合】材质中所占的量。

●【合成】材质:和【合成贴图】一样，将多个材质一个一个的叠加在一起，形成新的综合材质效果的一种材质，参数面板如图5-20。当最下面的材质【数量】值大于等于100时，上面的材质就不会被表现出来，如果把下面的每个材质的【数量】值都设置的小于100，将会产生多个不同的材质以不同的量叠加在一起的复杂效果。

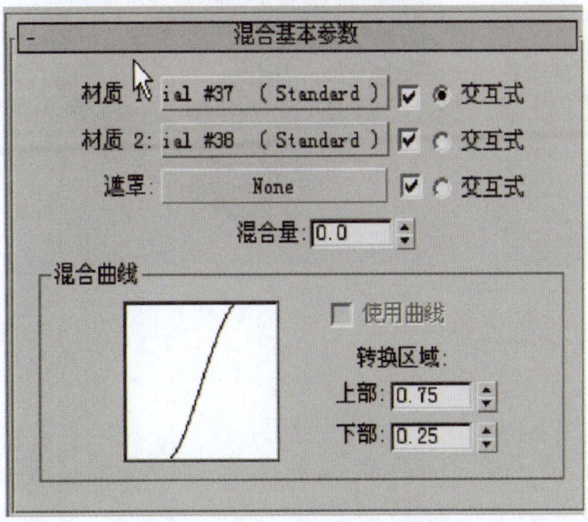

图5-19　混合材质参数面板

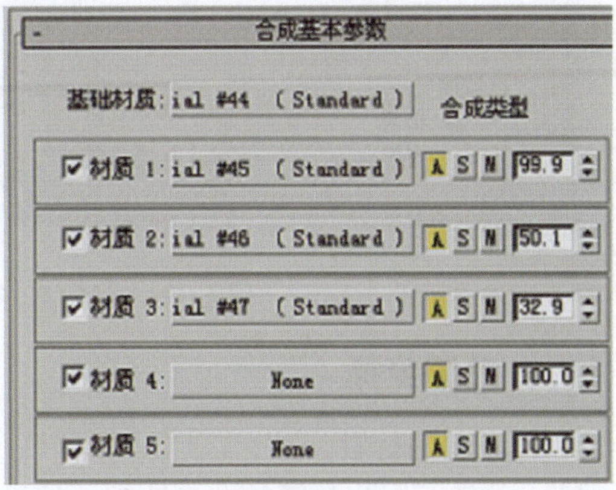

图5-20　合成材质参数面板

●【双面】材质:可以分别为对象的内外指定不同的材质，还可以指定外部材质的透明系数，当外部材质不透明时，只能将对象抛开从对象的内部才能看见内部材质;当外部材质透明时可以隐约看见内部的材质效果。参数面板见图5－21。

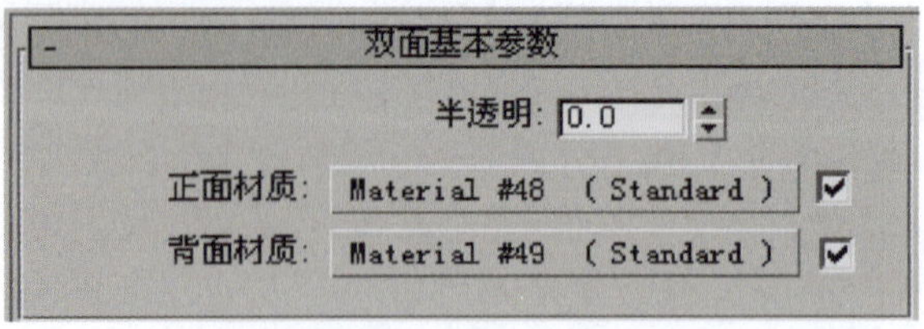

图5－21　双面材质参数面板

●【无光/投影】材质：具有【无光/投影】材质的对象如同隐形物体一样，不遮挡背景图像，在渲染时也不会被看见，但却可以遮挡场景中的其他对象，并且可以在其他对象上投下阴影，也可以接受其他对象投下的阴影，常用于创作与背景图像紧密配合的特殊视觉效果。

●【变形器】材质：该材质的下一层级可以包括多个子材质，常用于创作在一种材质的基础上，不断进行材质变形的动画效果。

●【多维/子对象】材质：该材质是多个材质的组合材质，用于将多个材质分别指定给同一对象的不同子对象，比如有一个多面体体对象，需要将该多面体的每一个面赋予不同的材质效果时使用，操作稍复杂，在将该材质赋予该对象时，需要对对象的不同子对象指定不同的ID号，指定ID号在【修改】面板中【编辑网格】中的【编辑多边形】■级别下进行。

●【光线跟踪】材质：和【光线跟踪】贴图类似，使用该材质的对象可以给人以真实的反射、折射效果的感觉，但渲染速度慢。

●【顶/底】材质：和【双面】材质的控制方法类似，不同的是这种材质不是一个在外一个在内，而是一个在上，一个在下，可以指定顶部材质与底部材质的过渡效果，参数面板如图5－21，效果图如图5－22。

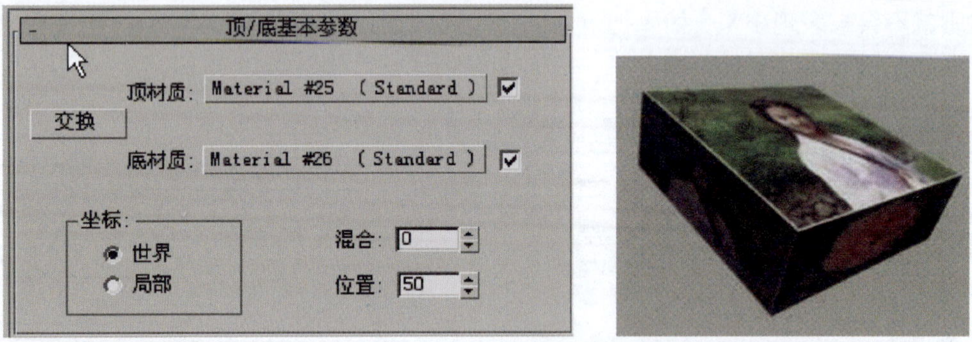

图5－22　【顶/底】材质参数面板与效果

5.1.4 贴图坐标

要创作出好的材质，往往需要有合理的贴图来实现。有的材质不需要改变其他参数，只要为其添加上合适的贴图就能达到要求的效果了，而大多数材质的贴图要表现出令人满意的效果，除了前面的【贴图方式】、【贴图类型】外，还有一个很重要的方面就是【贴图坐标】。我们可以通过设置【贴图坐标】，来改变贴图的位置、贴图方向、贴图的大小、比例以及贴图的包裹方式等，从而达到人们需要的理想的贴图效果。【贴图坐标】可以分为两种，一种是【内建贴图坐标】，另一种是【指定贴图坐标】。

(1)【内建贴图坐标】

【内建贴图坐标】是在物体创建时由系统自动生成的，不需要人为指定，它可以根据对象的形状自动的为对象按最合理的包裹方式，也是系统为对象准备的缺省的【贴图坐标】。可以通过修改贴图面板中的贴图参数来改变贴图的位置、贴图方向和贴图的大小比例，当我们在【材质编辑器】中为对象添加任何一个位图贴图后，【材质编辑器】将进到下一个层级，显示出【贴图参数面板】和【位图参数面板】。【贴图参数面板】，如图5－23所示。

①【贴图参数面板】

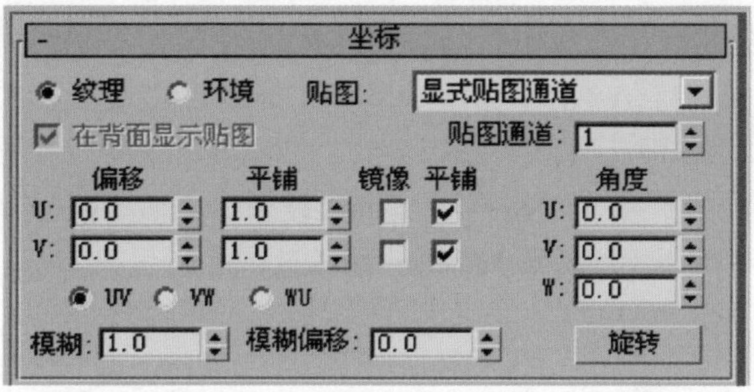

图5－23　贴图参数面板

●【纹理】和【环境】:选中【纹理】渲染出的贴图效果，随对象的凹凸起伏而发生变化;选中【环境】渲染出的贴图效果不随对象的凹凸起伏而发生变化，总是把对象表面做为一个平面来进行贴图，如图5－24所示。

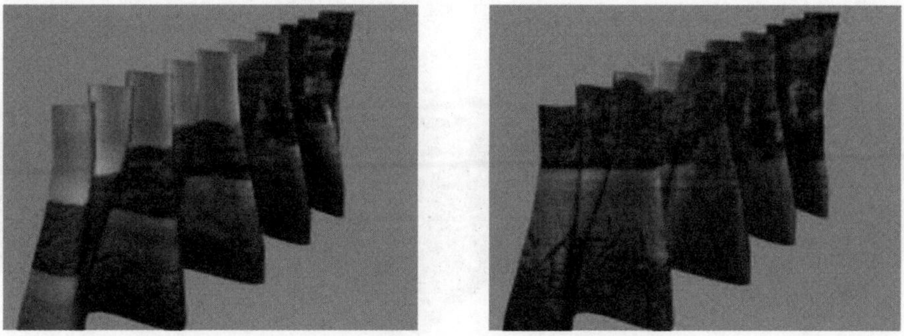

图5－24　【纹理】与【环境】贴图效果比较

●【偏移】【U】【V】指出贴图的开始坐标，在其他参数不变的情况下，图5－25左是【U】【V】的偏移值均为0时的贴图效果，图5－24右是【U】【V】的偏移值分别为0.3和0.5时的贴图效果。

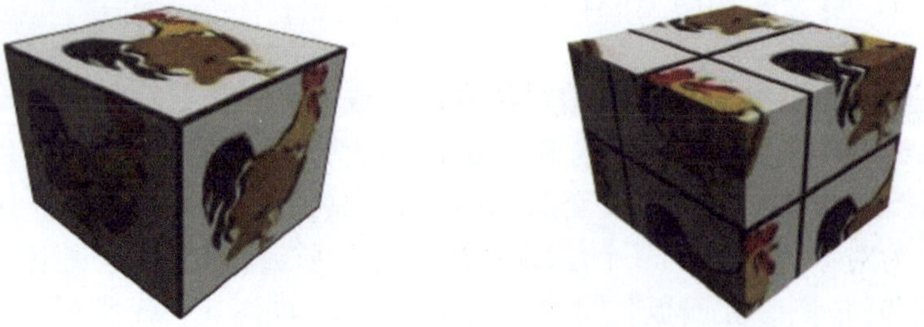

图 5 – 25　【偏移】贴图效果比较

●【平铺】下面的数字框，分别指出贴在【U】方向和【V】方向的平铺次数，在其他参数不变的情况，图 5 – 26 左是【U】【V】的平铺次数均为 1 时的贴图效果，图 5 – 26 右是【U】【V】的平铺次数都为 2 时的贴图效果。

●【镜像】与【平铺】图 5 – 27 左是在平铺次数设置为 2 时，【镜像】和【平铺】均未勾选时的贴图效果，图 5 – 27 中是只勾选【平铺】时的贴图效果，右是只勾选【镜像】时的贴图效果。

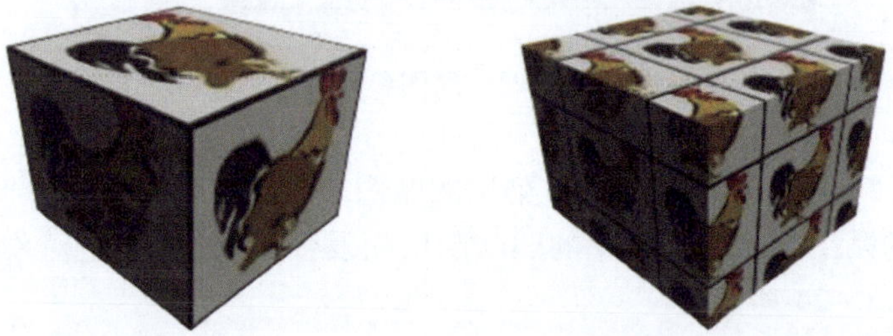

图 5 – 26　【平铺】贴图效果比较

图 5 – 27　【平铺】【镜像】选项的贴图效果比较

●【角度】可以用来改变对象的贴图角度，【U】【V】【W】3 项后面的数字跳动框分别用来改变【U】【V】【W】三个方向的旋转角度。图 5 – 28 左是在其他参数缺省的情况下效果，图 5 – 28 右是设置【W】为 45 时的贴图效果。

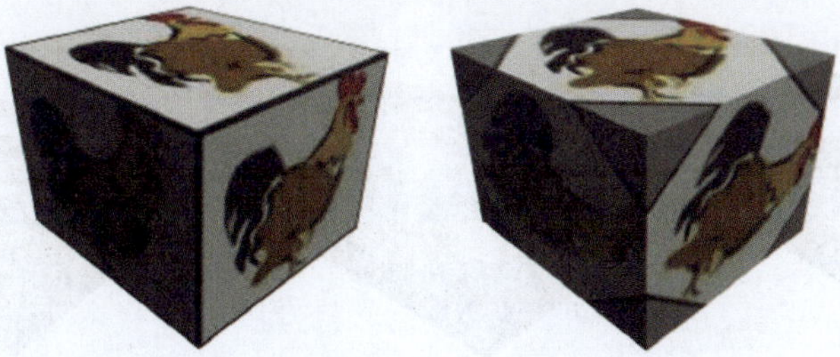

图 5－28 【角度】参数对贴图效果影响

●【模糊】和【模糊偏移】分别用来改变贴图的模糊程度和模糊偏移量，两个值越大贴图给人的感觉就越模糊，否则就越清楚。

②【位图参数面板】

我们可以通过【位图参数】面板，对贴图进行更细致的设置，如图 5－29 所示。

●【位图】可以通过后面的按钮来改变贴图类型。

在【裁剪/放置】勾选【应用】复选框后，使【裁剪/放置】中的设置生效。

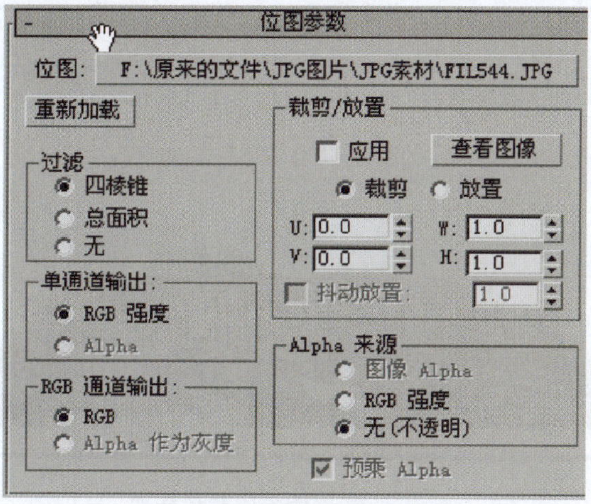

图 5－29 位图参数面板

● 在【裁剪/放置】选择【裁剪】时使贴图产生裁剪，裁剪后的贴图画面由【U】、【V】、【W】和【H】4 个参数的值来决定。当它们 4 个的值分别对应为 0、0、1、1 时不发生裁剪。我们可以把原来图片的长和宽都理解为 1，增大【U】和【V】的值表示从原图片的左侧和上面裁剪掉的值，减小【W】和【H】的值，表示从原图片上的取值宽度和高度。左是 4 个参数的对应值为 0、0、1、1 时的渲染效果；图 5－30 中是 4 个参数的对应值为 0.15、0.35、0.85、0.55 时的渲染效果。

在【裁剪/放置】选择【放置】时使贴图产生只使贴图在对象上的贴图范围减小，并不对贴图图片进行裁剪的效果，图 5－30 是选择【放置】后将【U】、【V】、【W】、【H】分别对应 0.15、0.35、0.85、0.55 时的渲染效果。

图 5－30　【裁剪/放置】使用效果对比

● 通过单击 查看图像 按钮，打开如图 5－31 所示的指定裁剪放置窗口，这时我们可以直观、形象的用鼠标来对原贴图的大小和范围进行裁剪操作。

图 5－31　指定图像裁剪位置

(2)【指定贴图坐标】

【内建贴图坐标】虽然使用比较方便，但是有时候不能满足实际需要，这时就需要我们根据实际需要为对象【指定贴图坐标】。【指定贴图坐标】在 3ds max 中又称【UVW 贴图】。当选中一个对象后，单击命令面板上的【修改】，从列表中选择【UVW 贴图】后打开如图 5－32 所示的命令面板。

①【贴图】

在【UVW 贴图】参数面板的【贴图】部分，可以对贴图的包裹方式、大小、平铺次数和是否反转 4 类参数进行设置和修改。共有 7 种包裹方式可供选择：

【平面】将对象看作平面对象，贴图沿着两个平面进行贴图，适用于平面物体。

【柱面】将对象看作圆柱体，贴图沿着周围对对象进行贴图，适用于圆柱体。

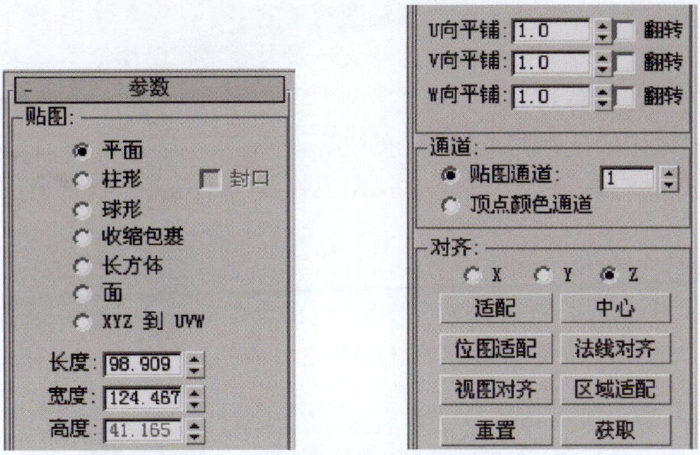

图 5－32 【UVW 贴图】坐标参数面板

●【球形】将对象看作圆球，贴图沿着球面周围对对象进行贴图，适用于球形物体。

●【收缩包裹】沿着对象表面对对象进行贴图，适用于不规则对象或球形物体。

●【长方体】将对象看作六面体，对其六个面进行贴图，适用于长方体和正方体。

●【面贴图】按对象的段面进行贴图，将每一个段面看作一个面。

●【XYZ 到 UVW】按由 XYZ 到 UVW 进行贴图。

●【长度】【宽度】【高度】选项，可以修改贴图的大小，在修改这几个参数时在视图区可以看到贴图大小的轮廓。图 5－33 是贴图大小和对象大小不相符时的透视图画面，图中的黄色线条就是贴图的大小，在调整长、宽、高几个参数时可以参照线条进行。通过修改 U、V、W 的平铺次数可以设置贴图在 U、V、W 三个方向的平铺次数。通过勾选 U、V、W 的反转复选项，可以设置贴图在 U、V、W 三个方向的反转情况。

②【通道】

每个物体都有多个通道，默认的贴图按通道 1 中的坐标设置进行贴图。

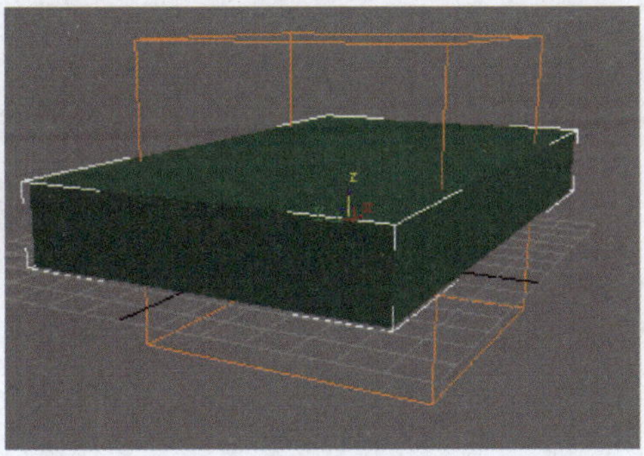

图 5－33 贴图线框

③【对齐】

通过【对齐】可以设置贴图的对齐方式。

●【X】、【Y】、【Z】：用来选择坐标对齐的轴向。

● 适配 ：将贴图自动锁定到物体的边界盒上。

- 中心：自动将贴图的中心对齐到贴图对象的中心。
- 位图适配：按指定位图文件中的图片的大小对对象进行贴图。
- 法线对齐：按法线进行对齐。
- 视图对齐：将贴图的坐标和当前视图的坐标对齐。
- 区域适配：按下该按钮后，用鼠标在视图区拖出一个范围，将该范围做为贴图的大小区域。
- 重置：恢复贴图的最初状态。
- 获取：如果场景中有被【指定贴图坐标】的其他对象，当按下该按钮后可以通过单击那个对象，来获取和那个对象相同的贴图参数。

任务5.2　创作室内一角材质

5.2.1 创作目的

结合图5－34效果图创作，从实际应用的角度介绍几种材质的创作、合成和引用方法并赋予场景中的对象，重点是训练材质编辑器的使用，加深对物体材质的理解 ，提高对现实物体的表现能力。

5.2.2 创作构思

该效果图中共包括砖墙、淡蓝绿色地板砖、不锈钢的桌柱、木纹的固定桌面、玻璃的旋转桌面、玻璃的酒杯和酒壶的黄金7种材质。玻璃（旋转桌面和酒杯）和金属（酒壶和桌柱）材质的创作，主要通过参数设置完成，是本节的重点；墙的材质——砖和固定桌面材质——木纹，主要通过贴图合成的；地板材质——地板砖是从现成的材质库中直接引用的。

图5－34　室内一角效果图

5.2.3 操作步骤

(1)酒杯玻璃材质

①打开【材质编辑器】后选择第一个示例球取名为“玻璃 1”，将该示例球，拖往场景上的各玻璃杯。

②在【明暗基本参数】中的【材质明暗属性】列表中选择【Phong】(塑性)选项，如图 5－35 所示。

③在【基本参数】设置面板中将【漫反射】颜色，设置为你所喜欢的玻璃的颜色。

④在【基本参数】设置面板中将【不透明度】设置为 22% 。

⑤将【基本参数】的【反射高光】中的参数，按图 5－36 进行设置。

图 5－35 在列表中选择【Phong】项

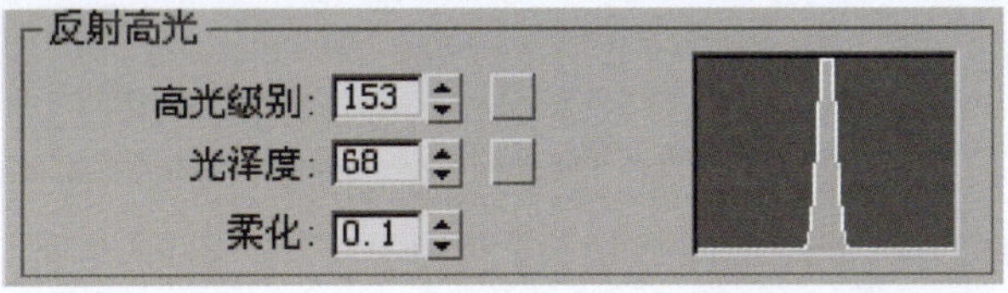

图 5－36 【反射高光】中的参数设置

⑥打开【贴图】参数面板，并将【反射】贴图通道【贴图数量】设置为 31%、【贴图类型】设置为【光线跟踪】，如图 5－37 所示。

⑦打开【扩展参数】参数面板，在【高级透明】项下，勾选【内】，将数量值设置为 38，如图 5－38 所示。

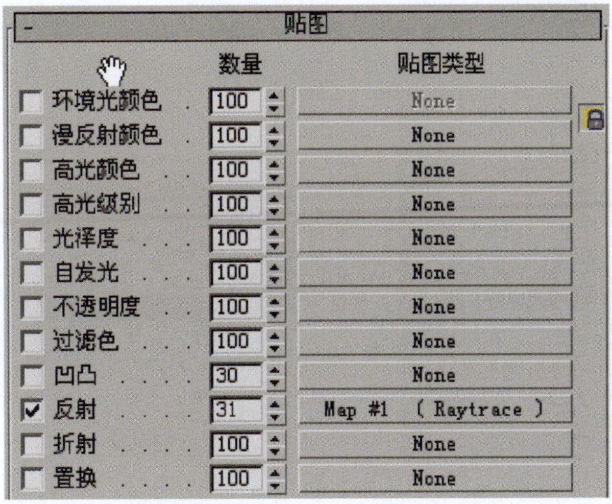

图 5－37 玻璃材质设置【反射】贴图

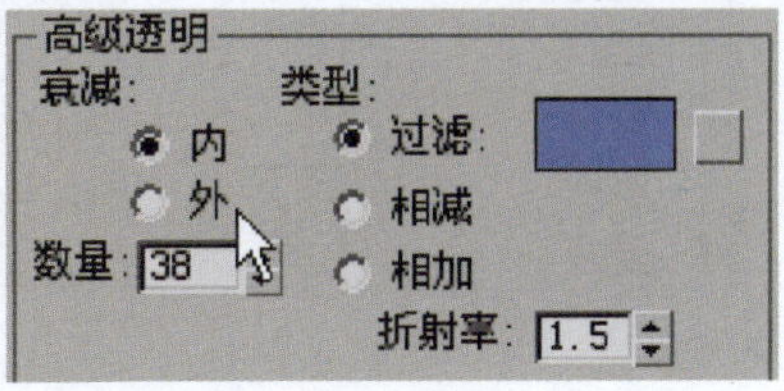

图 5－38 设置【高级透明】参数

(2)旋转桌面玻璃材质

①打开【材质编辑器】后选择第二个示例球，取名为“玻璃 2”。将该示例球，拖往场景上的旋转桌面对象。

②在【明暗基本参数】中的【材质明暗属性】列表中，选择【Phong】(塑性)选项，如图 5 - 39 所示。

③在【基本参数】设置面板中，将【漫反射】颜色设置为你所喜欢的玻璃的颜色。

④【基本参数】设置面板中将【不透明度】设置为 36% 。

⑤将【基本参数】的【反射高光】中的参数按图 5 - 40 进行设置。

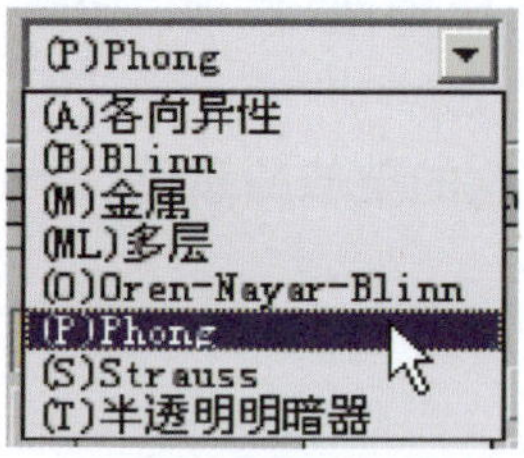

图 5 - 39　在列表中选择【Phong】项

图 5 - 40　【反射高光】中的参数设置

⑥打开【贴图】参数面板，并将【反射】贴图通道【贴图数量】设置为 44%、【贴图类型】设置为【光线跟踪】。为【过滤色】贴图通道添加一个你喜欢的贴图图片，以便产生玻璃中有图画的感觉，将【贴图数量】设置为 100%、【贴图类型】设置为【位图】，找一个你喜欢的图片文件，如图 5 - 41 所示。

(3)桌柱不锈钢材质

①打开【材质编辑器】后选择第三个示例球，取名为“不锈钢”。将该示例球拖往场景上的桌柱对象。

②在【明暗基本参数】的【材质明暗属性】列表中选择【金属】选项，如图 5 - 42 所示。

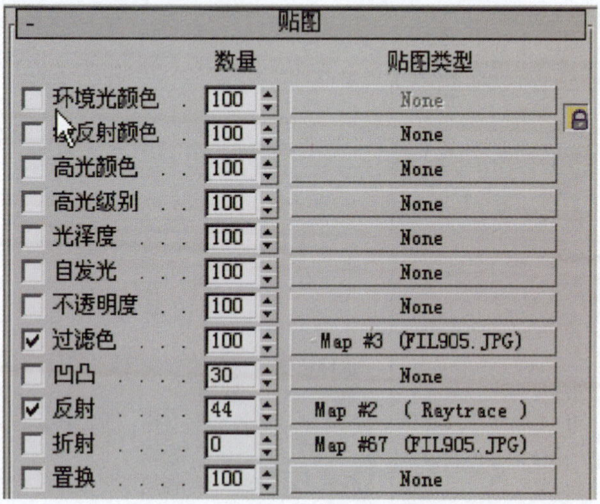

图 5 - 41　玻璃 2 材质贴图参数

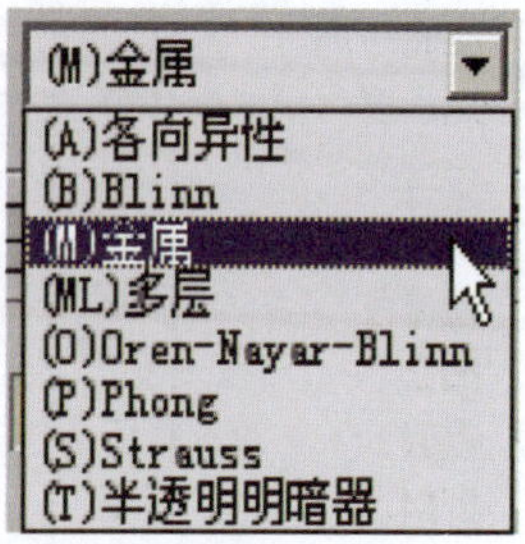

图 5 - 42　在列表中选择【金属】项

③在【基本参数】设置面板中将【漫反射】颜色的 R、G、B 值均设置为 193。

④将【基本参数】的【反射高光】中的参数按图 5 - 43 进行设置。

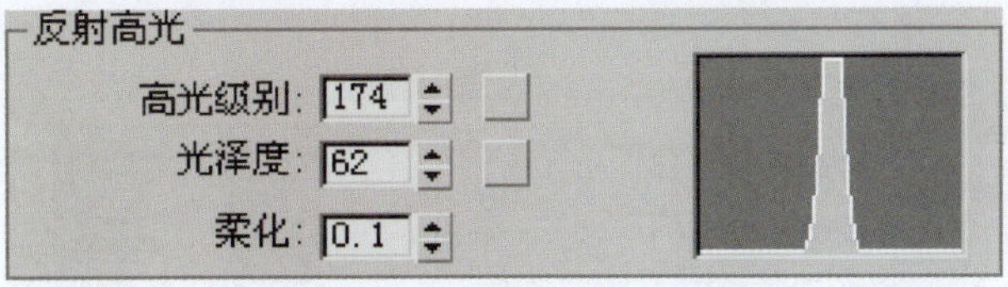

图 5－43 【反射高光】参数设置。

⑤打开【贴图】参数面板，并将【反射】贴图通道【贴图数量】设置为 68%、【贴图类型】设置为【光线跟踪】，如图 5－44 所示。

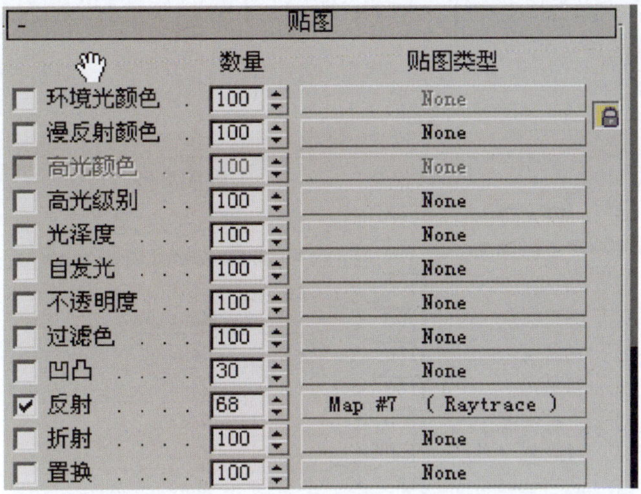

图 5－44 不锈钢材质设置【反射】贴图

(4)黄金材质

①打开【材质编辑器】后选择第四个示例球，取名为“黄金”。将该示例球拖往场景上的酒壶对象。

②在【明暗基本参数】中的【材质明暗属性】列表中，选择【金属】选项，如图 5－45 所示。

③在【基本参数】设置面板中将【漫反射】颜色设置为金黄色，R、G、B 的值分别设置为 242、173、24，如图 5－46 所示。

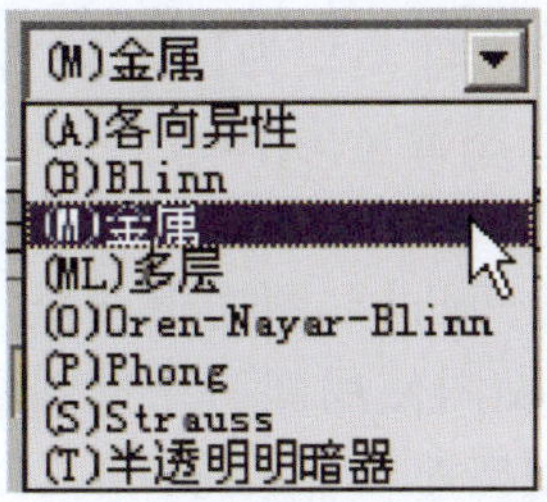

图 5－45 选择【金属】项

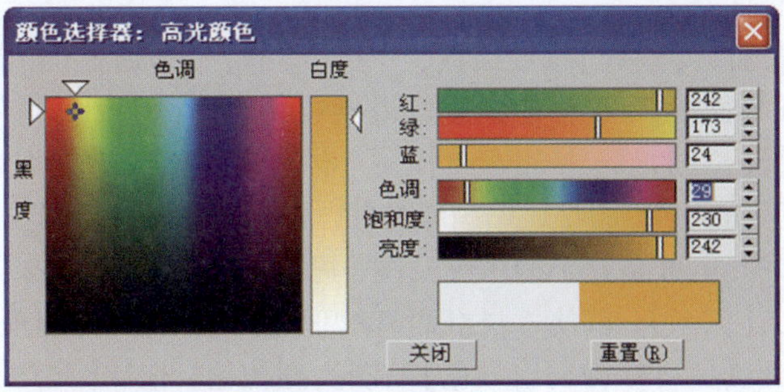

图 5－46 【漫反射】和【环境光】的 R、G、B 值设置

④将【基本参数】的【反射高光】中的参数，按图 5－47 进行设置。

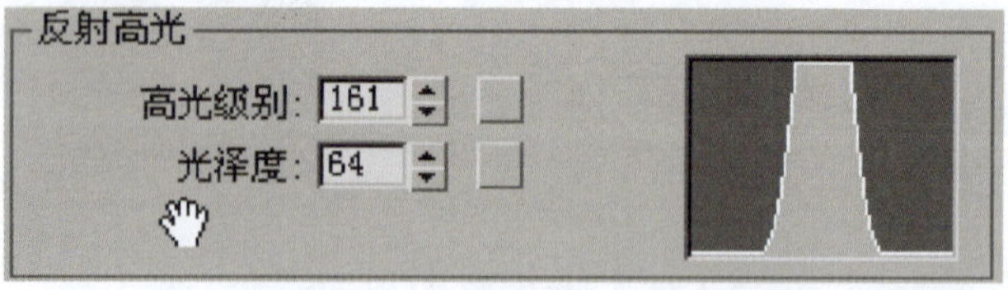

图5－47　【反射高光】中的参数设置。

⑤打开【贴图】参数面板，并将【反射】贴图通道【贴图数量】设置为60%、【贴图类型】设置为【光线跟踪】，如图5－48所示。

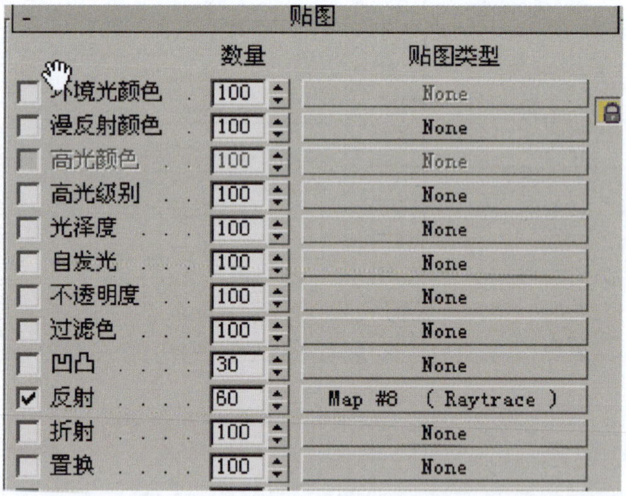

图5－48　黄金材质【反射】贴图

（5）木纹材质

①打开【材质编辑器】后选择第五个示例球，取名为“木纹”。将该示例球拖往场景上的固定桌面对象。

②打开【贴图】参数面板，并将【反射】贴图通道【贴图数量】设置为21%，【贴图类型】设置为【平面镜】，这样使桌面显得比较亮。为【漫反射颜色】选择贴文件类型为【木材】，也可以选择【位图】后，从磁盘上找一个你喜欢的木纹文件作为贴图，贴图数量为100；如果电脑上安装了3ds max的材质贴图库，可以在【材质/贴图浏览器】中【浏览自】中选择【材质库】，里面有好几幅准备好了的木纹贴图，可以从里面选择一幅即可。为【凹凸】贴图通道选择贴图，类型为【位图】，以使木材桌面有纹理感，它需要和【漫反射颜色】贴图使用同一个贴图文件，添加方法是：将【漫反射颜色】贴图类型按钮，拖往【凹凸】贴图类型按钮放手后选择“复制”即可完成，后将【贴图数量】设置为61，如图5－49所示。

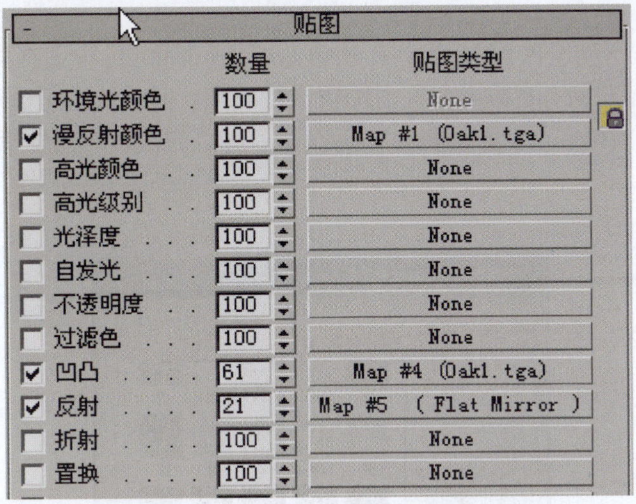

图5-49 固定桌面材质贴图类型和数量

(6)砖材质

①打开【材质编辑器】后选择第六个示例球，取名为“砖”。将该示例球拖往场景上的墙对象。

②打开【贴图】参数面板，为【漫反射颜色】选择贴文件类型为【位图】，从磁盘上找一个你喜欢的砖位图文件作贴图，贴图数量为100；如果电脑上安装了3ds max的材质贴图库，可以在【材质/贴图浏览器】中【浏览自】中选择【材质库】，里面有多幅准备好了的砖贴图，可以从中选择一幅即可。为【凹凸】贴图通道选择贴图，类型和【漫反射颜色】贴图相同，以使墙面有凹凸的纹理感，添加方法是：将【漫反射颜色】贴图类型按钮拖往【凹凸】贴图类型按钮，放手后选择“复制”即可完成，后将【贴图数量】设置为148，如图5-50所示。

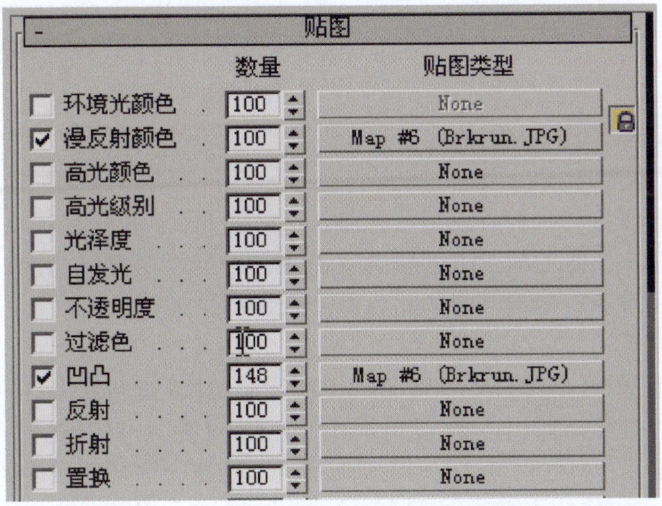

图5-50 墙材质各种贴图类型和数量

(7)地板砖材质

①打开【材质编辑器】后选择第七个示例球，取名为“地板砖”。将该示例球拖往场景上

的地板对象。

②打开【材质/贴图浏览器】对话框，在该对话框的【浏览自】中选择【材质库】，在安装了3ds max材质库的电脑里面有多幅准备好了的现成的材质，可以从里面选择一种你所喜欢的地板材质即可。我们在本例中选择的是名为“Concrete_Tiles”的浅蓝绿色地板砖材质，如图5－51所示。

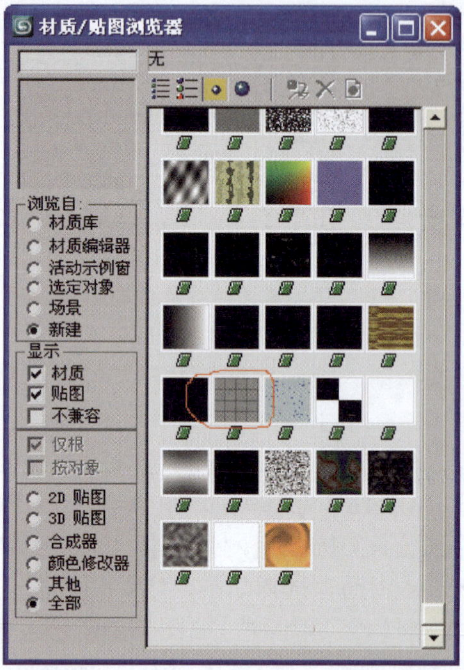

图5－51　3ds max库中常用的贴图

(8)环境贴图

所谓环境，就是没有任何对象的地方。在效果图设计时，有的时候创作出的对象不能把整个场景全都盖住，这样就露出黑色的或是其他单一色的背景，使我们辛辛苦苦创作出来的效果图显得不够完美。这时我们可以给背景添加一幅图画，我们称环境贴图。给环境添加贴图的时候有两种情况：一种是在创作过程中使透视图中显示出背景画面；另一种是在渲染后显示出背景画面。一般我们最终需要的是为渲染效果图添加背景画面。

①添加渲染环境贴图

在【渲染】菜单下选择【环境】，打开如图5－52所示的【环境和效果】窗口，在该窗口的【环境】选项卡下的【公共参数】面板下的【背景】框中，有一个【背景贴图】按钮，单击该按钮，即可打开【材质/贴图浏览器】对话框，我们可以从该对话框选择一幅合适的贴图后，原来按钮上的“无”字自动变为贴图的名字，【使用贴图】复选框将自动勾选。渲染效果见图5－53。

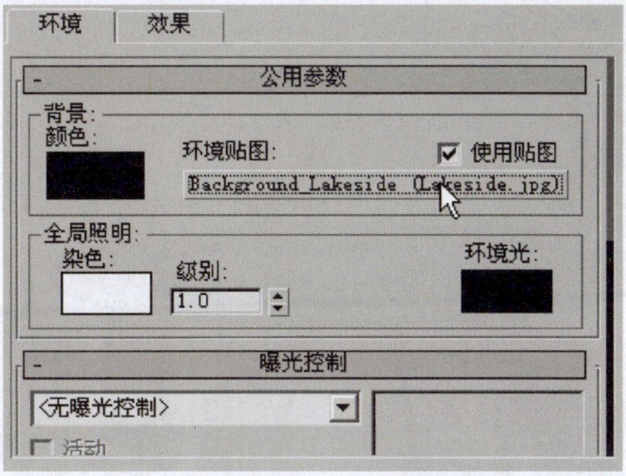

图 5－52 【环境贴图】对话框

图 5－53 添加环境贴图后的效果

②为透视图添加背景图画

在【视图】菜单下选择【视口背景】，打开如图 5－54 所示的【视口背景】窗口，在该窗口的【背景源】下，点【文件】按钮，在打开文件对话框中找一幅你喜欢的背景图画即可。这时在透视图中不显示对象的地方就会显示出你添加的图画，见图 5－55。

图 5－54 【视口背景】对话框

图 5－55　添加了背景图片后的透视图

习　题

一、填空题

1. 3ds max 中的材质与贴图主要是通过________________来实现的。

2. 在【材质/贴图浏览器】对话框中的列表方式下，蓝色小球表示__________，绿色菱形表示__________。

3. 2D 与 3D 贴图的区别，2D 贴图只存在于模型的____________，而 3D 贴图是穿过模型的内部核心，如果使用布尔运算将模型切割，就会看到具有 3D 贴图模型的内部也具有贴图，而 2D 贴图没有。

4. 漫反射颜色贴图是最常用的一种贴图类型。所谓的漫反射贴图是指这种贴图类型将贴图的图像文件贴在材质的____________部位上。

5. 多维子对象材质最多可以设置____________种子材质。

二、简答题

1. 说明基本材质、复合材质、基本贴图、复合贴图四个概念间的联系与区别。
2. 叙述何为“同步材质”与“非同步材质”？怎样将“同步材质”与“非同步材质”互换？
3. 位图贴图坐标与材质显示方式有何关系？
4. 贴图坐标的 U、V、W 与物体的 X、Y、Z 是什么关系？
5. 说明 UVW 贴图修改器参数与材质显示的关系？

三、操作题

1. 在场景中创建啤酒瓶模型与齿轮模型，并分别赋予玻璃材质和不锈钢材质。

2. 在场景中创建裙子模型，为裙子添加一幅合适的贴图，调整相应的参数使之呈现出类似图5-56效果（要求：在正面显示出贴图画面的内容，其中一个随裙子的褶纹发生变化，另一个则不发生变化）。

贴图随着裙褶的波动起伏变化

贴图不受裙褶的波动起伏的影响

图5-56 贴图效果

模块6 灯光与摄影机

模块导读

建筑装饰效果图创作过程中，灯光起着举足轻重的作用，空间层次、材质质感、空间氛围都要靠灯光来体现。如果要达到较为理想的效果，就需要对各种光源特性进行深入研究，并按其客观规律进行布光。本模块主要讲解3ds max9中几种灯光的应用和参数设置，通过本模块学习，同学们可以掌握3ds max9不同灯光的应用效果，知道现实中光源的特性及光能传递的特点，处理好光与影的关系，创作出高水平的效果图。通过本模块学习，同学们还能了解3ds max9中摄影机的种类，掌握摄影机的建立和设置方法，能够利用摄影机对场景进行合适角度的选取。

学习内容分解

本模块主要介绍摄影机命令面板、灯光命令面板以及摄影机、灯光各项参数设置。通过典型工作任务训练，加深对室内灯光、摄影机的设置的理解，逐渐提高效果图设计中运用灯光、摄影机的技巧。

任务6.1 主要命令简介

6.1.1 摄影机

摄影机通常是一个场景中必不可少的组成部分，主要用来为场景提供一个合理的视觉角度，最后作品都要在摄影机视图中表现。虽然透视图也提供了类似摄影机视图的效果，但不具备摄影机视图的应变能力。摄影机视图的视角更容易调节，更重要的是即使调整失败，也能返回重设，而透视图则不能。

(1)摄影机的作用

摄影机在整个创作流程中有着统观全局的重要意义。摄影机为场景提供了合理的视觉角度，达到最好的观察效果。同时也影响着场景的构建与调整。

摄影机决定构图。光源和材质决定了画面的色调，摄影机就决定了画面的构图，摄影机代表了观众的眼睛。

(2)摄影机命令面板

单击命令面板上的 / 【摄影机】按钮，显示摄影机命令面板，如图6-1所示。3ds max中提供了两种类型的摄影机，它们是【目标摄影机】和【自由摄影机】。【目标摄影机】有摄影机点和目标点，具有目标子对象；而【自由摄影机】只有摄影机点，不具有目标。它们创建后的显示形态如图6-2所示。

图6-1 摄影机命令面板

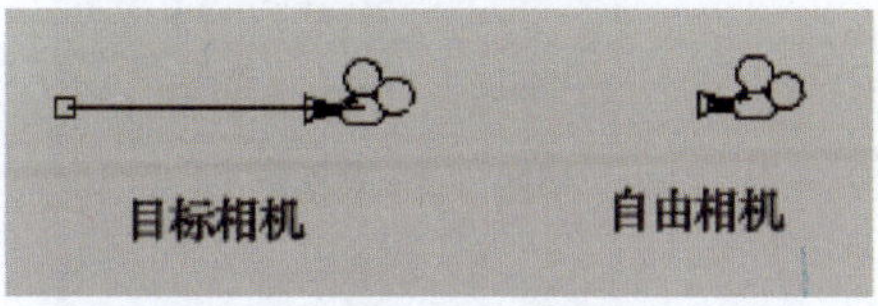

图6-2 摄影机显示形态对比

①目标摄影机：在摄影机命令面板中单击 目标 【目标摄影机】按钮，在视图中单击鼠标，建立摄影机的摄影机点，拖动鼠标，建立摄影机的目标点。创建一个摄影机之后，可以更改视图以显示摄影机的观察点。当摄影机视图处于活动状态时，导航按钮更改为摄影机导航按钮。可以将“修改”面板与摄影机视图结合使用来更改摄影机的设置，它是创作效果图时最常用的一种摄影机，主要可以通过调整“目标点”与“摄影机点”的位置来得到合适的视角。

②自由摄影机：在摄影机命令面板中单击 自由 【自由摄影机】按钮，在视图中单击鼠标，即可建立自由摄影机。它的参数设置与目标摄影机完成相同，但自由摄影机没有摄影机点，因而不能对“摄影机点”和“目标点”单独进行调整。当摄影机的位置沿一个路径被设置

动画时，更容易使用自由摄影机。自由摄影机是创作动画时最常用的一种摄影机，主要用于摄影机轨迹动画的拍摄。

摄影机建立后，在透视图的窗口上右击，然后在弹出的快捷菜单中选择【视图】/【Camera01】选项，则透视图转为摄影机视图。也可以通过快捷键 C，将当前视图转换为摄影机视图。单击 / 按钮可调整目标摄影机的位置和角度，摄影机视图中可以清楚的看到摄影机的变化。

(3)摄影机参数

下面以目标摄影机为例，简单介绍摄影机的各类参数，如图 6－3 所示。

●【镜头】：设置摄影机的焦距长度，单位是 mm(毫米)。48mm 是标准人眼的焦距。短焦造成鱼眼镜头有夸张效果；长焦用于观测较远的对象，保证物体不变形。用户可直接输入镜头焦距数值，也可在下面的【备用镜头】项中选择焦距值。

●【视野】：该参数决定摄影机所能看到区域的宽度，依据选择的视角方向，调节该方向上的弧度大小。与镜头的参数值是相关的，改变其数值后，镜头的数值也会随之改变。

●【正交投影】：启用此选项后，摄影机视图看起来就像“用户”视图。禁用此项后，摄影机视图好像标准的透视图。

●【备用镜头】：提供了 9 种常用的镜头供快速选择。

●【显示圆锥体】：显示摄影机视野定义的锥形框(实际上是一个四棱锥)。锥形框出现在其他视图但是不出现在摄影机视图中。

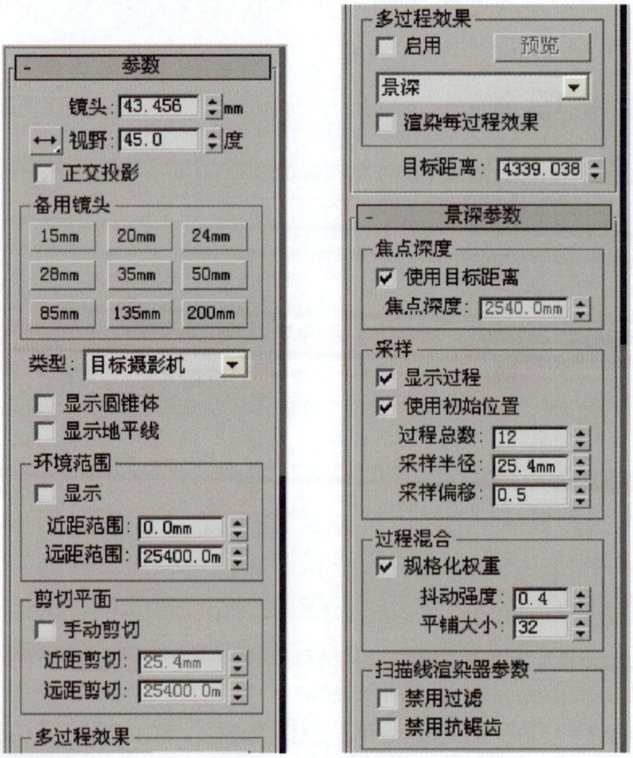

图 6－3　目标摄影机的参数面板

●【显示地平线】:是否在摄影机视图中的显示一条深灰色的地平线。

●【显示】:显示在摄影机锥形框内近距、远距范围框，便于在视图上看到具体的范围。

●【近距范围】:设置环境影响的近距距离。

●【远距范围】:设置环境影响的远距距离。

●【手动剪切】:启用该项，可定义剪切平面。关闭该项，接近摄影机 3 个单位以内的物体将不显示。

●【近距剪切】:设置近距剪切平面。比近距剪切平面近的对象不可见。

●【远距剪切】:设置远距剪切平面。比远距剪切平面远的对象不可见。

6.1.2 灯光

在 3ds max 中，灯光是构成场景的一个重要组成部分。一幅好的效果图，不仅是造型和材质的创作与设置，更重要的是灯光的设置。灯光照亮了场景空间，使场景体现出层次感、真实感，直接影响了场景的最终渲染效果。3ds max 提供两种类型的灯光：标准灯光和光度学灯光。

标准灯光是基于计算机的模拟灯光对象，如家用或办公室灯、舞台和电影工作时使用的灯光设备和太阳光本身。不同种类的灯光对象可用不同的方法投射灯光，模拟不同种类的光源。与光度学灯光不同，标准灯光不具有基于物理的强度值。

光度学灯光可以更精确地定义灯光，就像在真实世界一样。您可以设置它们分布、强度、色温和其他真实世界灯光的特性。

(1)标准灯光命令面板

单击命令面板中的(创建)按钮，显示创建命令面板。然后单击【灯光】按钮，则显示标准灯光命令面板，3ds max9 中提供了 8 种标准光源。如图 6－4 所示。

(2)泛光灯

单击灯光命令面板上的 泛光灯 按钮，在视图上合适位置单击鼠标，可建立泛光灯。泛光灯是一种可以向四面八方均匀照射的点光源。泛光灯用于照亮整个场景，易于建立和调节，但不宜建立过多，否则会使场景平淡而无层次感。在效果图创作中，泛光灯是应用最广泛的一种光源。下面我们认识一下泛光灯的参数。

①【常规参数】:参数面板如图 6－5 所示。

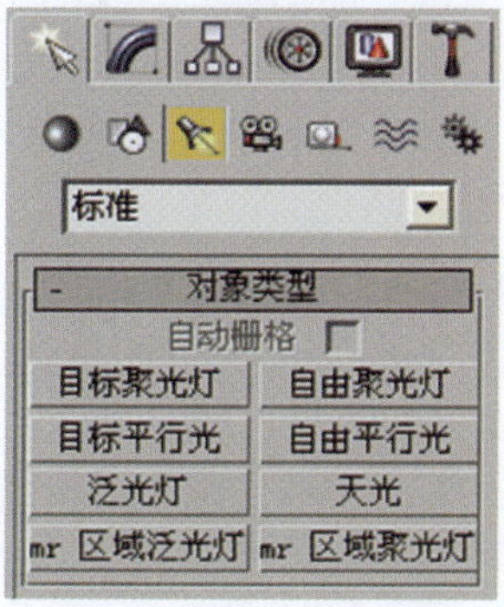

图 6－4 标准灯光面板

图 6－5 常规参数面板

●【灯光类型】:设置灯光的类型。灯光类型可在聚光灯、泛光灯、平行光之间选择。

●【启用】:打开或关闭灯光。

●【阴影】:设置灯光是否产生阴影以及使用哪种方式产生阴影。

●【启用】:控制灯光是否产生阴影。

●【使用全局设置】:打开此项，把阴影参数设置应用到场景中所有投射阴影的灯光上。

● 阴影类型:确定阴影投射的方式，有高级光线跟踪、区域阴影、mental ray 阴影贴图、光线跟踪阴影、阴影贴图。下面通过表6-1对这5种阴影进行比较。

●【排除】:将物体排除在本灯光照射范围之外。勾选对话框中包含选项，可以把物体包含在本灯光照射范围之内。

表6-1 **阴影类型优缺点对比表**

阴影类型	优 点	缺 点
高级光线跟踪	支持透明度和不透明度贴图。 使用不少于 RAM 的标准光线跟踪阴影。 建议对复杂场景使用一些灯光或面。	比阴影贴图渲染速度更慢。 不支持柔和阴影。 处理每一帧。
区域阴影	支持透明度和不透明度贴图。 使用很少的内存。 建议对复杂场景使用一些灯光或面。 支持区域阴影的不同格式。	比阴影贴图渲染速度更慢。 处理每一帧。
mental ray 阴影贴图	使用 mental ray 渲染器可能比光线跟踪阴影更快。	不如光线跟踪阴影精确。
光线跟踪阴影	支持透明度和不透明度贴图。 如果不存在动画对象，则只处理一次。	比阴影贴图渲染速度更慢。 不支持柔和阴影。
阴影贴图	产生柔和阴影。 如果不存在对象动画，则只处理一次。 渲染速度最快的阴影类型。	使用很多内存。不支持使用透明度或不透明度贴图的对象。

②【强度/颜色/衰减】:参数面板如图6-6所示。

●【倍增】:对灯光的照射强度进行倍增控制，其默认值为1。如果将倍增设为2，灯光的强度将增加一倍;如果该值为负值，将产生吸光的效果。

●【颜色块】:用来调整灯光的颜色，默认白色，可通过颜色选择器改变颜色。

●【衰退】:控制光线衰减的一种方式。

●【类型】:设置灯光衰减类型。有无、倒数、平方反比三种类型可供选择。

●【开始】:衰减的开始点，取决于是否使用衰减。如果不使用衰减，则从光源处开始衰退;使用近距衰减，则从近距结束位置开始衰退。

●【近距衰减】

●【使用】:启用灯光的近距衰减。

●【开始】:设置光线开始出现的位置。

●【结束】:光线强度达到最大时的位置。

●【显示】:在视图中显示近距衰减范围设置。

●【远距衰减】

●【使用】:启用灯光的远距衰减。

●【开始】:设置光线开始变弱的位置。

●【结束】:光线强度减为0时的位置。

●【显示】:在视图中显示远距衰减范围设置。

③【高级效果】:参数面板如图6-7所示。

●【对比度】:调整物体的漫反射区域和高光区域之间的对比度。

●【柔化漫反射边】:柔化曲面的漫反射部分与环境光部分之间的边缘。

●【贴图】:启用该项可以通过"贴图"按钮投射选定的贴图。

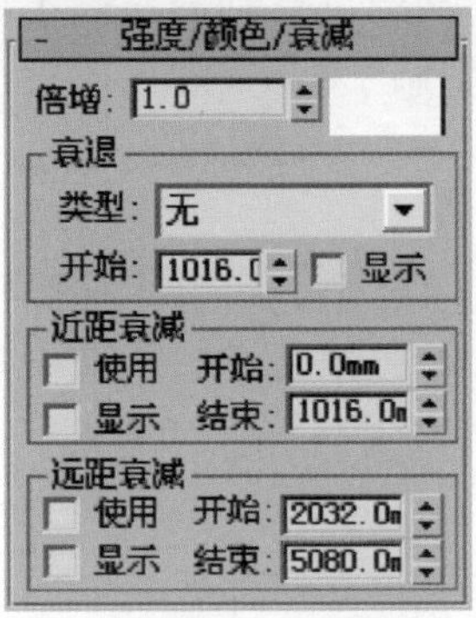

图6-6 强度/颜色/衰减参数面板

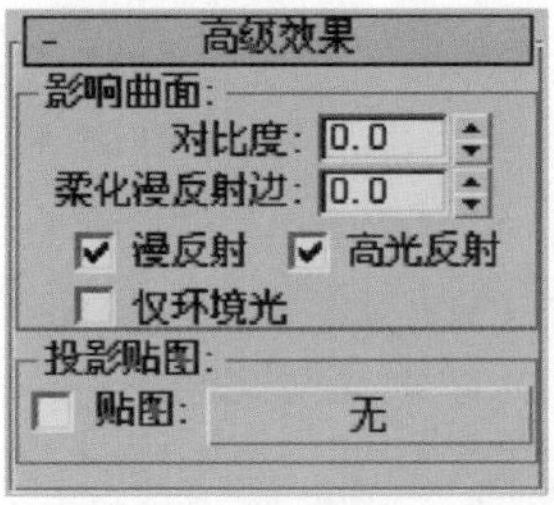

图6-7 高级效果参数面板

图6-8 阴影参数面板

④【阴影参数】:参数面板如图6-8所示。

●【色块】:设置阴影的颜色,默认设置为黑色。

●【密度】:调整阴影的密度。增加密度值可以增加阴影的密度(暗度)。减少密度会减少阴影密度。默认设置为1.0。

●【贴图】:为阴影指定贴图。启用此项,贴图的颜色将与阴影色混合。

●【灯光影响阴影颜色】:启用此项,将灯光颜色与阴影颜色(如果设置了阴影贴图)混合起来

●【大气阴影】:可以让大气效果投射阴影。

●【启用】:启用此项,大气效果将投射阴影。默认设置为禁用

●【不透明度】:调整阴影的不透明度。此值为百分比。默认设置为100。

●【颜色量】:调整大气色与阴影色混合的量。此值为百分比。默认设置为100。

⑤【阴影贴图参数】:参数面板如图6-9所示。

●【偏移】:设置阴影与物体间的距离。取决于是启用还是禁用"绝对贴图偏移"。

●【大小】:设定阴影贴图的大小。如果阴影面积较大,应增大此值,可以增加阴影的质量。

●【采样范围】:设置柔和阴影边缘的程度。范围为0.01至50.0。值越高,边缘越柔和。

如图 6－10 所示。

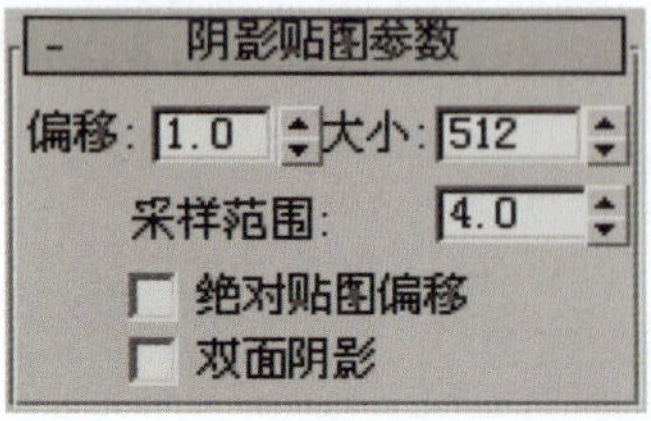

图 6－9　阴影贴图参数面板

图 6－10　设置采样范围

●【绝对贴图偏移】:以绝对值方式计算贴图偏移的偏移量。

●【双面阴影】:启用此选项后，计算阴影时背面将不被忽略。从内部看到的对象不由外部的灯光照亮。禁用此选项后，忽略背面，这样可使外部灯光照明室内对象。默认设置为启用。如图 6－11 所示。

(3) 聚光灯

3ds max 中聚光灯分为两大类:目标聚光灯和自由聚光灯。目标聚光灯产生一种类似于手电筒、舞台灯光等的锥形光束。它由投射点、目标点两部分组成，可以单独调节这两个点的位置。可以用来创作车灯、台灯、路灯等照射效果。自由聚光灯一种没有目标点的光源，通常用于动画创作。在此我们主要学习目标聚光灯的应用。

单击灯光命令面板上的 目标聚光灯 按钮，在视图上单击鼠标，可建立目标聚光灯的投射点，拖动鼠标，建立灯光的目标点。目标聚光灯的参数与泛光灯的参数基本相同。下面我们主要认识它与泛光灯不同的参数:聚光灯参数。如图 6－12 所示。

左:关闭双面阴影效果　　右:启用双面阴影效果

图 6－11　双面阴影的效果

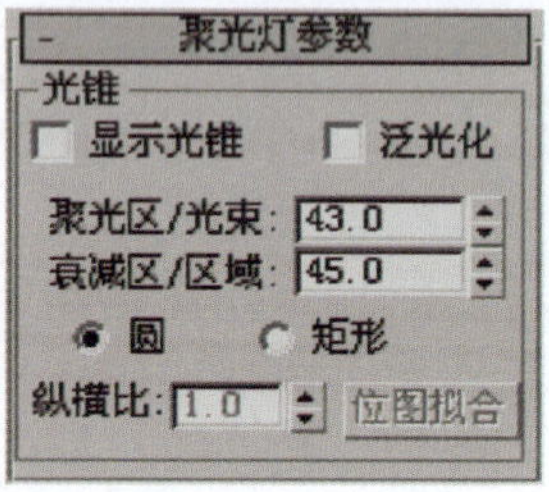

图 6－12　聚光灯参数面板

●【显示光锥】:启用此项后，显示灯光的锥形。无论灯光是否被选中，该锥形始终是可见的。浅蓝色锥形框表示聚光区范围，灰色锥形框表示衰减区范围。

●【泛光化】:使聚光灯具有泛光灯的功能，在各个方向投射灯光。但是，投影和阴影只发生在其衰减圆锥体内。

●【聚光区/光束】:调节灯光聚光区锥形角度大小。聚光区值以度为单位进行测量。默认设置为 43.0。

●【衰减区/光束】:调节灯光衰减区锥形角度大小。聚光区值以度为单位进行测量。默认设置为 45.0。

●【圆/矩形】:确定聚光区和衰减区的形状。需要一个标准圆形的光束时，应选择“圆”；需要一个矩形的光束(如灯光通过窗户或门口投射)时，应选择“矩形”。

●【纵横比】:设置矩形光束的长宽比。使用“位图拟合”按钮可以使纵横比匹配特定的位图。默认设置为 1.0。

●【位图拟合】:如果灯光的投影区域为矩形，通过匹配一个图形设置光束长宽比例。当灯光作为投影灯光时，应该选择此项。

(4)天光

单击灯光命令面板上的 天光 按钮，在视图上单击鼠标，可建立天光。天光适用于模拟真实的室内和室外光线。天光好比是一个圆球空间，把里面的物体从各个角度照亮，如图 6－13 所示。在使用天光时，需要与菜单【渲染】/【高级照明】下的【光跟踪器】一起使用。天光主要用于创作室外效果。天光的参数面板如图 6－14 所示。

●【启用】:打开或关闭天光。

●【倍增】:对光线的强度进行倍增控制，其默认值为 1。该值如果大于 1，产生类似曝光的效果。

●【使用场景环境】:通过场景环境影响灯光的颜色，该设置只有在光跟踪器起作用时才能生效。

●【天空颜色】:通过单击右侧的色块，弹出颜色选择器，设置天光的颜色。

●【贴图】:启用该项，用一个图片影响天光的颜色。

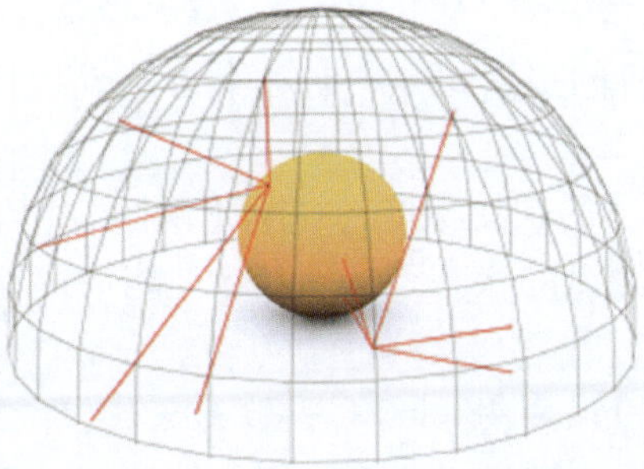

图 6－13 天光照射模拟

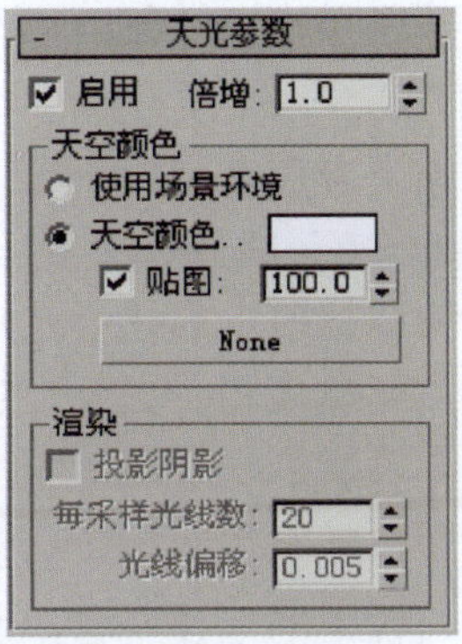

图 6－14 天光参数面板

● 100.0 :设置图片应用的百分比。小于 100% 时，贴图颜色与天空颜色混合。

● None :用来选择图片。

●【投影阴影】:使用天光投射阴影，默认是关闭的。该项在使用光跟踪器时是无效的。

●【每采样光线数】:用于计算落在场景中指定点上天光的光线数。

●【光线偏移】:对象可以在场景中指定点上投射阴影的最短距离。

任务 6.2 创建室内摄影机和灯光

6.2.1 设计目的

真实的场景离不开灯光，灵活正确地布置灯光是创作真实效果图的关键，本任务通过对室内摄影机和灯光的建立，学习摄影机的创建、调节方法与泛光灯、聚光灯等基本使用方法、技巧。

6.2.2 创作构思

首先打开室内场景文件，向场景中添加一架摄影机并调节到合适角度。选择泛光灯作为室内的主光源，为增加室内光线的真实感，在房间的右上方和左下方添加两盏泛光灯做为辅助光源，使用聚光灯创作墙面光域网效果。

6.2.3 操作步骤

(1)添加摄影机到场景

①打开素材文件中提供的“room. max”文件，或自己创建如图 6 – 15 所示场景。

②在命令面板中单击 / 【摄影机】按钮，显示摄影机命令面板，在摄影机命令面板中单击 目标 按钮。

③在顶视图左下方单击鼠标，建立摄影机的摄影机点，向右上方拖动鼠标，建立摄影机的目标点位置，如图 6 – 15 所示。

④在透视图窗口标签上右击，然后在弹出的快捷菜单中选择【视图】/【Camera01】选项，将透视图转换为摄影机视图。另外在透视图激活的状态下，按 C 键，能快速地将透视图转换为摄影机视图。

⑤在目标摄影机的参数面板中，将【镜头】设为 48mm。

⑥单击主工具栏中的选择并移动 按钮，在顶视图中调整目标摄影机的位置和角度，这样在场景中建立了一个镜头为 48mm 的目标摄影机，如图 6 – 16 所示。

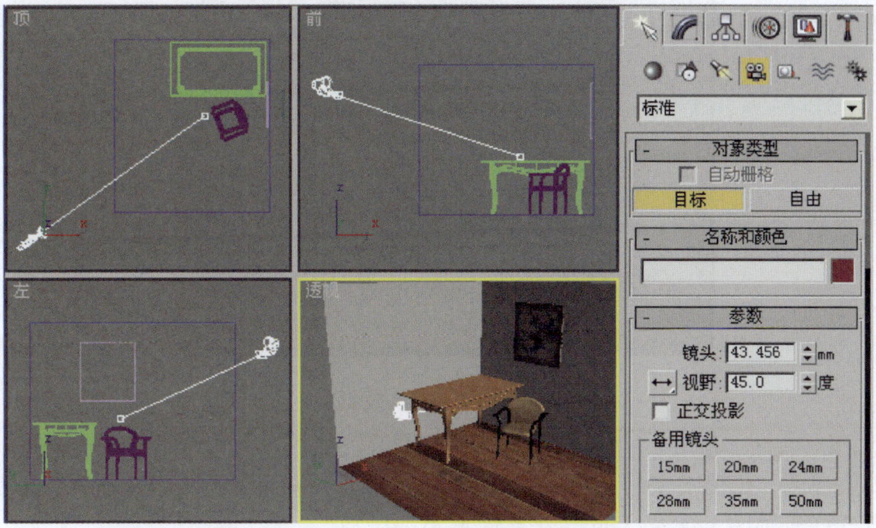

图 6－15　创建摄影机

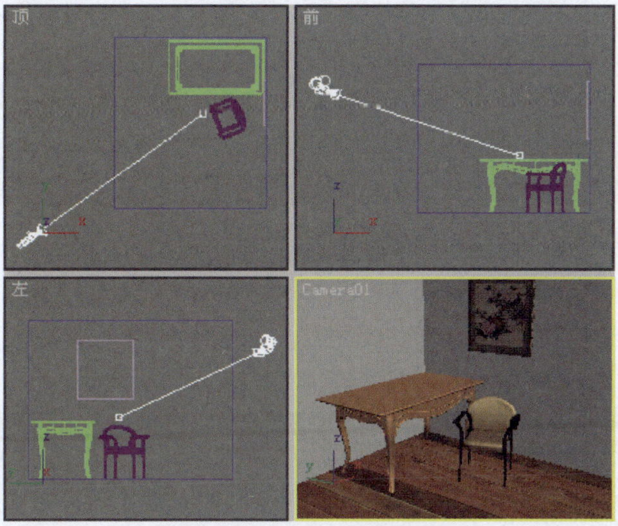

图 6－16　切换到摄影机视图

(2)添加泛光灯

①激活摄影机视图，单击工具栏中【快速渲染】按钮渲染场景，场景中的物体均被照亮，如图 6－17 所示。

图 6－17　渲染效果

②激活顶视图，在视图中建立一盏泛光灯（Omni01），这时整个场景变暗了。这是由于场景中两盏预置灯光关闭，泛光灯的位置放置不当的缘故。

③调节泛光灯（Omni01）的位置，如图 6－18 所示。

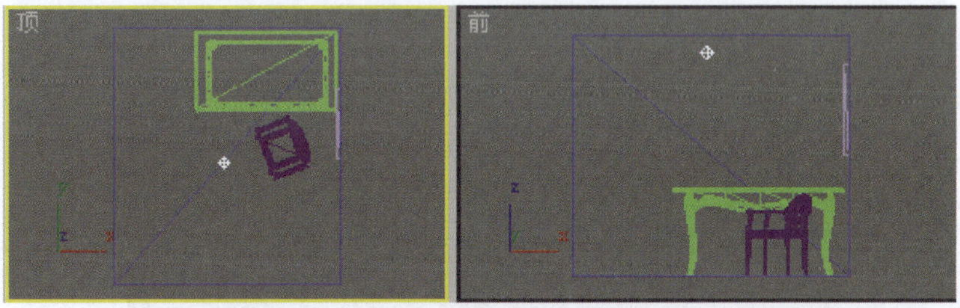

图 6－18　泛光灯（Omni01）的位置

④单击按钮，缩放顶视图，在顶视图的左下角和右上角再建立两盏辅助光源，分别为泛光灯 02（Omni02）和泛光灯 03（Omni03），并调节它们的位置如图 6－19 所示。

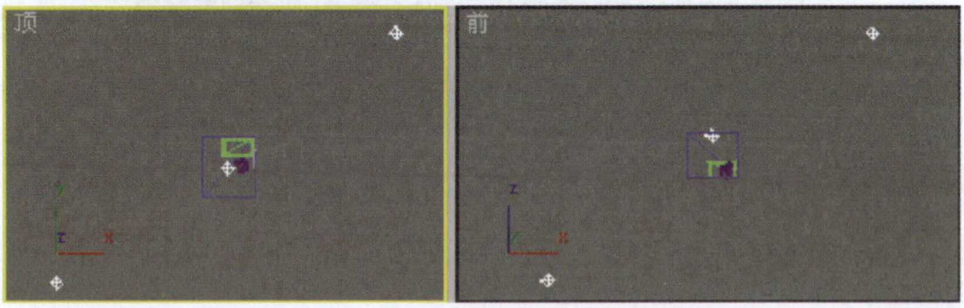

图 6－19　三盏泛光灯调节后的位置

⑤按【F9】键渲染场景，发现场景非常亮。这由于三盏泛光灯的倍增均为 1，强度太大造成的。

⑥将左下角和右上角的两盏泛光灯，将倍增值改为 0.25，如图 6－20 所示。

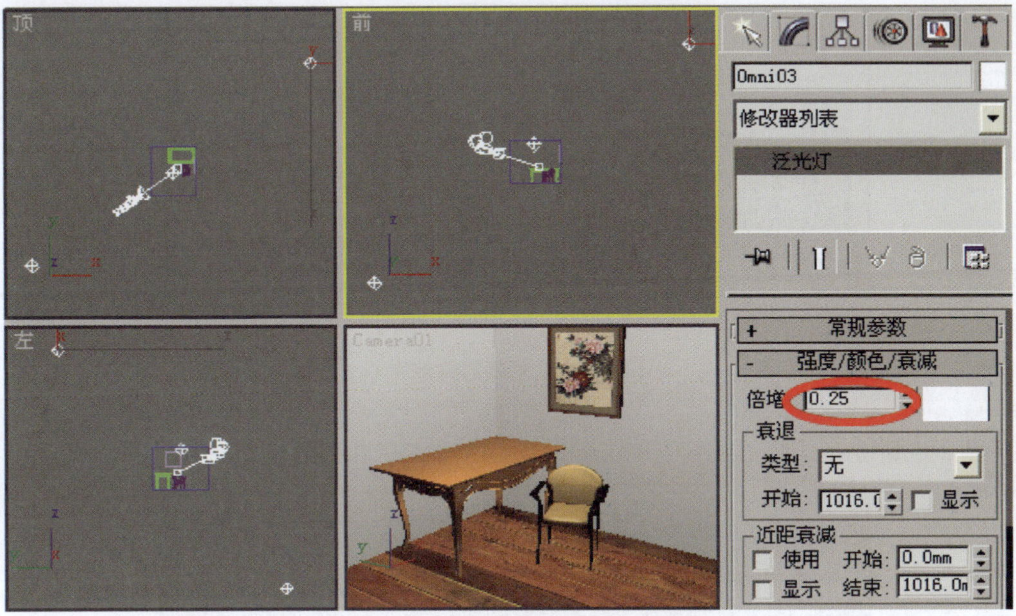

图6-20 更改灯光强度

⑦按下快捷键【F9】，快速渲染视图。场景的亮度正常了，但是物体没有阴影。

⑧选择顶视图中间的那盏泛光灯(Omni01)，单击【修改】选项卡，显示泛光灯(Omni01)的参数修改面板。

⑨勾选阴影下的“启用”选项，选择右侧下拉列表中的“阴影贴图”选项，如图6-21所示。

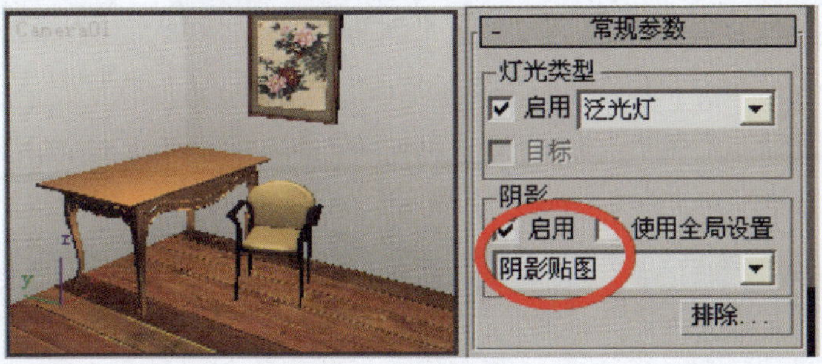

图6-21 启用阴影

⑩按【F9】键渲染视图。场景中物体出现了阴影，但阴影的密度太大。

⑪打开阴影参数卷展栏，将“密度”参数改为0.6，按【F9】键渲染视图，物体阴影基本正常了，如图6-22所示。

⑫执行菜单栏中【文件】/【另存为】命令，将文件另存为“泛光灯.max”。

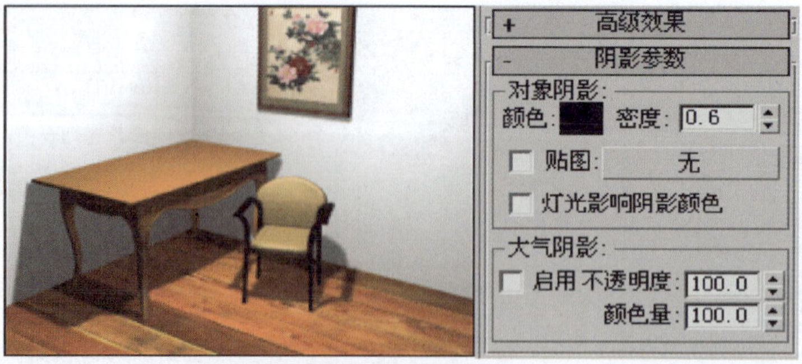

图 6－22　最终渲染效果

(3)正确运用聚光灯

①删除上面场景中所有泛光灯，在地板上创建球体和两把茶壶，调节摄影机位置，如图 6－23 所示。

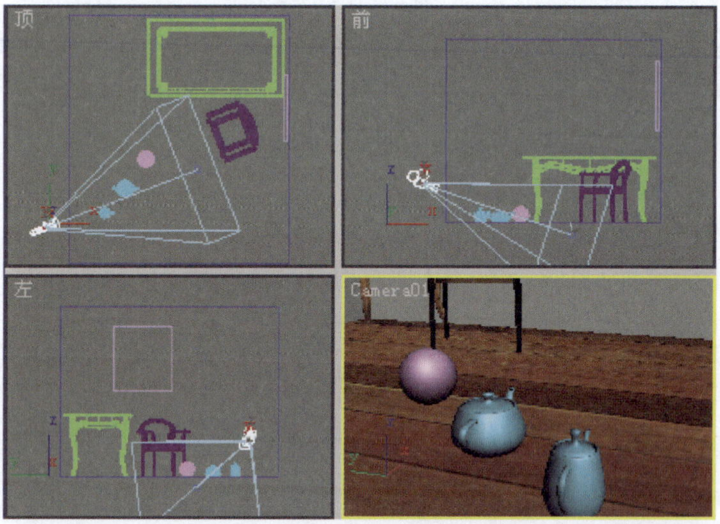

图 6－23　使用聚光灯. max 场景文件

②单击下的选项，单击 目标聚光灯 按钮，在顶视图中按下鼠标由左向右拖动，建立一盏目标聚光灯，调节灯光位置如图 6－24 所示。

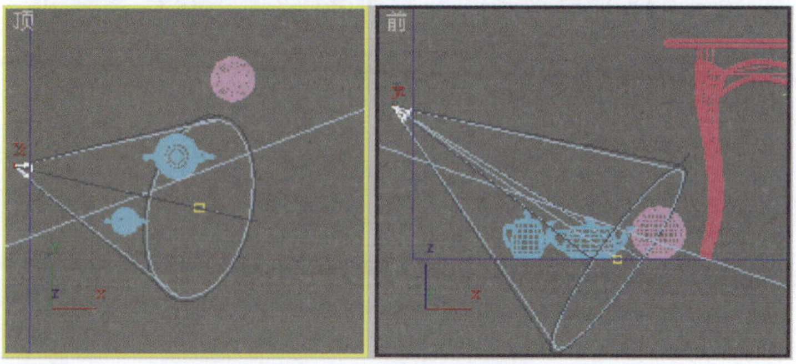

图 6－24　建立目标聚光灯

③按【F9】键渲染场景，目标聚光灯把两把茶壶照亮了，如图6－25所示。

④选择目标聚光灯，单击【修改】选项卡，显示灯光参数面板。在常规参数栏阴影组中，勾选启用，使用目标聚光灯投射阴影。

⑤按下【F9】键渲染场景，茶壶产生了阴影，如图6－26所示。

图6－25 使用阴影前

图6－26 使用阴影后

⑥在聚光灯强度/颜色/衰减参数栏中，在远距衰减组中勾选“使用”，开始、结束分别设为1500、2500，如图6－27所示。

⑦按【F9】键渲染场景，我们看到了灯光衰减的效果，如图6－28所示。

⑧在聚光灯参数卷展栏中勾选泛光化，渲染场景，整个场景变亮了，如图6－29所示。

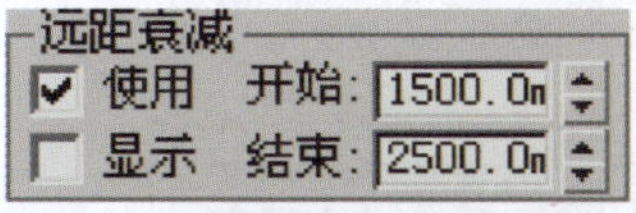

图6－27 远距衰减参数

图6－28 灯光衰减效果

图6－29 使用泛光化的效果

两把茶壶都有阴影，而球体没有。想一想这是为什么？

⑨选择聚光灯【spot01】，在聚光灯参数栏中取消泛光化。

⑩单击大气和效果卷展栏下的添加按钮，弹出添加大气或效果对话框，如图6－30所示。选择体积光选项，单击【确定】按钮，聚光灯被加入了体积光，渲染结果如图6－31所示。

⑪单击菜单栏中的【文件】/【另存为】命令，将文件另存为“聚光灯.max”。

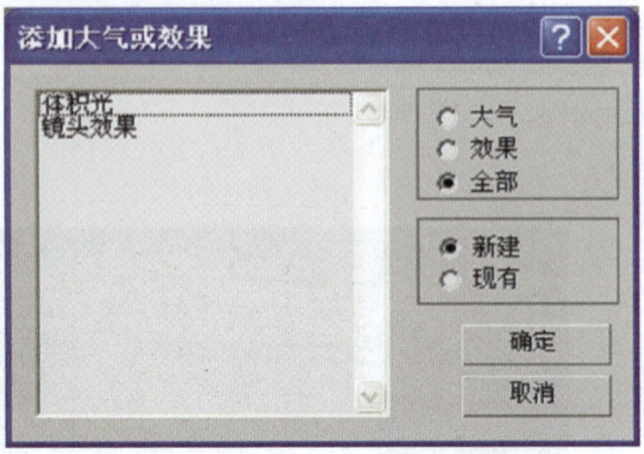

图 6－30　大气效果对话框

图 6－31　加入体积光的效果

(4)创作光域网

①执行【文件】/【打开】命令，打开文件“泛光灯. max”。

②单击【创建】下的【灯光】选项，选择光度学，单击目标点光源按钮。在左视图创建目标点光源，调整灯光位置如图 6－32 所示。

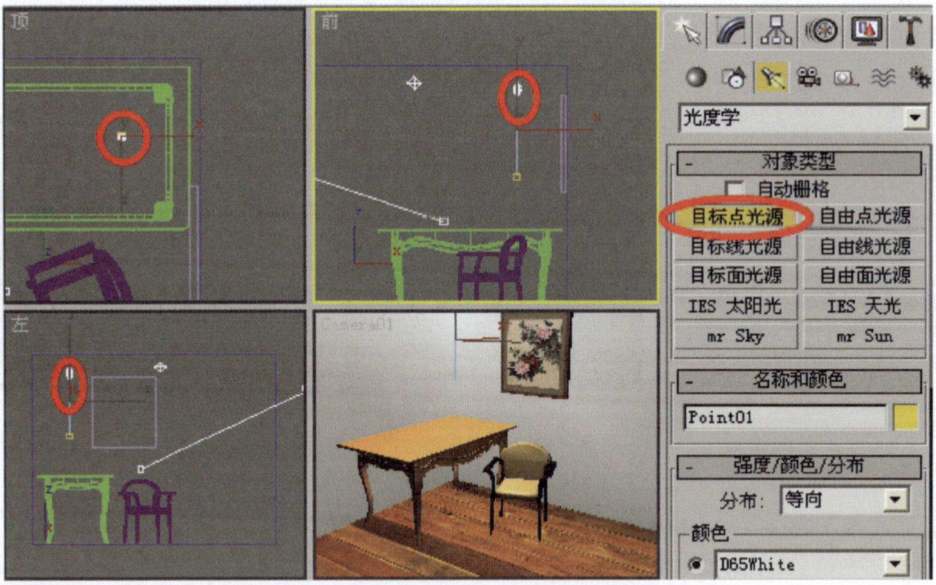

图 6－32　创建目标点光源

③设置“强度/颜色/分布”卷展栏中分布为“web”，强度为 1000，单击“web 文件”右侧按钮，选择素材文件中提供的光域网文件“壁灯. ies”，如图 6－33 所示。

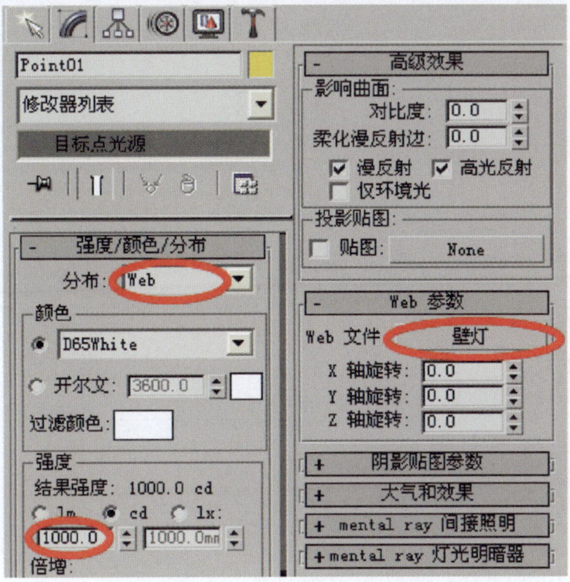

图6－33　修改目标点光源参数

④按【F9】键渲染场景，光域网效果如图6－34所示。

图6－34　光域网效果

⑤单击菜单栏中的【文件】/【另存为】命令，将文件另存为“光域网. max”。

习 题

一、填空题

1. 3ds max 中提供了__________、__________、__________三种类型的光源。
2. 3ds max 中提供的光源的阴影默认是__________的，当需要阴影时要______________。
3. 3ds max 系统提供了______________和______________摄影机。
4. 在我们创建新的灯光时，系统的缺省灯光______________。
5. __________摄影机常用于动画创作中。

二、简答题

1. 简述布光的基本原则。
2. 简述标准光源的区别及用途。
3. 说明灯光远距衰减与近距衰减的作用与区别。
4. 试比较灯光的几种阴影类型优缺点。
5. 什么叫光域网？如何创建？

三、操作题

1. 创作一个茶壶放在一个平面上，然后尝试从3个不同的方向给茶壶打上3个不同颜色的目标聚光灯以察看效果（要带上阴影）。如图6-35所示。

2. 创作一个简单的有窗户房间，模拟阳光入射室内的效果，效果如图6-36所示。

图6-35 灯光效果

图6-36 阳光入射效果

模块7 室内效果图设计

模块导读

室内装饰效果图设计是3ds max的一个重要应用领域。本模块以一幅客厅效果图为载体，综合运用前面所学知识与技能，详细讲解从创建客厅模型、室内布置、家具合并、到最后输出3D效果图的整个设计流程。通过学习，同学们能够掌握室内效果图的设计原理、方法和主要技巧。另外，结合实例对Vray渲染器进行了实用性讲解与训练。

在实例创作过程中，同学们应按教材中介绍的步骤，认真地练习、反复操作，全面掌握室内效果图设计的要点，达到熟能生巧、举一反三的学习目的。

学习内容分解

首先，训练需要掌握3ds max系统单位设置、合并文件、渲染等基本操作。其次，结合客厅效果图设计过程，全面掌握客厅模型建立、摄影机设置与调整、材质设置、灯光布置及家具合、渲染输出理想的3D客厅效果图的创作过程。

任务7.1 主要命令简介

在开始室内效果图创作之前，首先学习一些相关的必备知识与相关命令。如单位设置、合并文件、渲染、快速切片等。

7.1.1 单位设置

设置单位是创作建筑模型时首要考虑的问题，选择一种恰当的单位十分重要，这是以后精确建模的依据。三维物体的建模尺寸应以现实生活中物体的实际大小为依据。单击菜单栏中的【自定义】下的【单位设置】按钮，如图7－1所示。

●【通用单位】:在系统缺省状态下，此项被选中。在这种通用单位状态下，系统创建物体的尺寸只显示数字参数，不显示数字的单位。

●【公制】:在此选项下，可以设置各种公制单位，包括公里、米、厘米、毫米。通常在电脑建筑效果图的设计创作中，一般都将单位设为毫米，简写为mm(如图7－2所示)，此时3ds max物体尺寸栏中数字后面会出现“mm”。

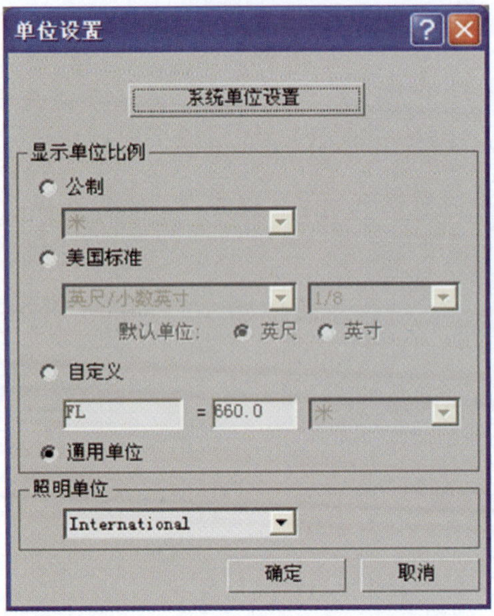

图7－1 单位设置对话框原始界面

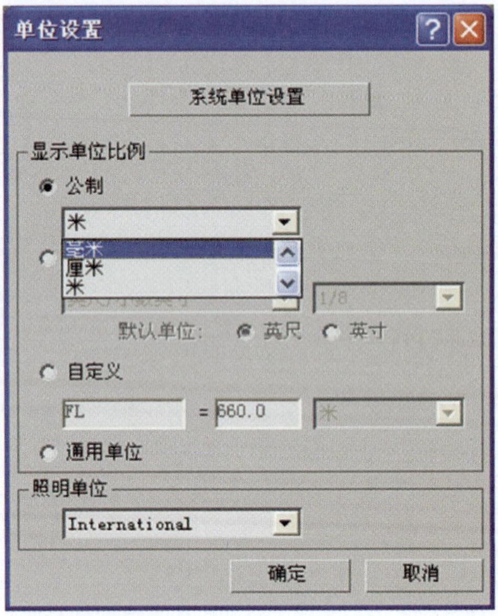

图7－2 选择mm单位

●【美国标准】:在此选项下，预定的单位都是英制，与我国实行的公制单位不相适应，因此，此项选择应用很少。

●【自定义】:在此选项下，将允许用户自己定义类似比例尺的单位或一些场景中没有的单位设置。选择此项，在“FL”后的数字栏中输入代表的数据量，比如，在其中输入“1000”，并将其后的单位选为“毫米”(如图7－3)所示，表明1FL单位代表1000毫米。此时，物体尺寸栏中数字后面会出现“FL”。

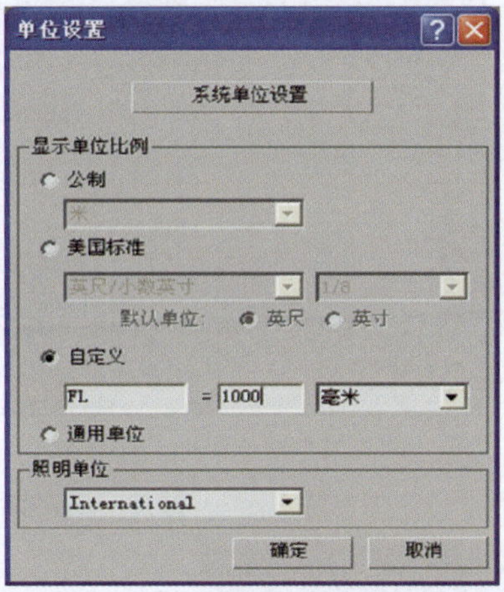

图 7－3　单位设置对话框

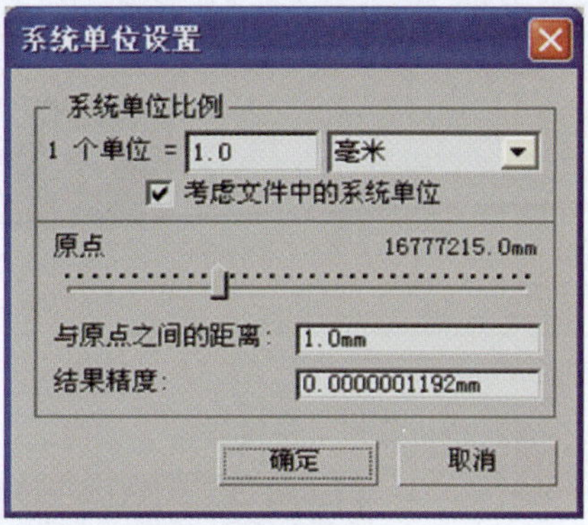

图 7－4　系统单位设置对话框

单击【系统单位设置】按钮，将弹出系统单位设置对话框，将单位设置为毫米(mm)，如图 7－4 所示。

7.1.2 合并文件

合并文件是指把一个 3D 文件合并到另一个 3D 文件(源文件)中，相当于两个文件的组合或叠加。在效果图设计中经常遇到需要引用原来自己做好的模型，如家具，或借用他人有价值的作品，这时便会用到合并文件。方法是：

● 打开源文件，单击【文件/合并】，弹出图 7－5 所示对话框，选择需要合并的一个 3D 文件，选择打开，弹出图 7－6 所示对话框。

● 在图 7－6 对话框中选择需要合并的实体后，单击确定按钮，弹出图 7－7 所示对话框。

● 在图 7－7 对话框中选择 自动重命名 ，再选择 合并 ，这时就把需要合并的实体合并到了源文件中。

● 再调整实体的位置、大小等，即可达到理想效果。

要顺利完成合并文件需要注意三点：一是场景中的实体要按实际尺寸创作，二是需要合并的 3D 文件中的实体最好成组，三是场景中的实体、材质等要规范命名。

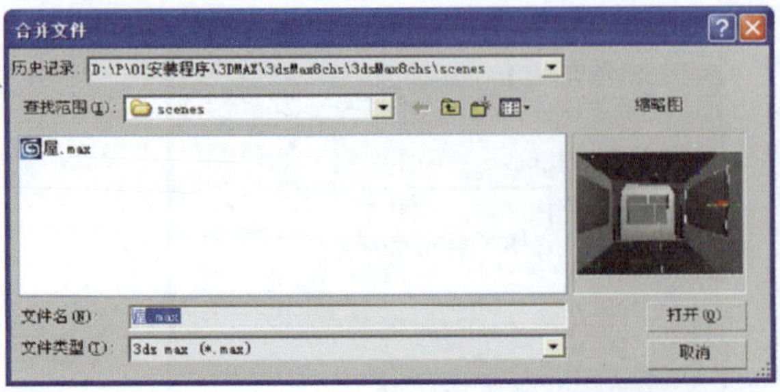

图 7－5　合并文件对话框

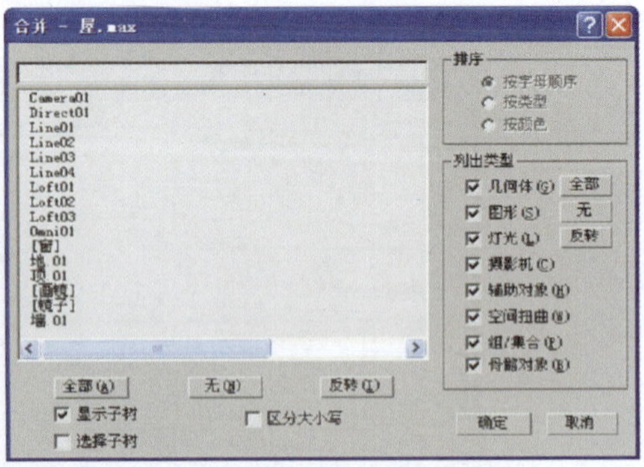

图 7－6　合并－屋对话框

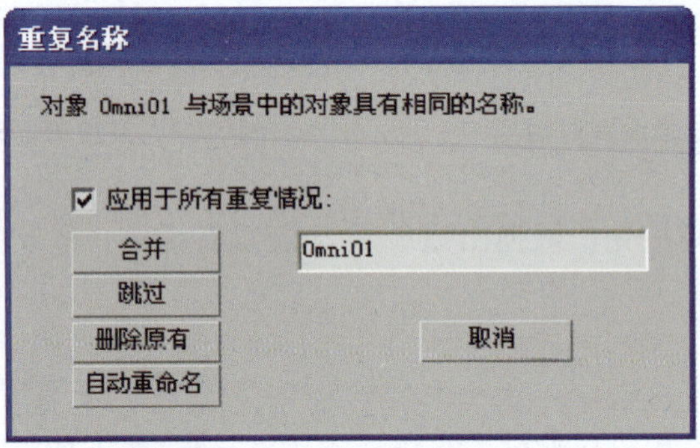

图 7－7　重复名称对话框

7.1.3 渲染

在 3ds max 中创作的模型或场景，最后的成果是渲染产品，然后再用其它软件进行后期处理。渲染是非常重要的一项工作，为提高效果图创作水平，渲染器以插件的方式在不断更新与升级。从 3ds max 中默认渲染器到 Lightscape 再到 Vray 等。其中以 3ds max 中默认渲染器速度最快，但效果一般。而后来开发出的渲染器插件，渲染效果较为理想，可渲染速度让一般人难以接受。所以，学习过程中还是以 3ds max 中默认渲染器为主，在实例创作中也简要介绍了 Vray 的应用。

● 打开渲染对话框的方法。单击主工具栏中的按钮；选择【渲染】/【渲染(R)…】；按 F10。打开的渲染场景对话框如图 7－8 所示。

● 在建筑、装饰效果图设计中经常用到【公用】/【公用参数】/【输出大小】，默认 640 × 480 像素。要打印 A3 效果图，输出大小可调整为：3500 × 2475 像素。调整方法是：在【图像纵横比】右侧按钮非激活状态下，输入宽度 3500、高度 2475 即可。

● 渲染产品。单击主工具栏中的按钮；单击渲染场景对话框中的按钮；按 F9。

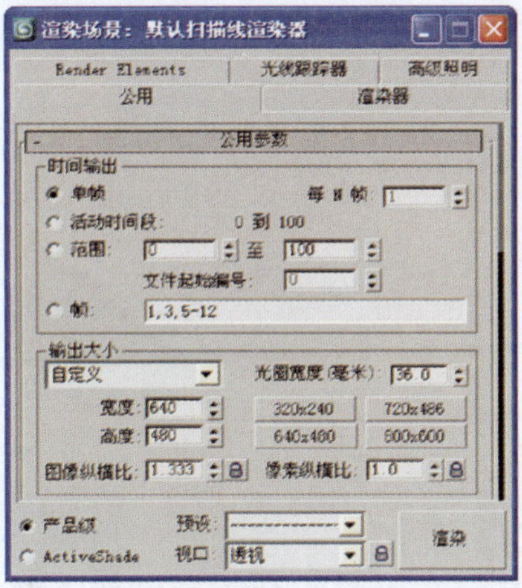

图 7－8　渲染场景

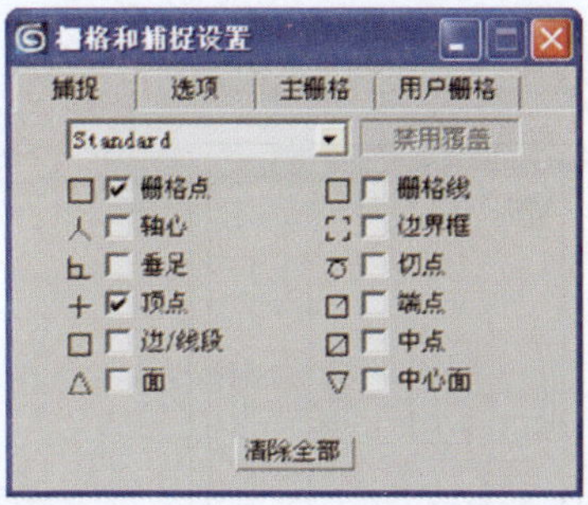

图 7－9　栅格和捕捉设置对话框

7.1.4 快速切片

为完成实体的弯曲、分面赋予材质等操作时，经常需要在多边形选定范围内增加规则或不规则的分段。操作方法是：

● 输入命令：可编辑多边形/多边形/编辑几何体/快速切片。

● 右击 ，打开图 7－9 所示栅格和捕捉设置对话框，勾选栅格点或顶点，然后关闭。

● 在正视图中每单击两下鼠标即可增加一条边，完成对多边形的切割。

任务 7.2　客厅效果图设计

7.2.1 设计目的

本任务主要学习客厅效果图的创作方法。通过学习与训练，全面复习与巩固前面所学知识与技能，并在效果图设计中有所创新，提高 3ds max 中命令使用技巧，加深材质、摄影机、灯光的理解，为创作更好的作品打好基础。

7.2.2 设计构思

首先，按照客厅实际尺寸建立模型；家具模型等使用合并命令调入；然后应用摄影机建立室内空间角度，用最佳的视觉角度来观察场景；灯光是室内设计中必备的，效果图的整体效果在一定程度上取决于灯光布置的水平。客厅效果图的平面布置与效果如图 7－10 所示。由于室内效果图要尽量表现室内装潢效果，因此，根据本设想来构建室内客厅的内部装饰和家具布置，实例创作可分为以下 6 个步骤。

(1) 依据平面图确定模型尺寸，建立房屋模型。

(2) 建立摄影机。

(3)合并家具模型。

(4)建立场景灯光。

(5)渲染输出。

(6)V－ray 渲染应用。

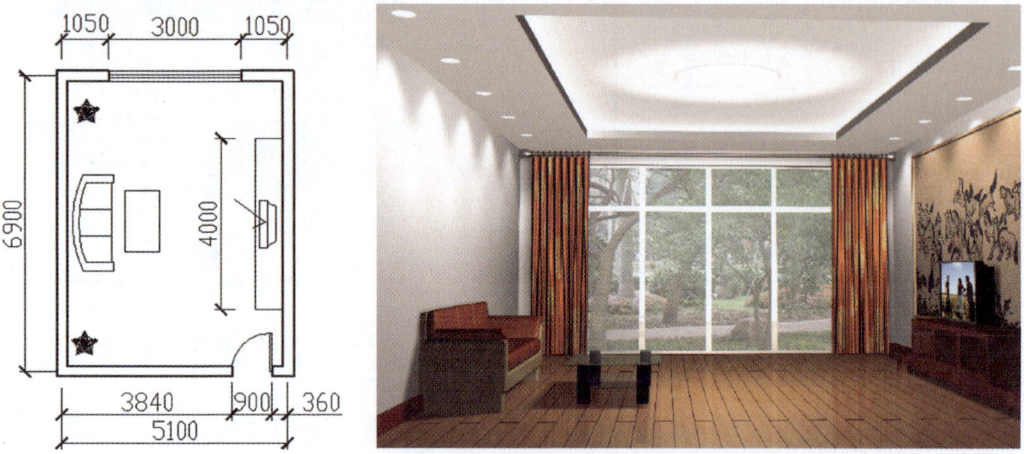

图 7－10　客厅平面布置与 3D 效果图

7.2.3 设计过程详解

(1)单位设置

单击菜单栏【文件】/【重置】命令，重新设置系统。

单击菜单栏【自定义】/【单位设置】命令，弹出【单位设置】对话框中的 系统单位设置 按钮，如图 7－11 所示。在弹出的【系统单位设置】对话框中，将系统单位设置为毫米，两次单击确定按钮关闭单位设置对话框。

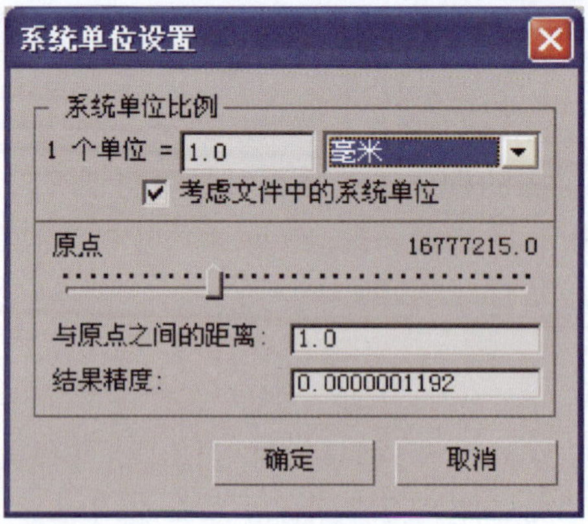

图 7－11　设置系统单位

(2)创建客厅模型

①墙体

● 在透视图中创建一长方体，命名为墙体，单击按钮，透视图状态如图 7－12 所示。

图 7－12　长方体参数与形态

● 选中墙体，右击选择转换为可编辑多边形，如图 7－13。

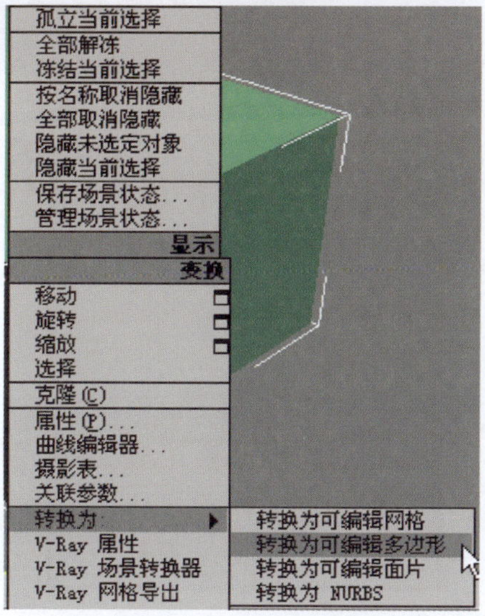

图 7－13　多边形转换

● 进入多边形级别，删除前面一个面。Ctrl + A，右击，在快捷菜单中选择翻转法线如图 7－14。在透视图中按住 Ctrl + 鼠标中轴转动墙体，呈图 7－15 所示状态。存盘命名为客厅效果图。

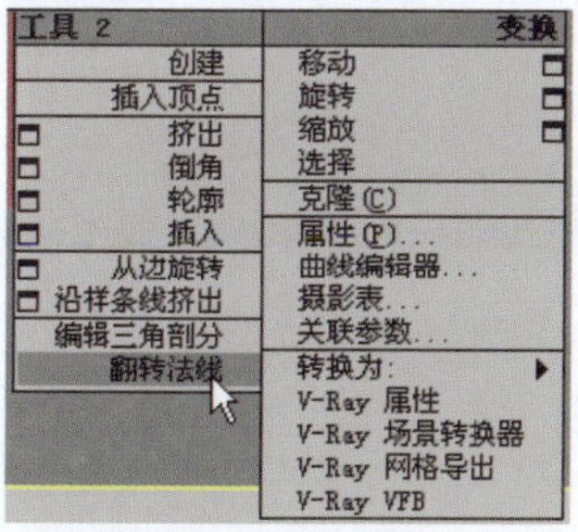

图 7－14　翻转法线

图 7－15　墙体透视图状态

● 初布灯光。单击按钮，选择/标准/泛光灯，如图 7－16 所示。在顶视图创建一盏泛光灯，状态如图 7－17 所示。在顶视图用实例方式(图 7－18)复制两盏泛光灯，在前视图调整泛光灯位置如图 7－19 所示。最后，调整泛光灯倍增为 0.3～0.6，墙体透视图效果如图 7－20 所示，光照明暗适度、基本均匀。

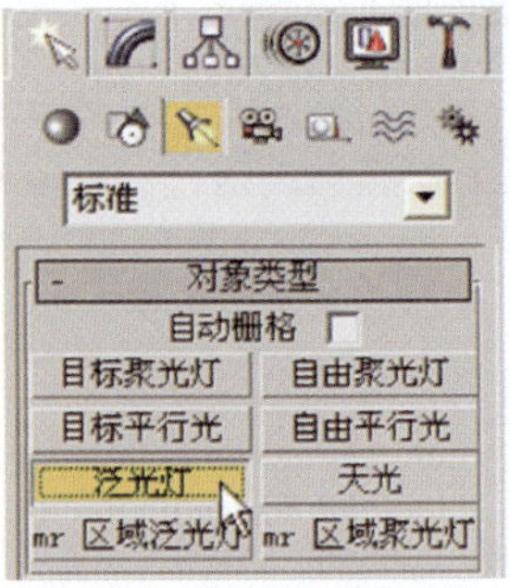

图 7－16　选择泛光灯

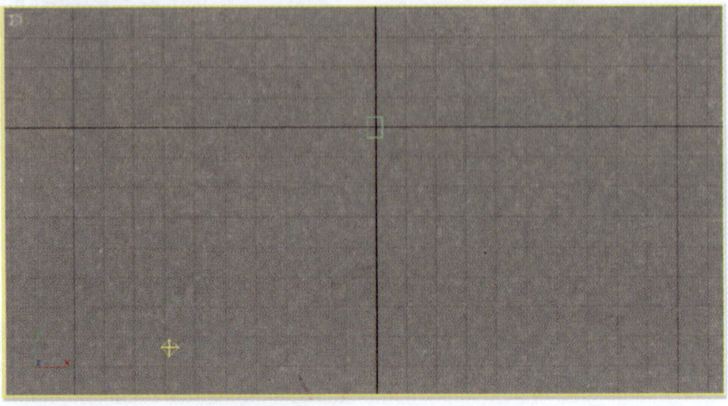

图 7－17　创建泛光灯状态

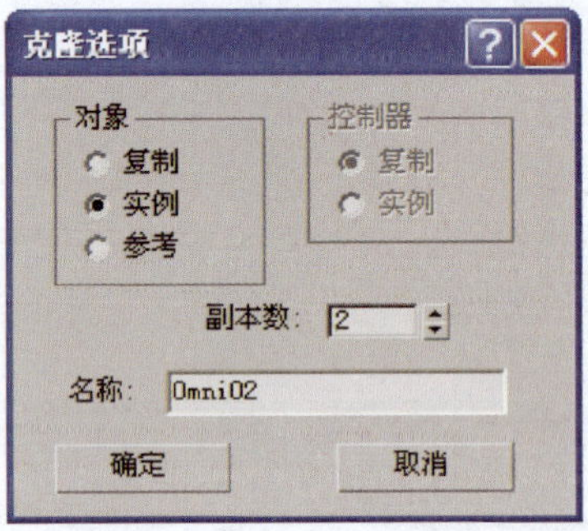

图 7－18　复制泛光灯

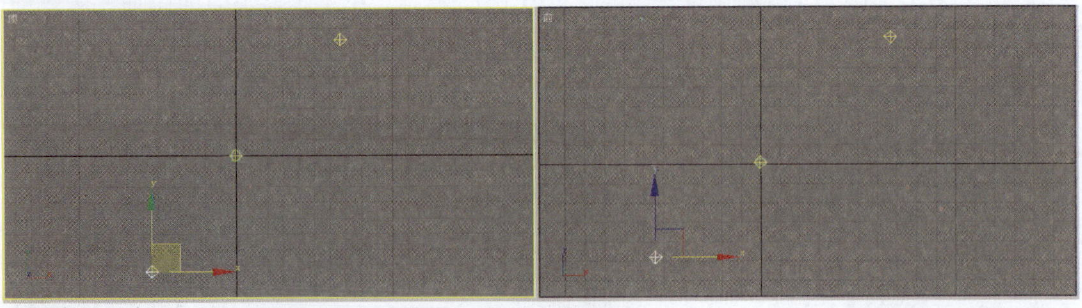

图 7－19　调整泛光灯状态

图7-20 初布灯光墙体效果

● 分离。选中墙体，进入多边形级别，单击编辑几何体/分离弹出如图7-21所示对话框，命名为顶棚。同样操作分离出地板。

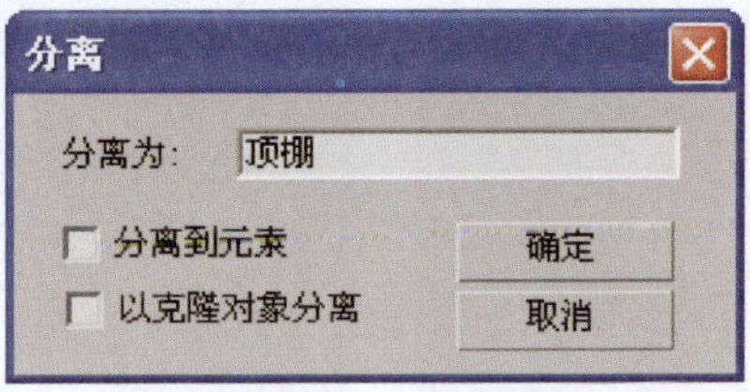

图7-21 分离出顶棚

②窗户

● 左右边线分割。在透视图右击透视弹出图7-22快捷菜单，选择边面。进入可编辑多边形的边级别，在透视图中选中前面上下两边，单击编辑边/连接按钮，结果如图7-23所示。单击编辑边/切角按钮，在弹出的对话框中设置切角量，结果如图7-24所示。以上步骤完成窗户平面位置左右边线分割。

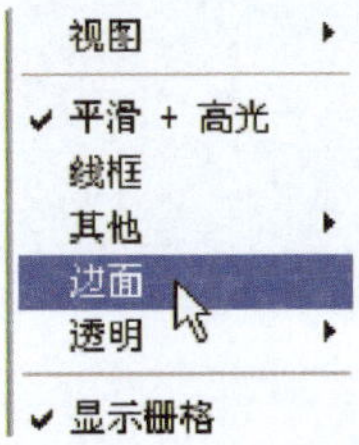

图7-22 边面显示

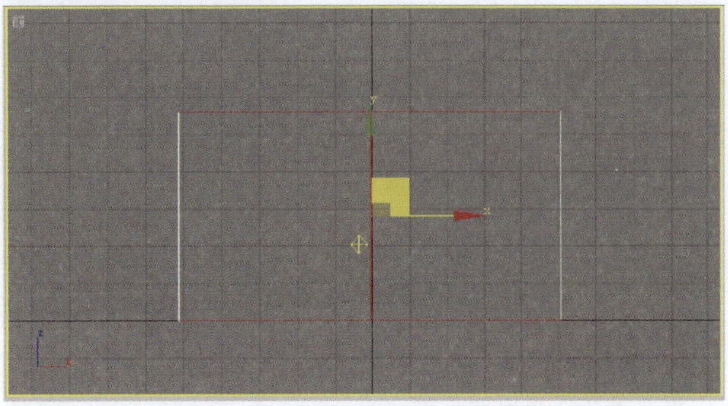

图7-23 边连接状态

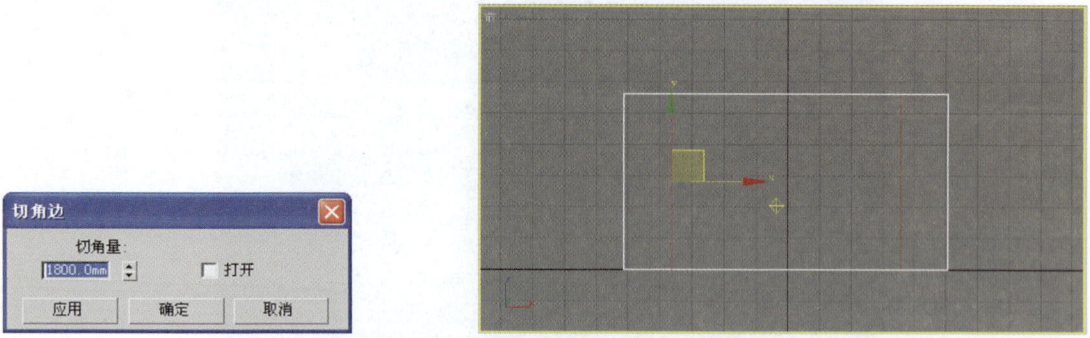

图 7－24　边的切角

● 上线切割。选中墙体前面左右边线所夹面，在前视图中使用编辑几何体/ 快速切片 命令，沿离顶面向下 200mm 栅格处单击两下，操作与结果如图 7－25 所示。

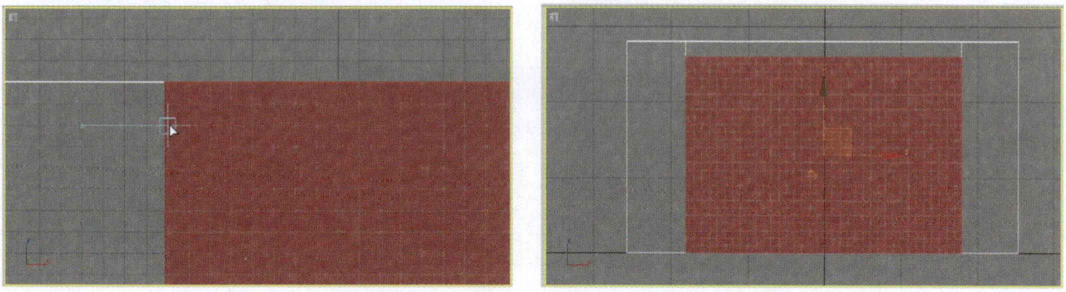

图 7－25　窗户上线切割操作与状态

● 前后位置与分离。单击编辑多边形/ 挤出 ，弹出图 7－26 对话框，设置参数，挤出效果如图 7－27 所示。单击编辑几何体/ 分离 ，在弹出的图 7－28 对话框中命名为窗框，确定，按 Ctrl＋B，退出子对象。至此，从墙体中分离窗户操作完毕，按 F9 渲染效果如图 7－29 所示。

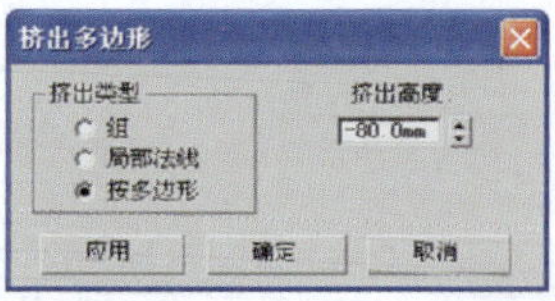

图 7－26　挤出对话框

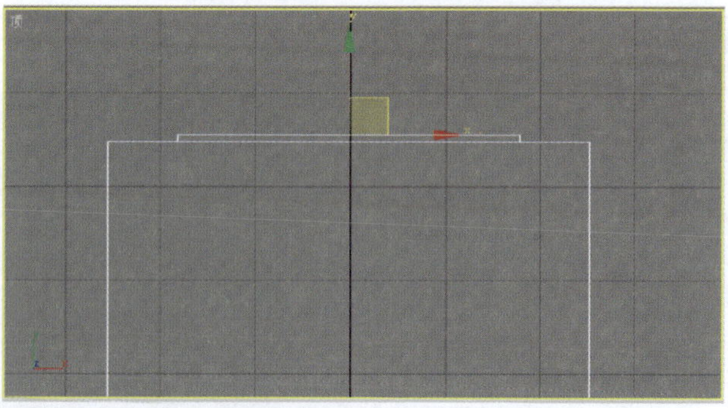

图 7－27　挤出效果

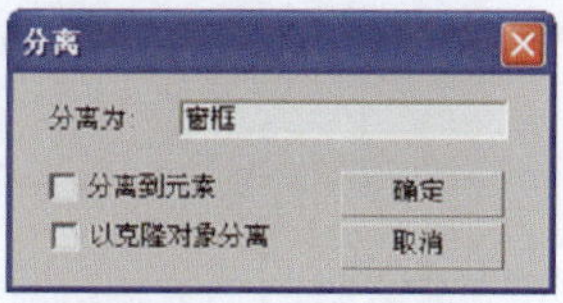

图 7－28 **分离窗框**

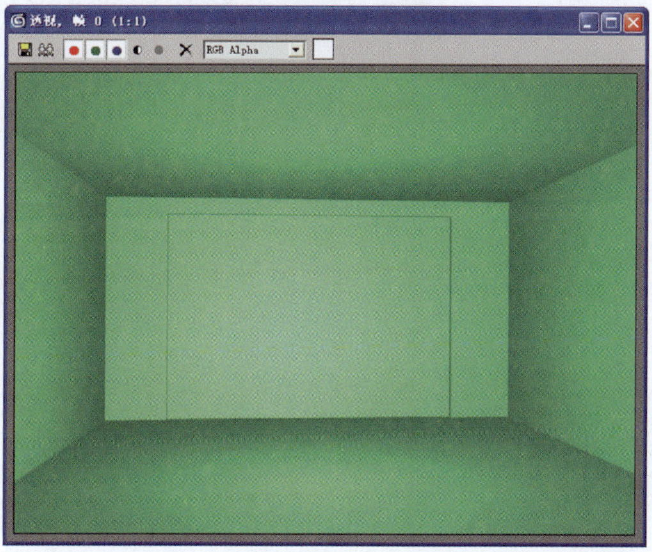

图 7－29 **渲染效果**

● 编辑窗框。选中窗框，进入可编辑多边形的边级别，选择上下两边，单击编辑边/连接按钮，在弹出的对话框中分段为 3，确定。选中竖向五条边，单击编辑边/连接按钮，分段为 1。结果如图 7－30 所示。右击，在弹出的对话框中设置 Y 移动是为 700mm，确定后结果如图 7－31 所示。进入可编辑多边形的多边形级别，单击编辑多边形/插入，在弹出的对话框中设置参数，确定，效果如图 7－32 所示。单击编辑多边形/挤出，在弹出的对话框中设置参数，确定，效果如图 7－33 所示。单击编辑几何体/分离，在弹出的图对话框中命名为玻璃，确定，按 Ctrl＋B，退出子对象。至此，窗户模型操作完毕，按 F9 渲染效果如图 7－34 所示。

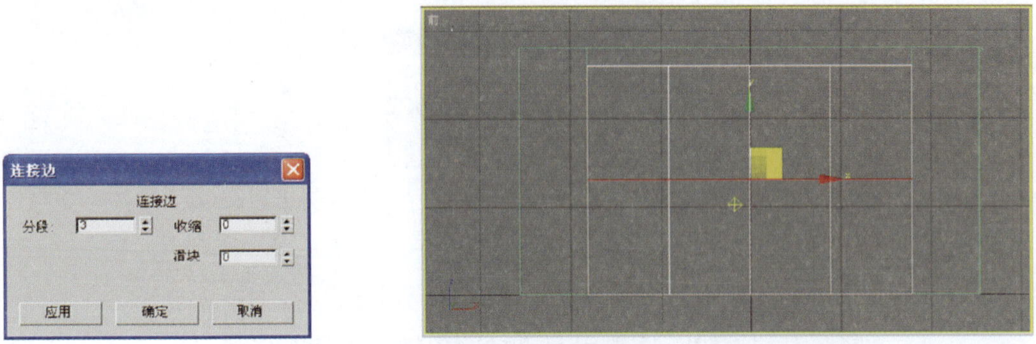

图 7 - 30　边连接

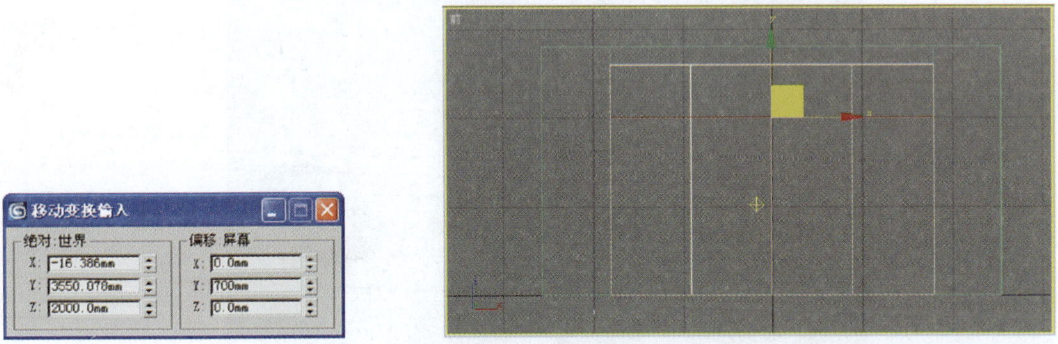

图 7 - 31　边移动

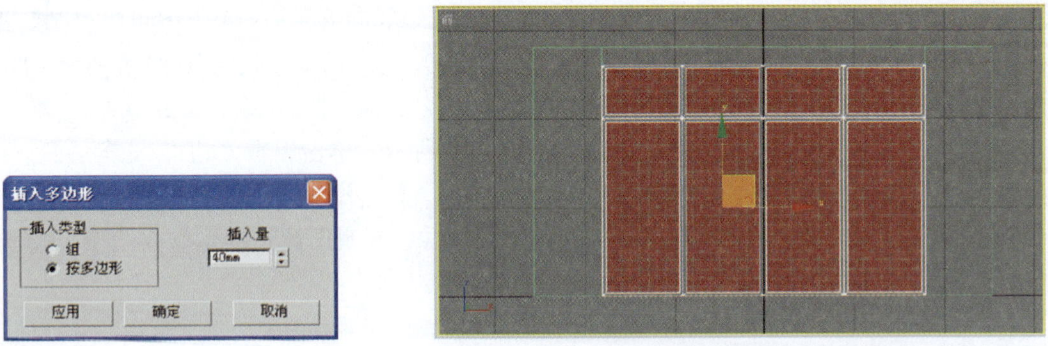

图 7 - 32　插入效果

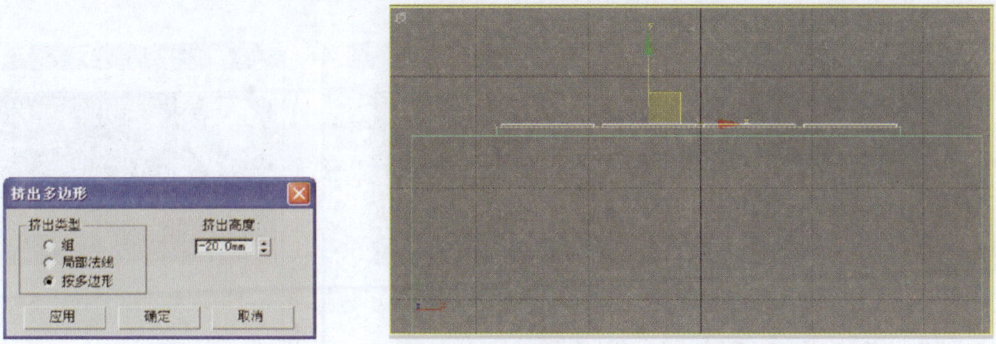

图7－33　挤出效果

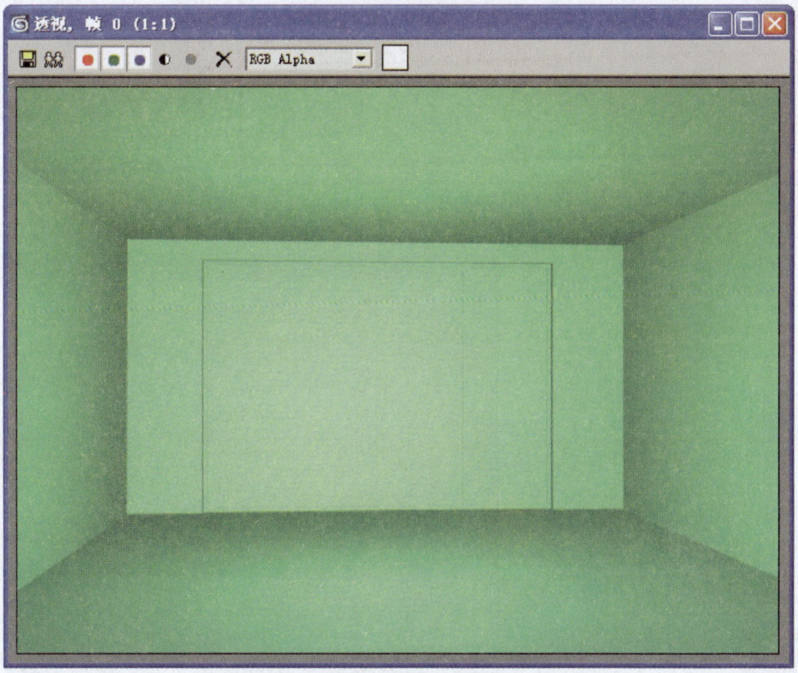

图7－34　窗户模型效果

● 赋材质。单击，在弹出的材质编辑器对话框中，按图7－35依次调整，编辑窗框材质。选中窗框，单击，按F9渲染观察窗框材质状态。单击，在弹出的材质编辑器对话框中，按图7－36依次调整，编辑玻璃材质。选中玻璃，单击，按F9渲染观察玻璃状态。为更好地观察玻璃材质效果，选择【渲染/环境】，打开环境和效果对话框，按图7－37添加渲染背景，并按F9渲染观察整个窗户效果。

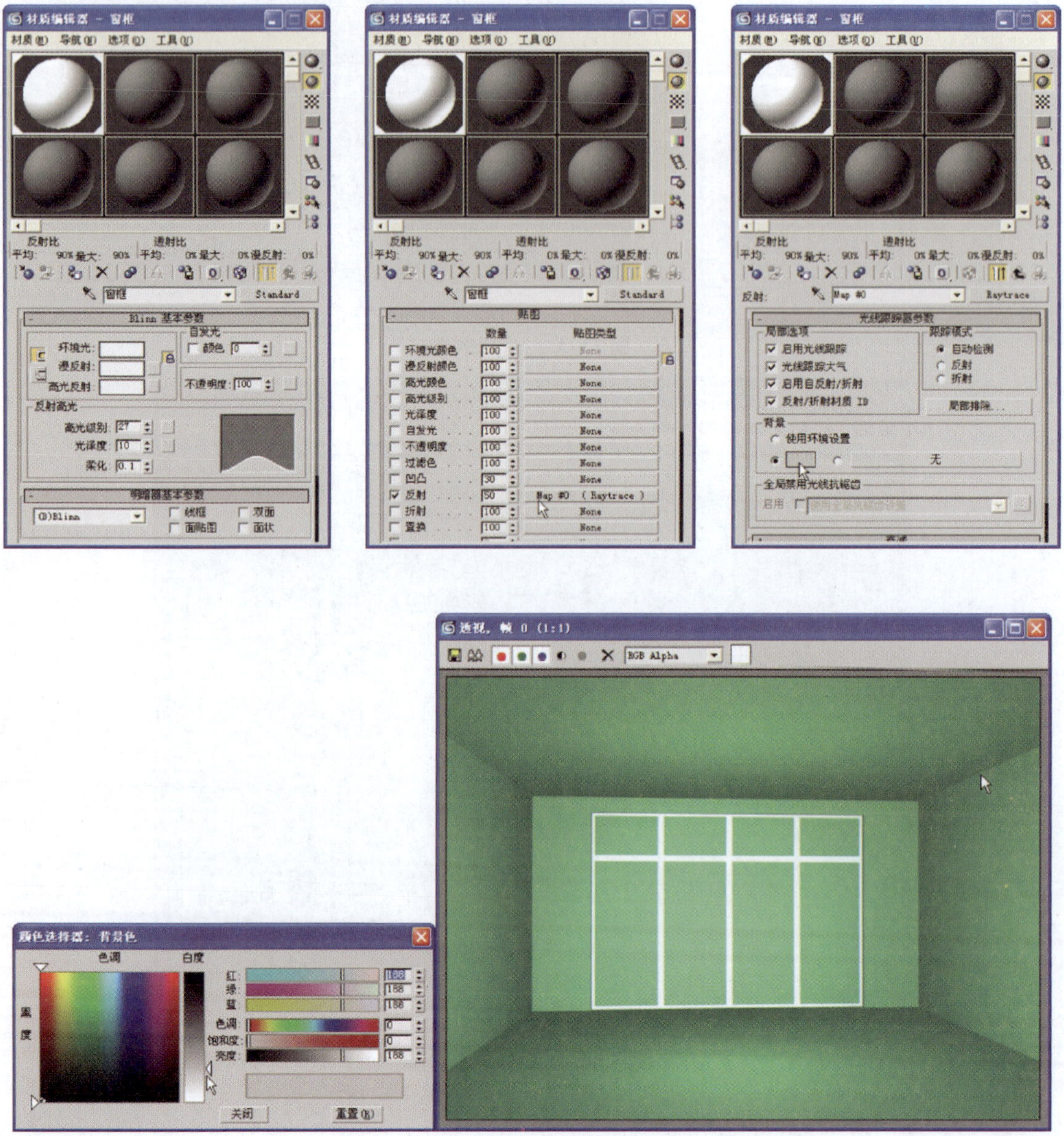

图 7－35　窗框材质调整与效果

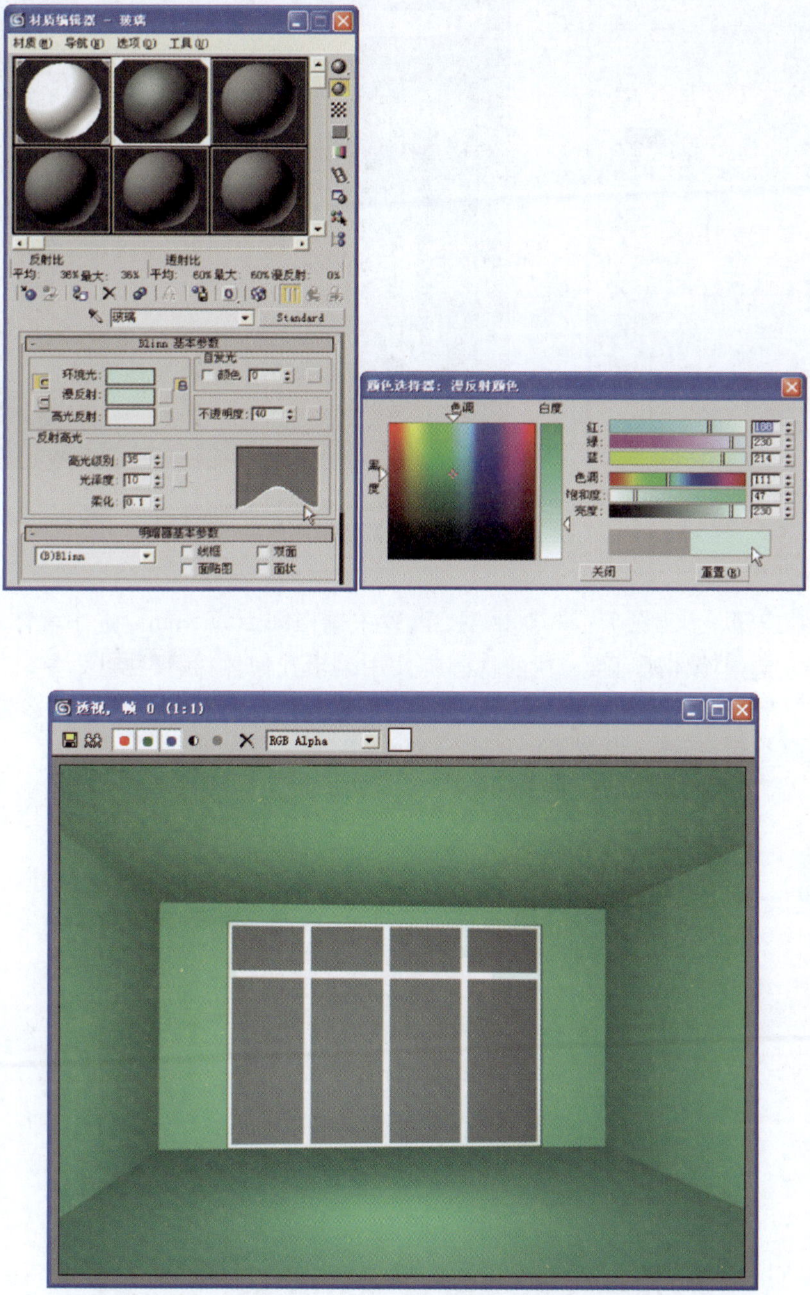

图7－36　玻璃材质调整与效果

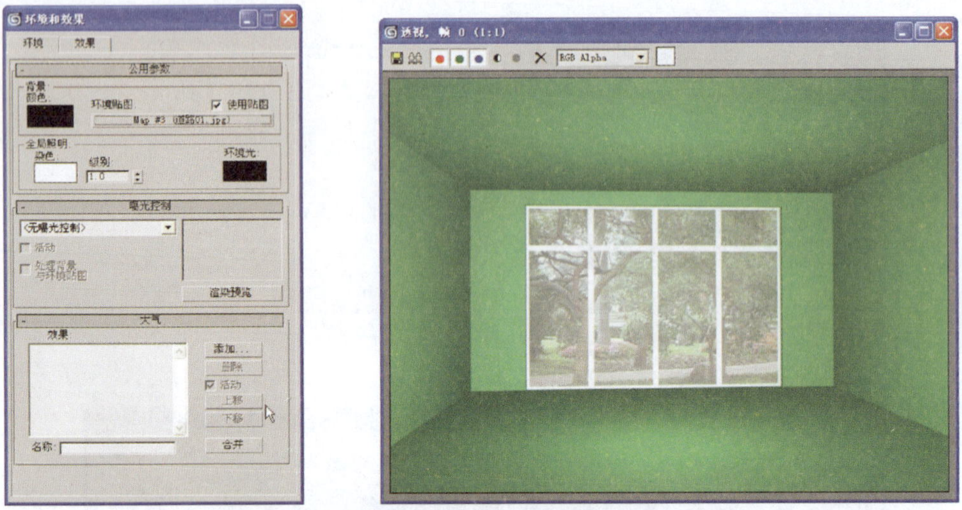

图 7－37　添加背景后窗户效果

③踢脚线

● 右击按钮，弹出图 7－38 对话框，设置主栅格间距为 5mm。选中墙体，进入多边形级别，Ctrl + A，选中墙体所有面，在前视图中使用编辑几何体/快速切片命令，沿离地面向上 15mm 栅格处单击两下，操作与结果如图 7－39 所示。单击如图 7－40 所示多边形属性设置 ID 号为 1，选择编辑/反选，设置 ID 号为 2，Ctrl + B，退出子对象。

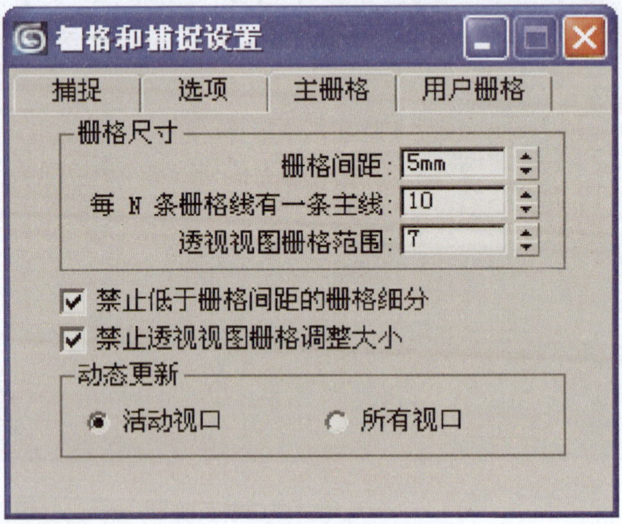

图 7－38　调整主栅格间距

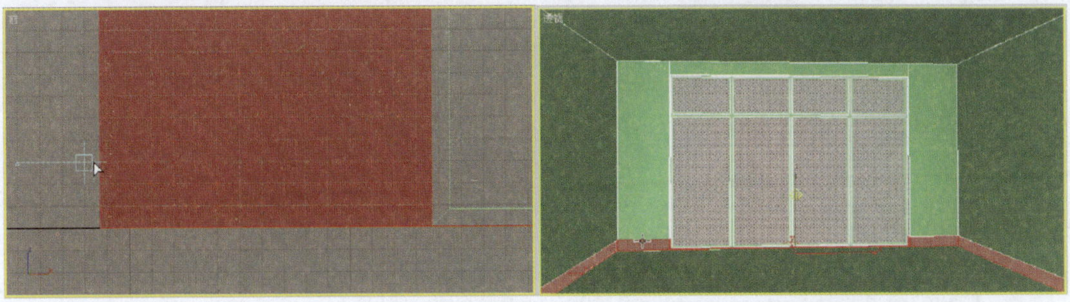

图 7－39 踢脚切割操作与结果

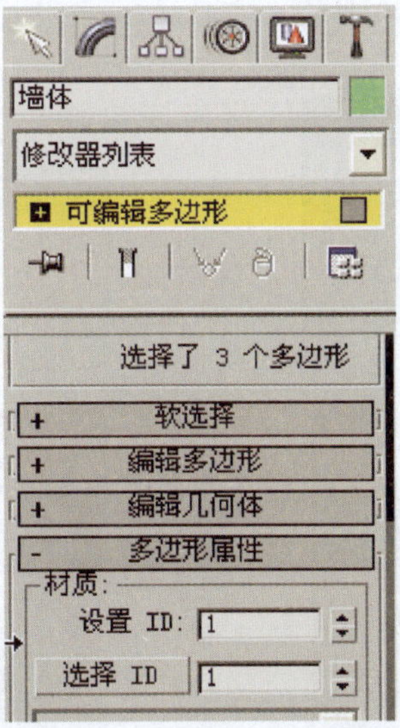

图 7－40 设置多边形 ID 号

● 编辑墙体材质。单击，在弹出的材质编辑器对话框中，按图 7－41 依次调整，编辑墙体材质。选中墙体，单击，按 F9 渲染观察墙体赋材质后的状态。

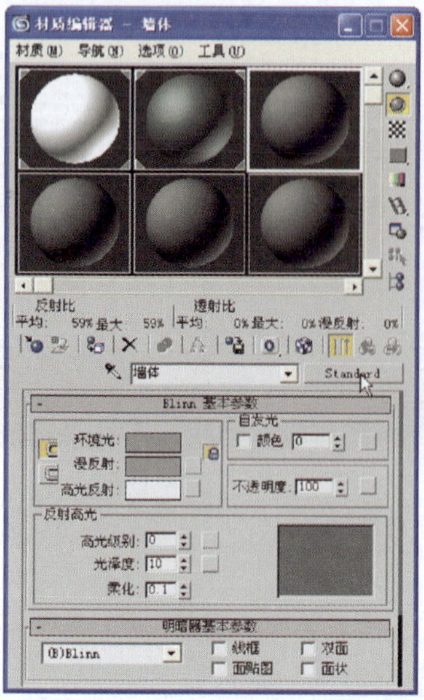
材质编辑器 － 墙体
材质(M) 导航(N) 选项(O) 工具(U)
反射比
透射比
墙体
Standard
Blinn 基本参数
自发光
颜色
环境光:
漫反射:
高光反射:
不透明度: 100
反射高光
高光级别: 0
光泽度: 10
柔化: 0.1
明暗器基本参数
(B)Blinn
线框
双面
面贴图
面状

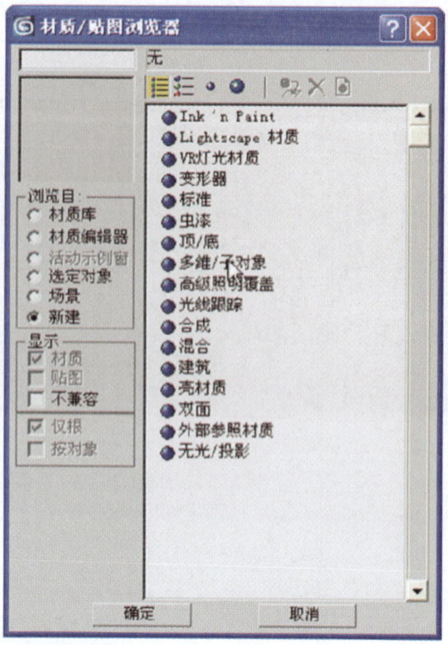
材质/贴图浏览器
无
Ink 'n Paint
Lightscape 材质
VR灯光材质
变形器
标准
虫漆
顶/底
多维/子对象
高级照明覆盖
光线跟踪
合成
混合
建筑
壳材质
双面
外部参照材质
无光/投影
浏览自:
材质库
材质编辑器
活动示例窗
选定对象
场景
新建
显示
材质
贴图
不兼容
仅根
按对象
确定
取消

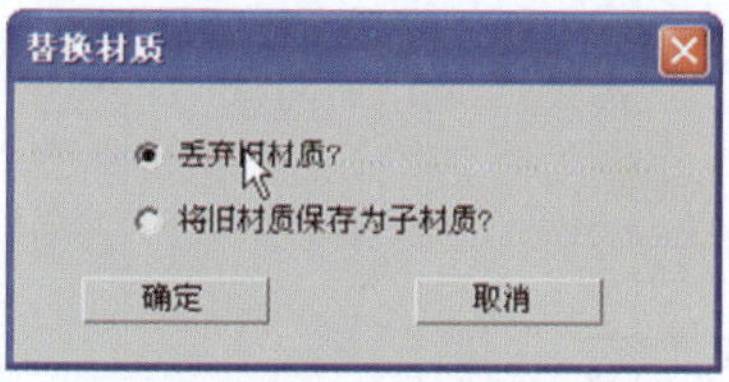
替换材质
丢弃旧材质?
将旧材质保存为子材质?
确定
取消

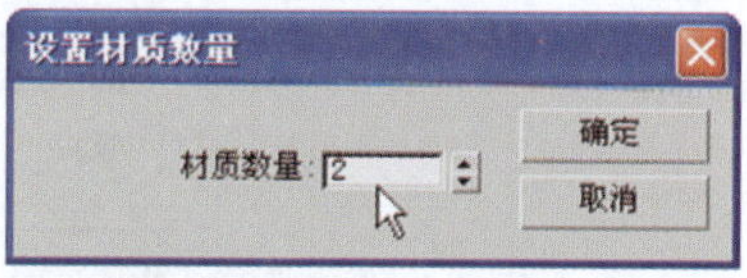
设置材质数量
材质数量: 2
确定
取消

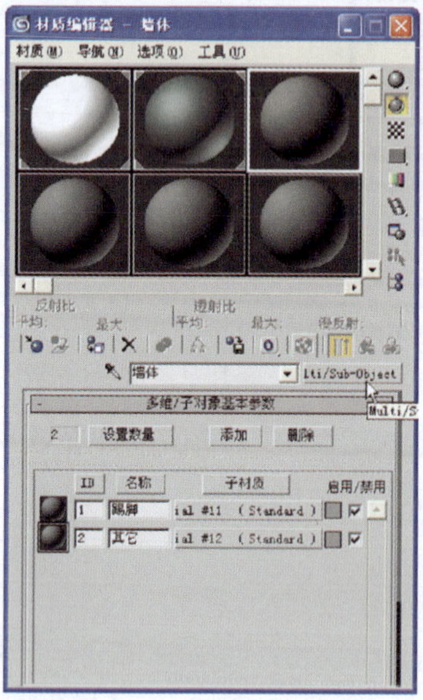
材质编辑器 － 墙体
材质(M) 导航(N) 选项(O) 工具(U)
墙体
多维/子对象基本参数
2
设置数量
添加
删除
ID
名称
子材质
启用/禁用
1
踢脚
2
其它

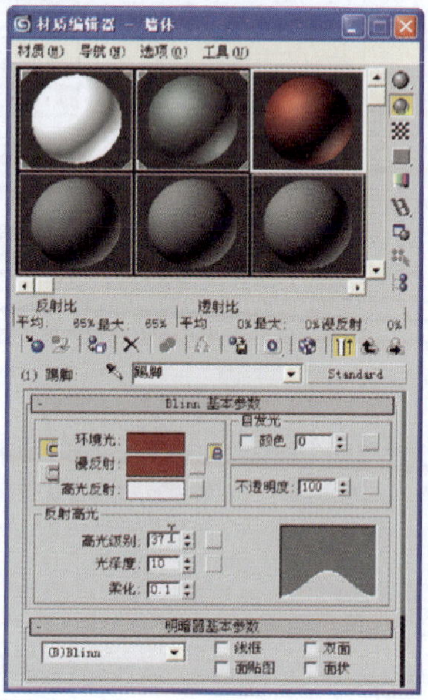
材质编辑器 － 墙体
材质(M) 导航(N) 选项(O) 工具(U)
踢脚
Standard
Blinn 基本参数
自发光
颜色
环境光:
漫反射:
高光反射:
不透明度: 100
反射高光
高光级别:
光泽度: 10
柔化: 0.1
明暗器基本参数
(B)Blinn
线框
双面
面贴图
面状

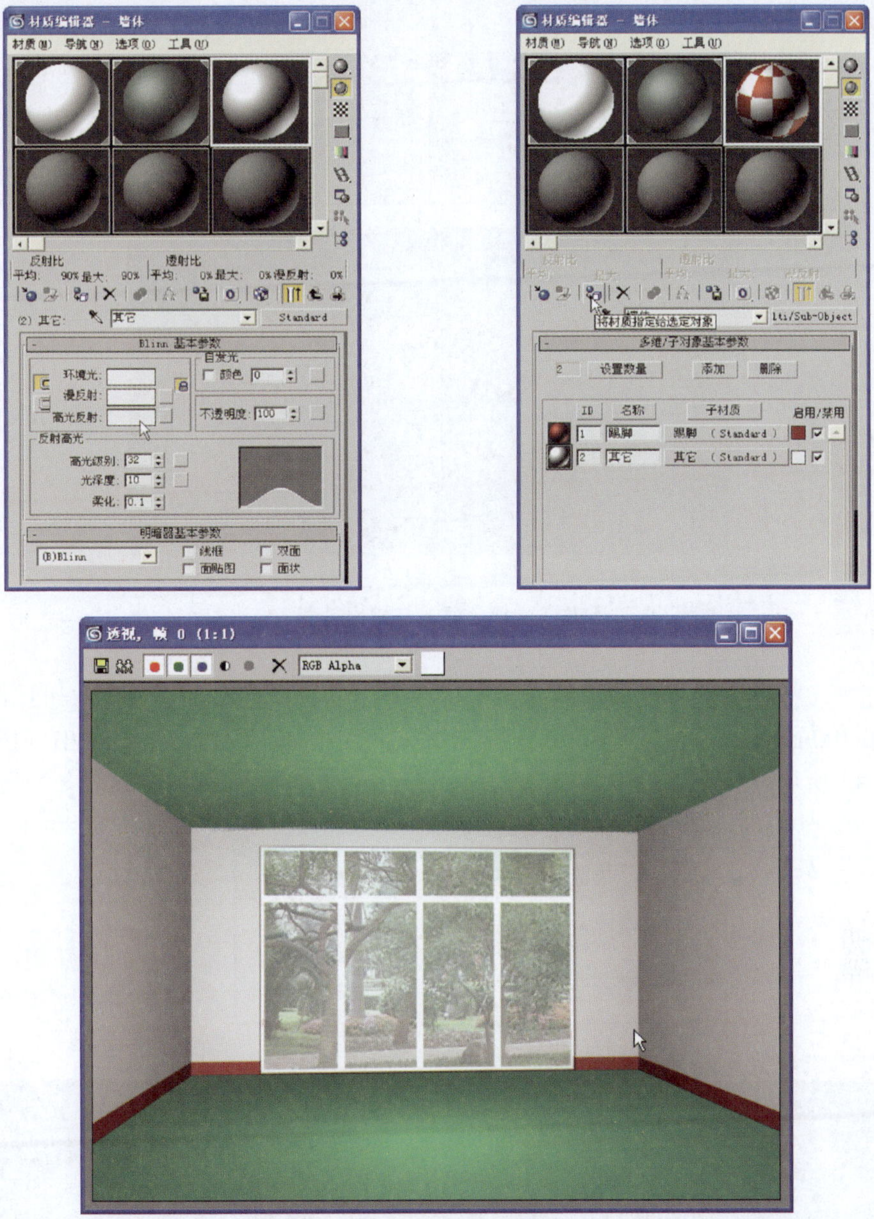

图7-41　墙体材质编辑与渲染状态

④顶棚

● 吊顶。在透视图选中顶棚，进入可编辑多边形的多边形级别。选择编辑多边形/插入，按多边形插入1000mm。选择编辑多边形/挤出，参数及效果如图7-42所示。

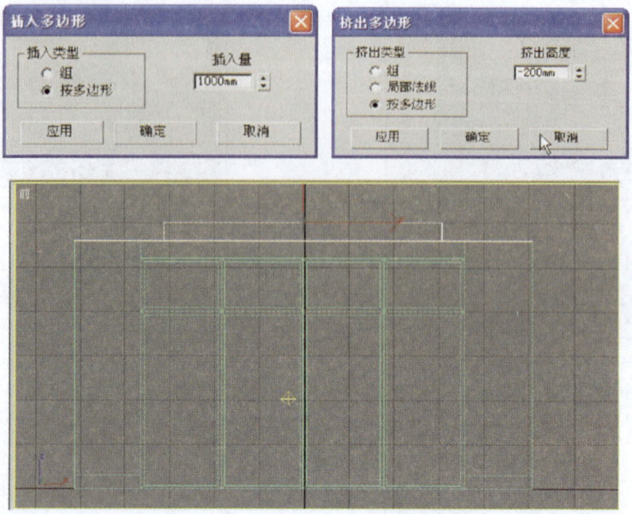

图 7－42　插入与挤出效果

● 灯带。设置主栅格间距为 10mm。框选顶棚四周纵向四个面，用快速切片命令，在前视图距屋顶 100mm 处切割。框选顶棚顶端四周纵向四个面，按局部法线挤出 －1000mm，效果如图 7－43 所示。

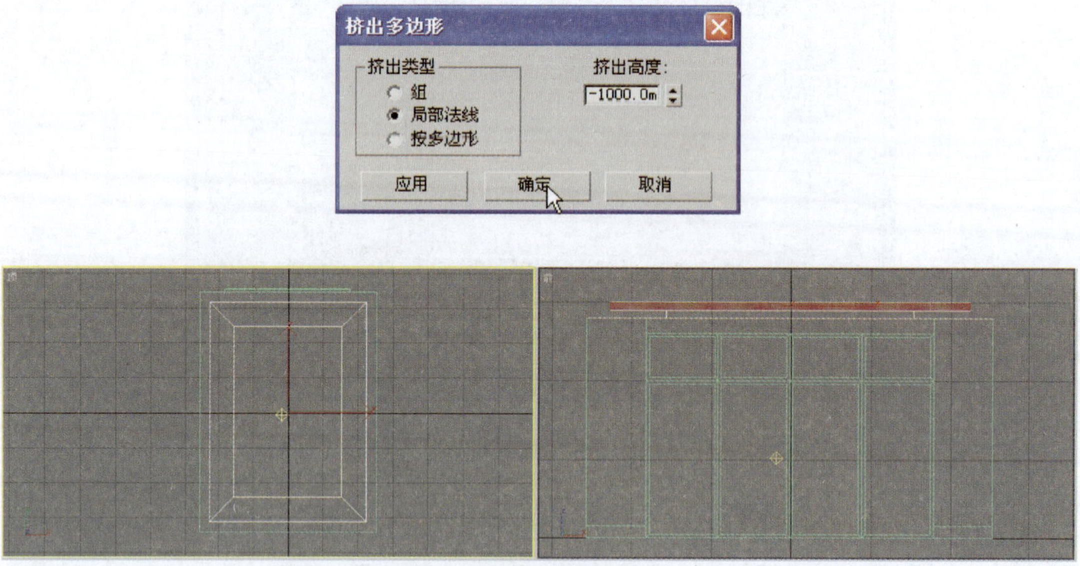

图 7－43　虚光带挤出效果

● 赋予材质。参照图 7－44 进行顶棚材质参数设置，并观看渲染效果。

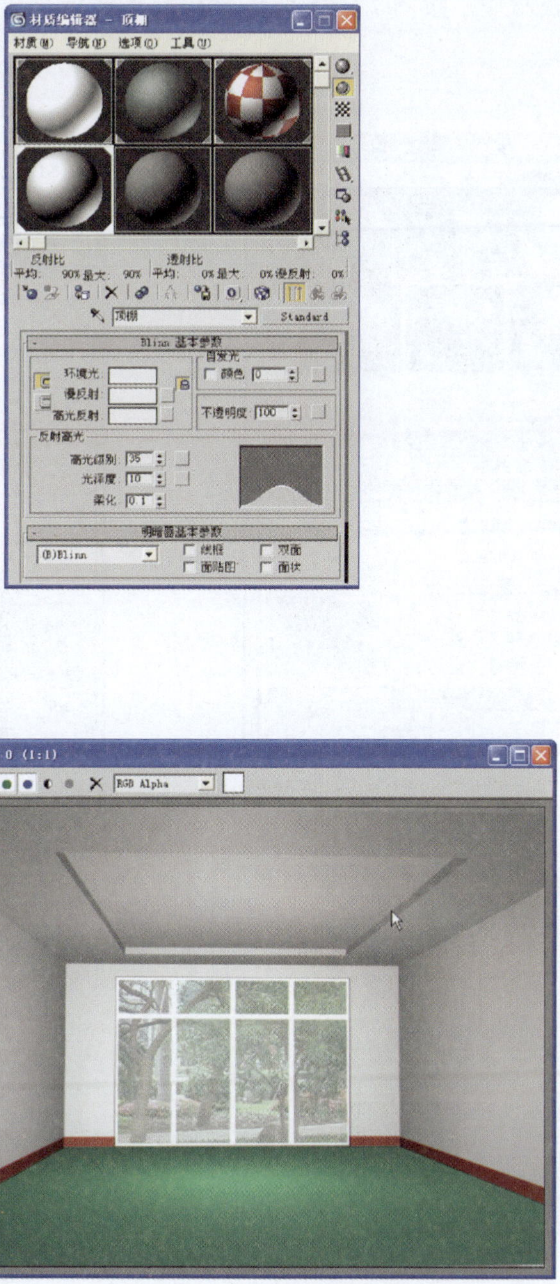

图7－44　顶棚材质编辑与效果

⑤地板

● 初做地板材质。按图 7－45 所示流程制作地板材质，观察渲染结果，发现效果并不理想。

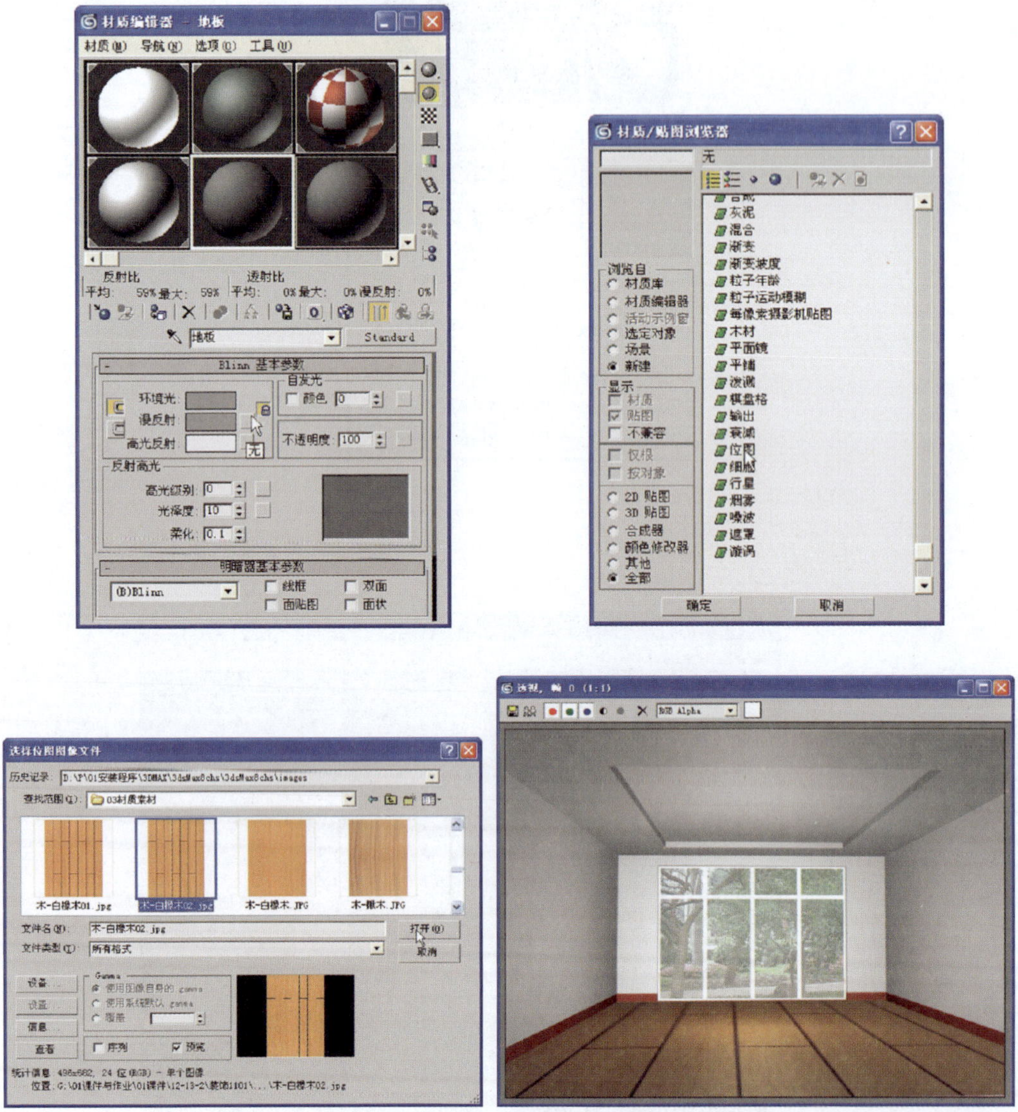

图 7－45　制作地板材质

● 编辑地板材质。按图 7－46 所示调整地板光亮程度。按图 7－47 所示操作流程调整地板分块大小。方法是：选中地板，选择修改/修改器列表/UVW 贴图，在长方体贴图模式下调整宽度，即可得到图 7－47 所示效果。按图 7－48 所示操作流程调整地板接缝情况。最后得到理想的地板效果。

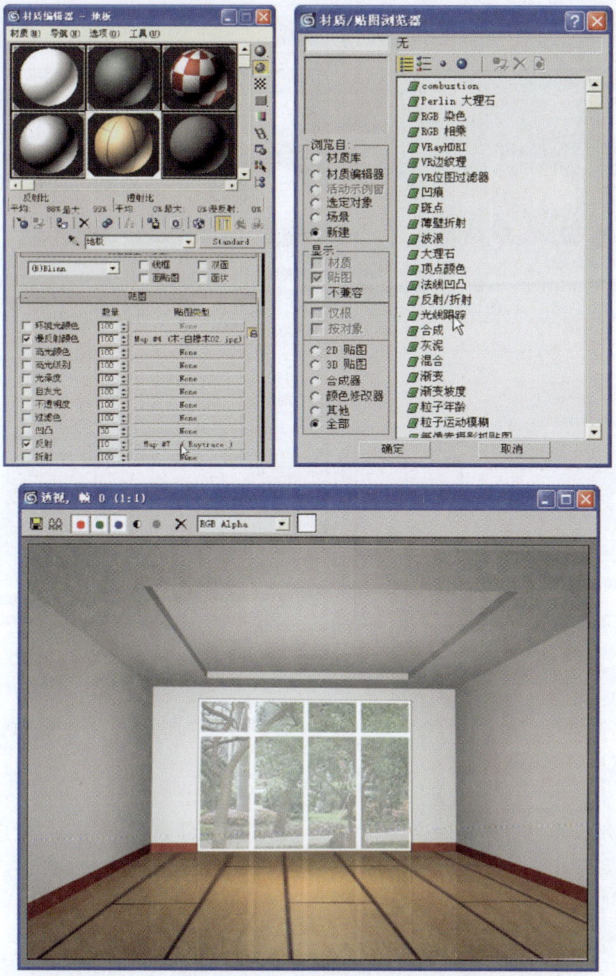

图 7－46　调整地板光亮程度

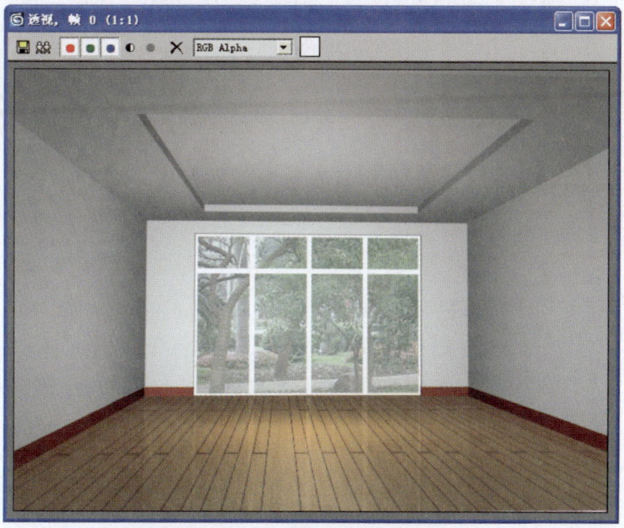

图 7－47　调整地板宽度效果

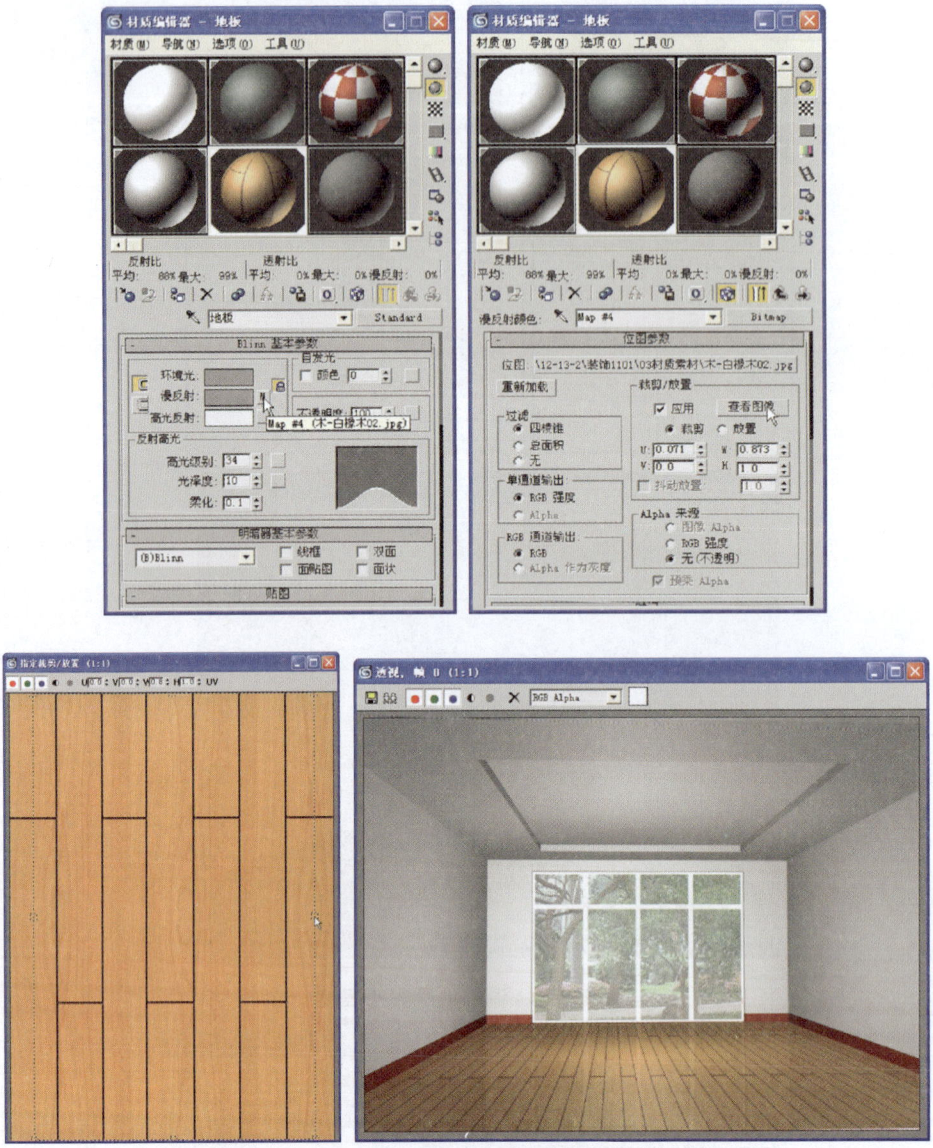

图 7－48　调整地板接缝效果

(3)创建摄影机

创建摄影机有两种方法:一是调整透视图效果，反复渲染试验，直到符合自己的方位和高度，按 Ctrl + C 组合键，即可创建一架摄影机。二是选择创建/ /目标，在顶视图由前向后托动创建一架摄影机，渲染摄影机视图，但效果并不理想。原因是摄影机方位与高度均不合适。因此，需在前视图调整高度，使之与人眼睛观察场景时高度相当，再在顶视图调整摄影机方位,选择一个合适的角度观察场景，最后，渲染得到理想的效果，如图 7－49 所示。

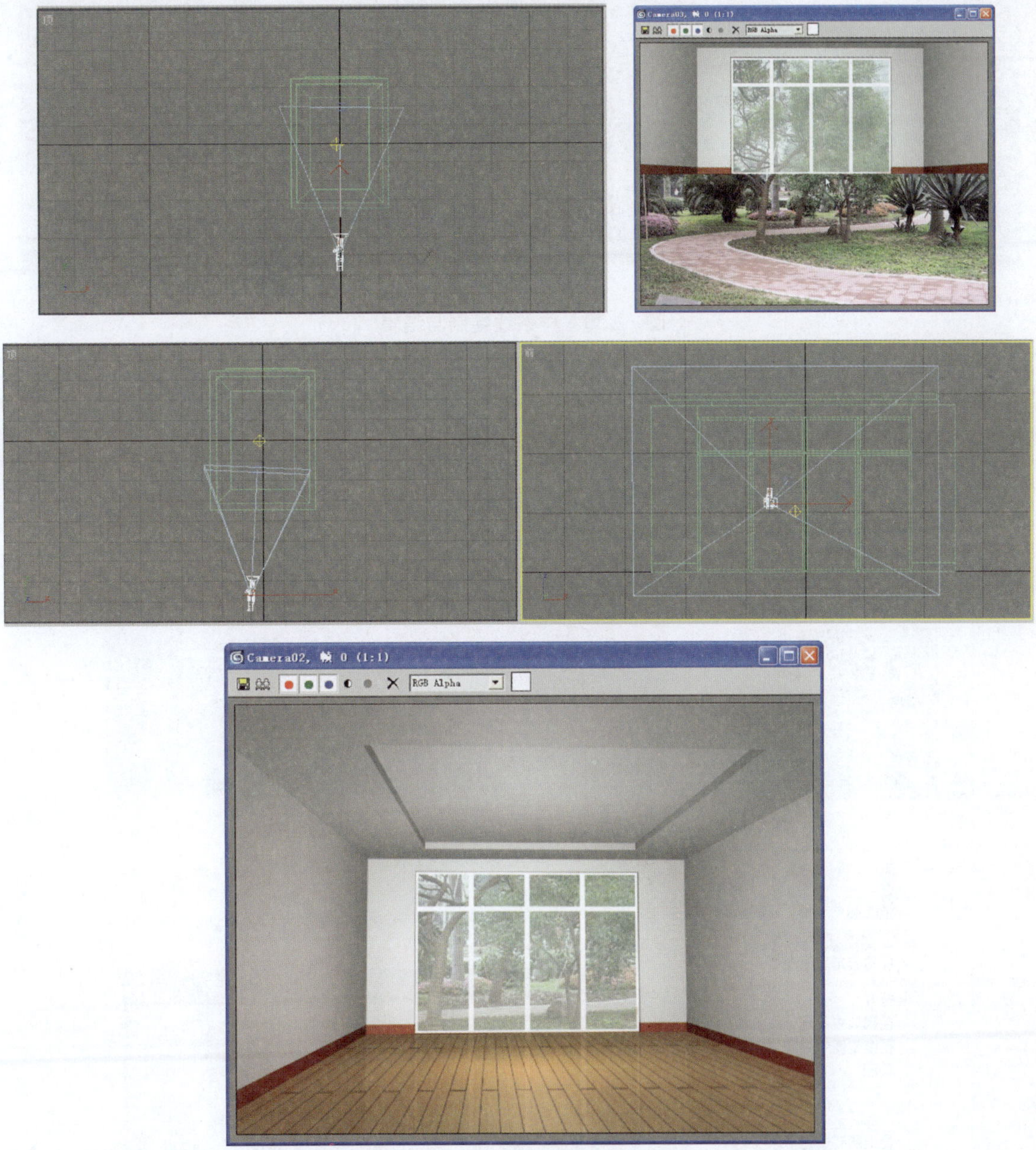

图7-49 摄影机调整流程与效果

(4)创建吸顶灯、筒灯

①吸顶灯

● 绘制曲线。隐藏摄影机、灯光等对象，在前视图作长度100mm、宽度500mm的矩形，在矩形内绘制一样条曲线并编辑，如图7-50所示。

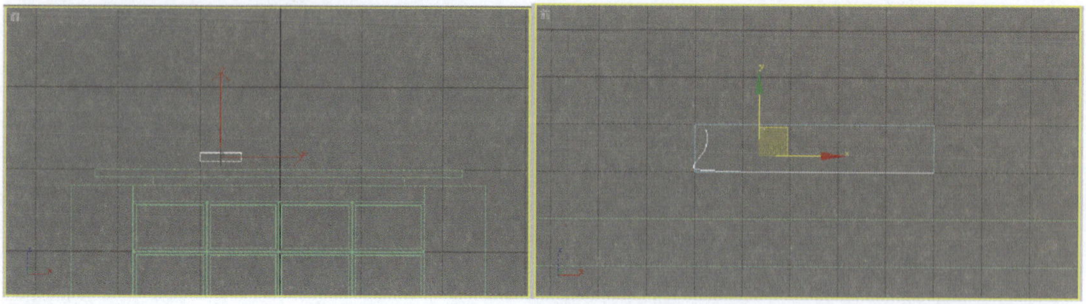

图 7－50　**样条线绘制与编辑**

● 车削。选中样条线，单击 /修改器列表/车削，参数设置与结果如图 7－51 所示。右击修改器堆栈，在弹出的快捷菜单中选择塌陷全部，在警告对话框中选择是，最后，改名为吸顶灯，如图 7－52 所示。

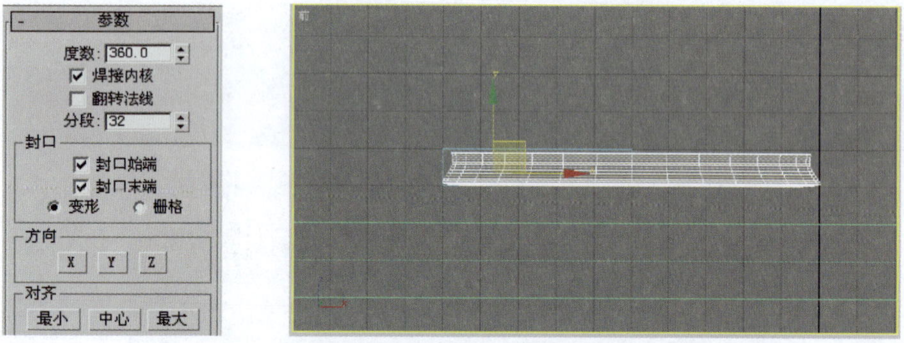

图 7－51　**车削参数与结果**

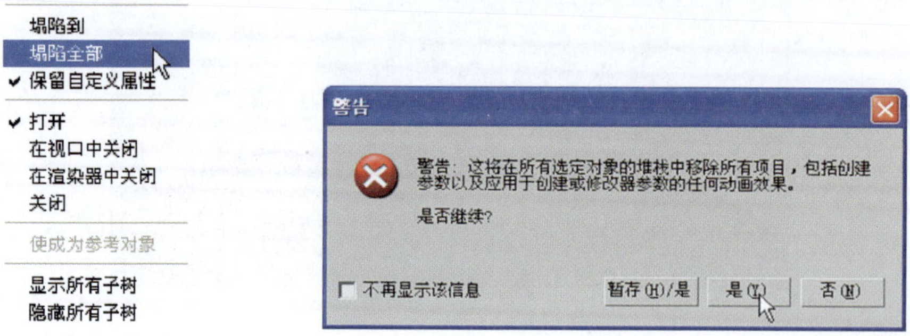

图 7－52　**塌陷并改名**

● 对齐。选中吸顶灯，在顶视图选中与顶棚 X、Y 方向上中心与中心对齐，在前视图中与顶棚 Y 方向上最大与最大对齐，删除矩形，对齐状态与渲染结果如图 7－53 所示。

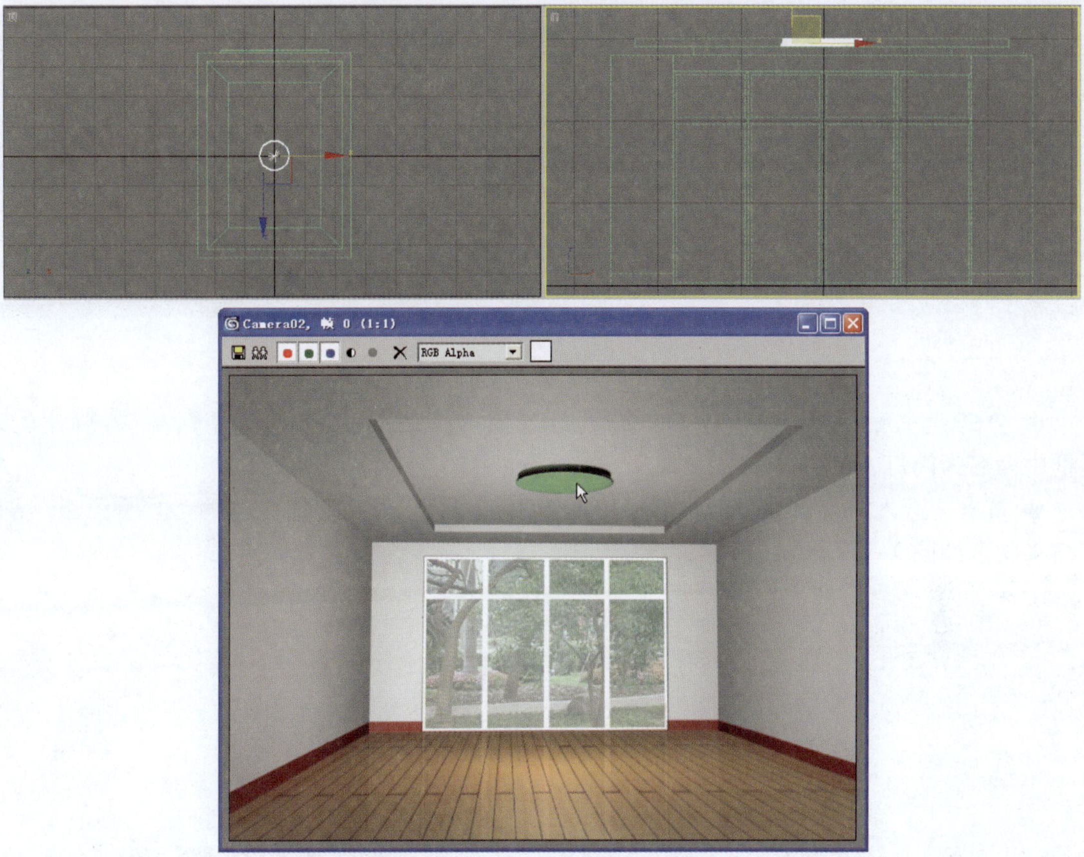

图 7－53　对齐状态与渲染结果

②筒灯

● 变换顶视图为底视图，在底视图中适当位置绘制一个半径 75mm 的圆，如图 7－54 所示。

● 复制圆成五排、两列，如图 7－55 所示。

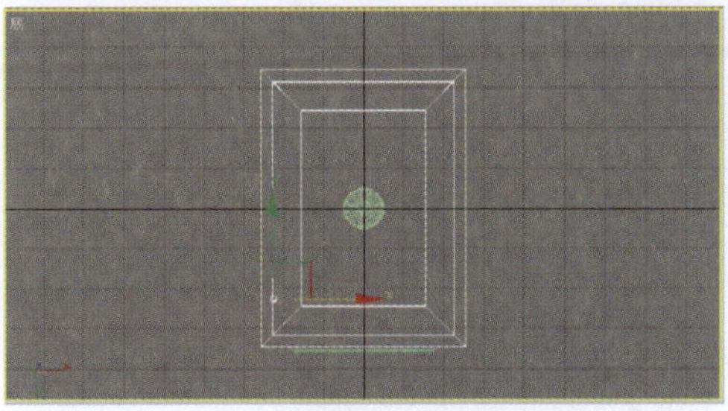

图 7－54　绘制圆

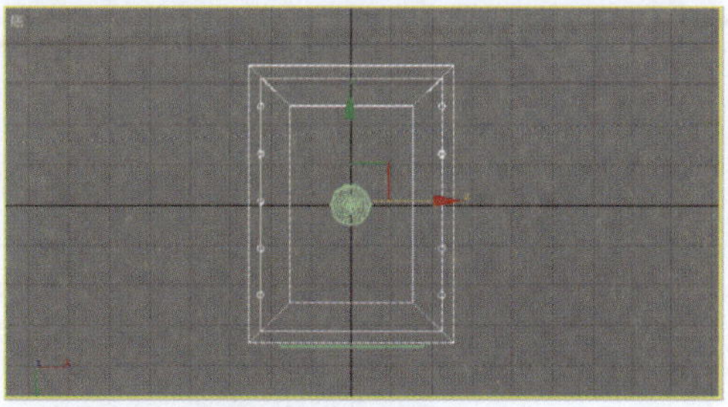

图 7－55　复制圆

● 图形合并。选中顶棚，单击创建/◎/复合对象/图形合并，选择拾取图形，依次单击 10 个圆，完成图形合并，如图 7－56 所示。单击按钮，右击，图形合并，在弹出的快捷菜单中选择可编辑网格。

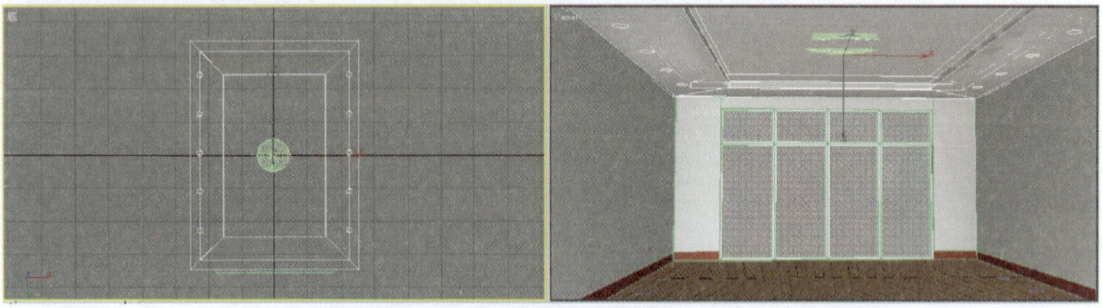

图 7 - 56　图形合并结果

● 分离。进入顶棚可编辑网格的多边形级别，选择编辑几何体/ 分离 ，在弹出的对话框中命名为筒灯，确定。

● 挤出。进入筒灯可编辑网格的多边形级别，选择编辑几何体/ 挤出 -200mm ，结果与渲染状态如图 7 - 57 所示。

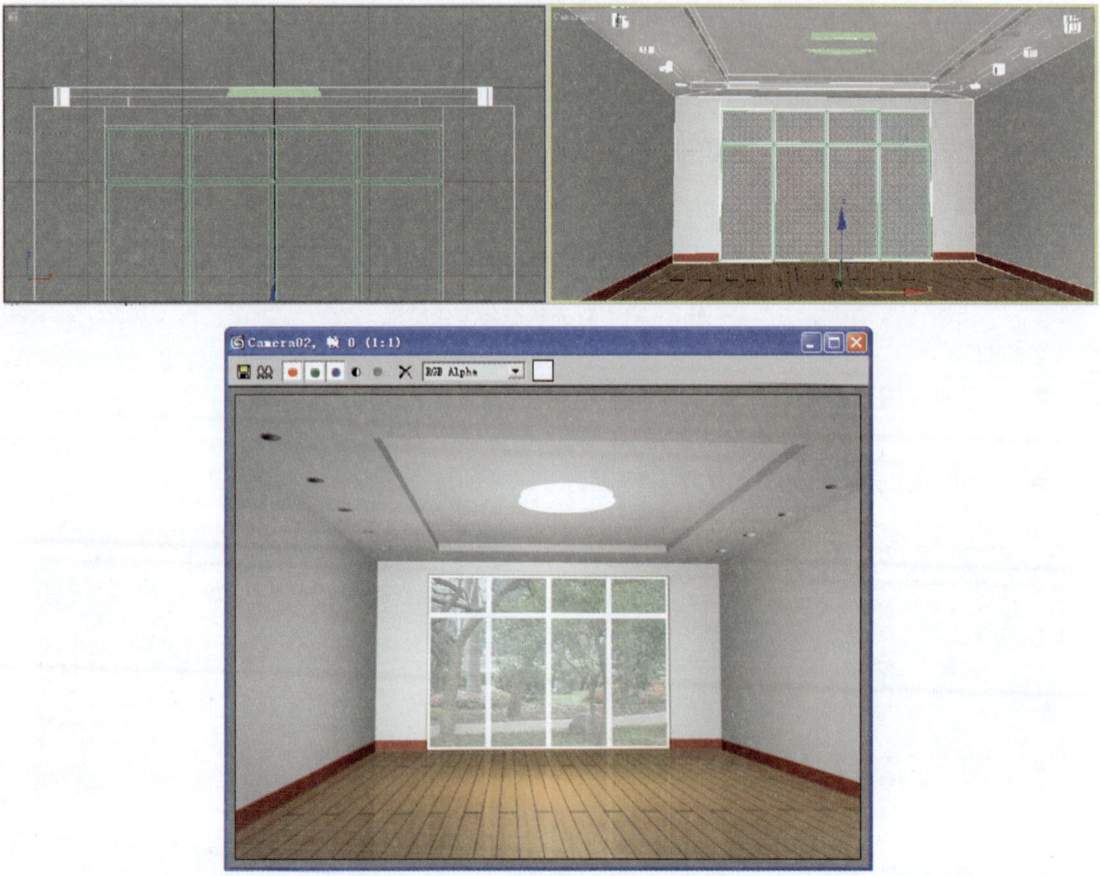

图 7 - 57　筒灯模型状态与渲染效果

③创作材质

按图 7 - 58 所示参数设置自发光材质，赋予吸顶灯与筒灯，其渲染效果如图 7 - 58 所示。

图 7－58　自发光材质制作与效果

(5)合并家具模型

选择文件/合并，在打开的对话框中找到需要合并的文件，如图 7－59 所示，单击打开。进入合并－窗帘对话框，如图 7－60 所示，选择需要合并的对象，单击确定，完成合并。调整合并对象的大小、位置或方向，渲染效果如图 7－61 所示。同样操作，合并沙发、电视、电视柜、茶几等家具。至此，完成室内布置，渲染合并后的效果如图 7－62 所示。

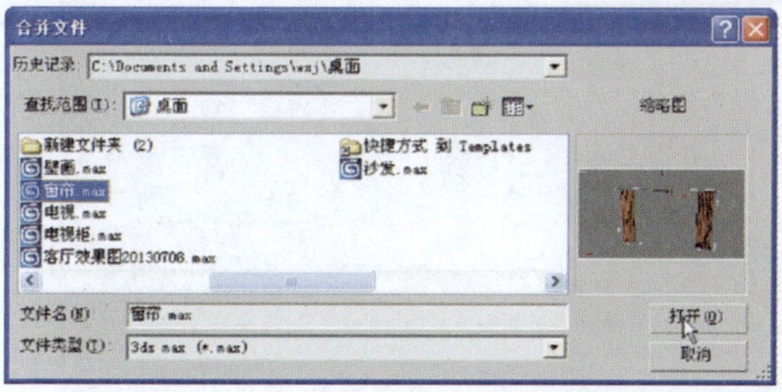

图 7－59　合并文件对话框

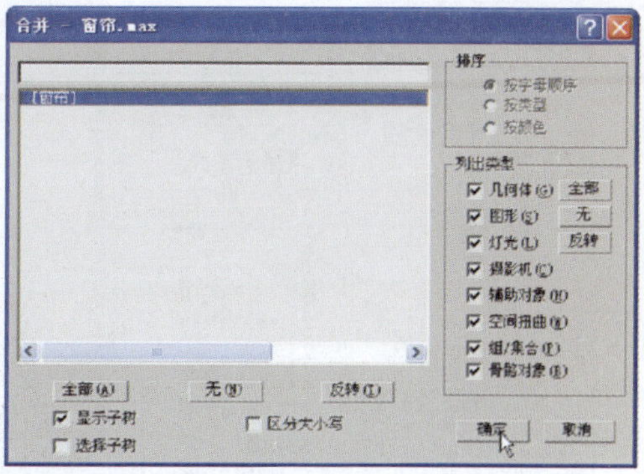

图 7－60　合并－窗帘对话框

图 7－61　合并窗帘效果

图 7－62　完成家具合并的效果

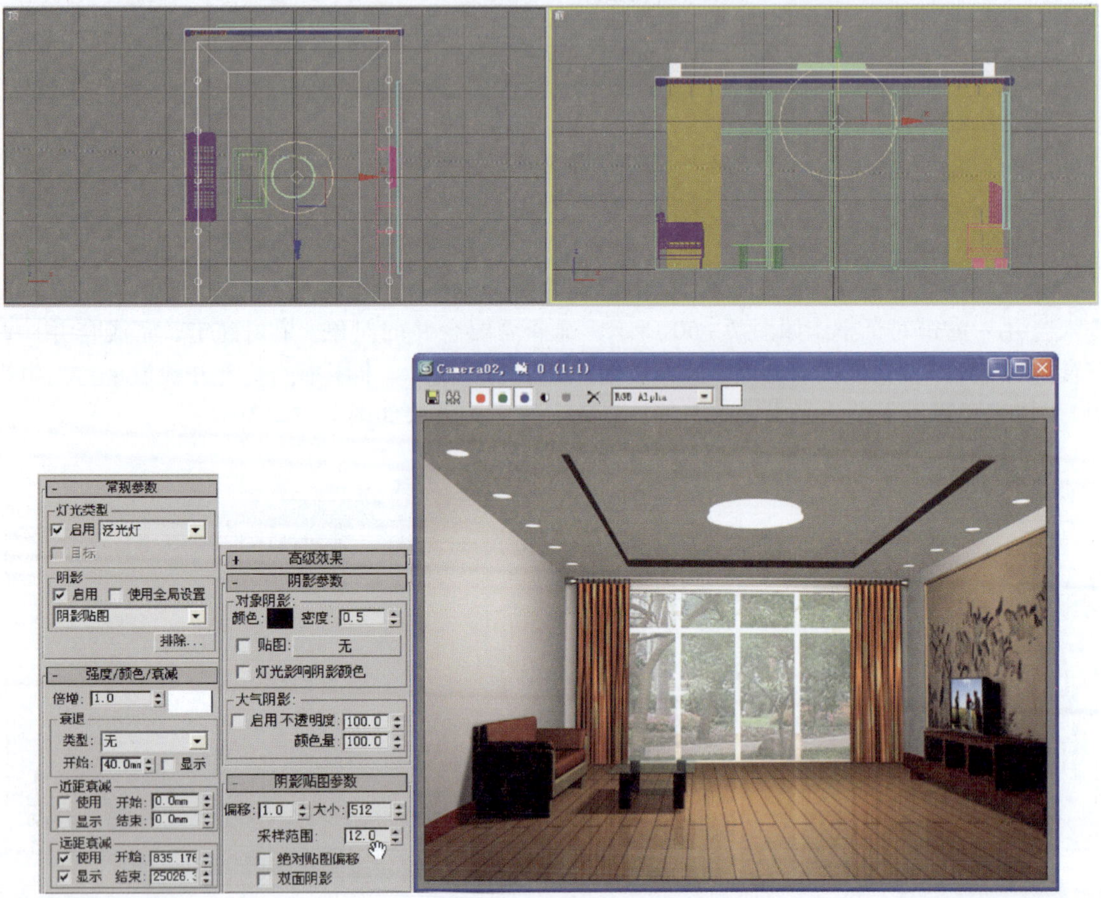

图 7－63　泛光灯位置、参数与渲染效果

(6)布置灯光

①主光源

a. 主光源

主光源起到照亮场景中的主要对象与其周围区域，并且担任给主体对象投影的功能。删除初做泛光灯，单击命令面板上的 / /标准/ 泛光灯 ，在前视图创建一盏泛光灯。移动泛光灯位置、修改泛光灯参数及渲染效果如图 7 - 63 所示。观察发现，整体亮度适中，阴影理想，但顶棚、沙发与电视柜前面呈黑色，这就是主光源照射不到的区域。

b. 灯晕

● 创建一盏目标聚光灯。单击命令面板上的 / /标准/ 目标聚光灯 ，在前视图由地面单击向上托动创建一盏目标聚光灯，渲染后效果如图 7 - 64 所示。从渲染效果看出，强度太高、阴影太黑、光晕边缘过于生硬。

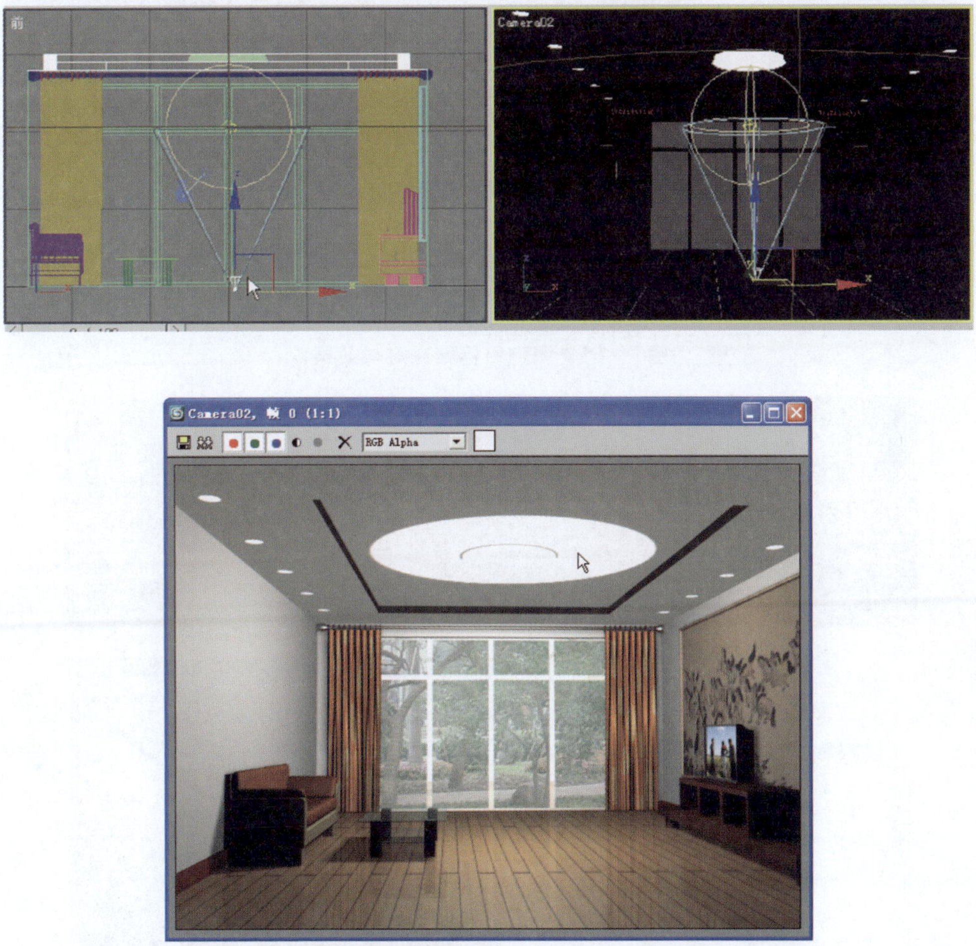

图 7 - 64 目标聚光灯位置与渲染效果

● 调整目标聚光灯。按图 7 - 65 所示参数调整目标聚光灯，渲染效果如图 7 - 65 所示。

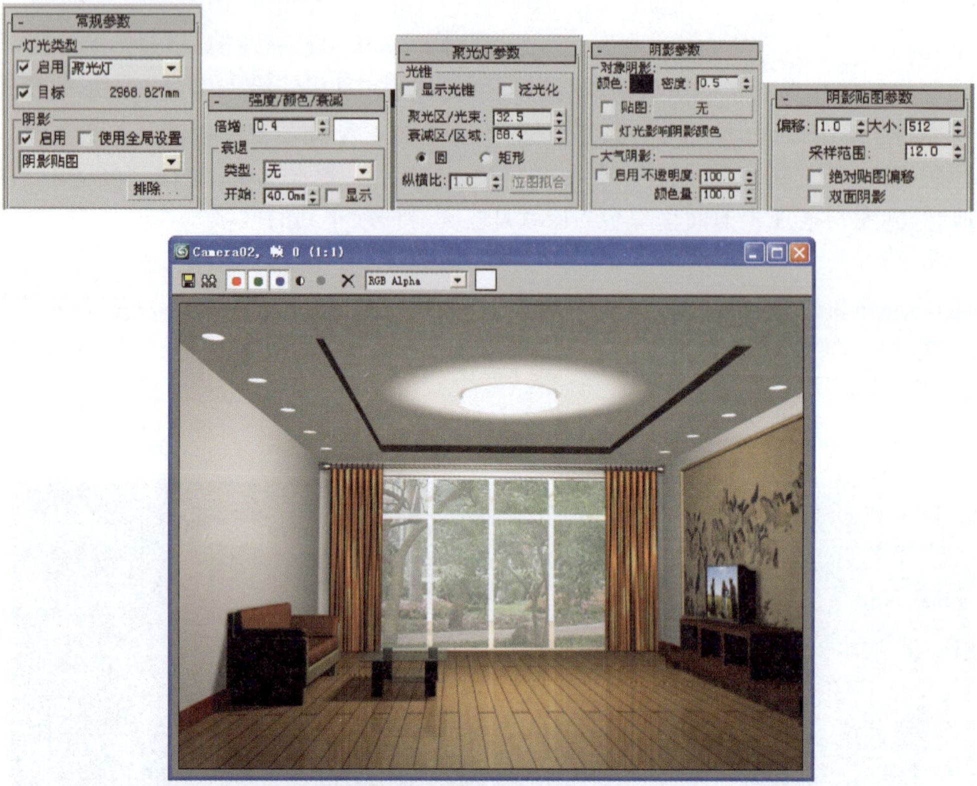

图 7 - 65　调整目标聚光灯与效果

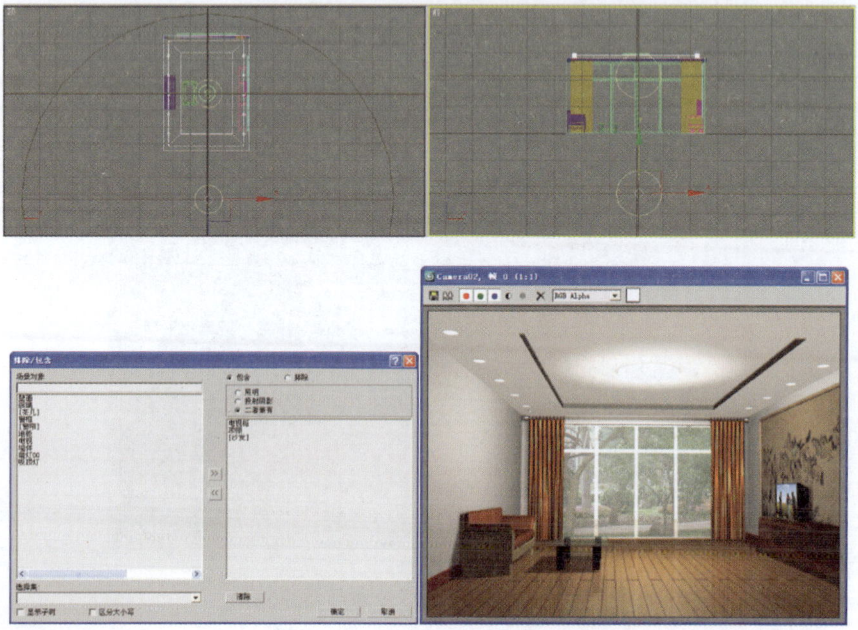

图 7 - 66　辅助光布置及效果

②辅助光

辅助光又称为补光。它用来形成一种均匀的、非直射性的柔和光源，用来填补被主体光遗漏的场景区域、调和明暗区域之间的反差，同时能形成景深与层次，而且这种广泛均匀布光的特性使它为场景打一层底色，定义了场景的基调。由于要达到柔和照明的效果，通常辅助光的亮度只有主体光的30% ~50%。在图7－66所示位置再创建一盏泛光灯，调整倍增0.45，颜色为暖黄色，去掉阴影，在排除/包含对话框中选择包含顶棚、沙发和电视柜，渲染如图7－66所示。

③装饰光

它的作用是衬托主体，强化主场景的装饰效果，并使主体对象与背景相分离。本效果图中装饰光有两种，一是筒灯、二是灯带。

a. 筒灯

● 创建一盏目标聚光灯。单击命令面板上的 / /标准/ 目标聚光灯 ，在前视图由屋顶单击向下托动创建一盏目标聚光灯，渲染后效果如图7－67所示。渲染效果并不理想。

图7－67　目标聚光灯形态与渲染效果

● 调整目标聚光灯参数。按图7－68所示调整目标聚光灯参数，观察渲染效果。

图 7－68　目标聚光灯参数调整与效果

图 7－69　复制目标聚光灯形态与渲染效果

● 复制目标聚光灯。同时选中灯光点与目标点，用实例方式复制左边一列聚光灯，再用实例方式镜像得右边一列聚光灯，渲染后效果如图7-69所示。

b. 灯带

● 创建目标线光源。隐藏不需要显示的实体，如目标聚光灯、摄影机、家具等。单击命令面板上的 / /光度学/目标线光源，在顶视图中创建一盏目标线光源，渲染效果如图7-70所示。渲染显示：目标线光源的位置、状态与参数不理想。

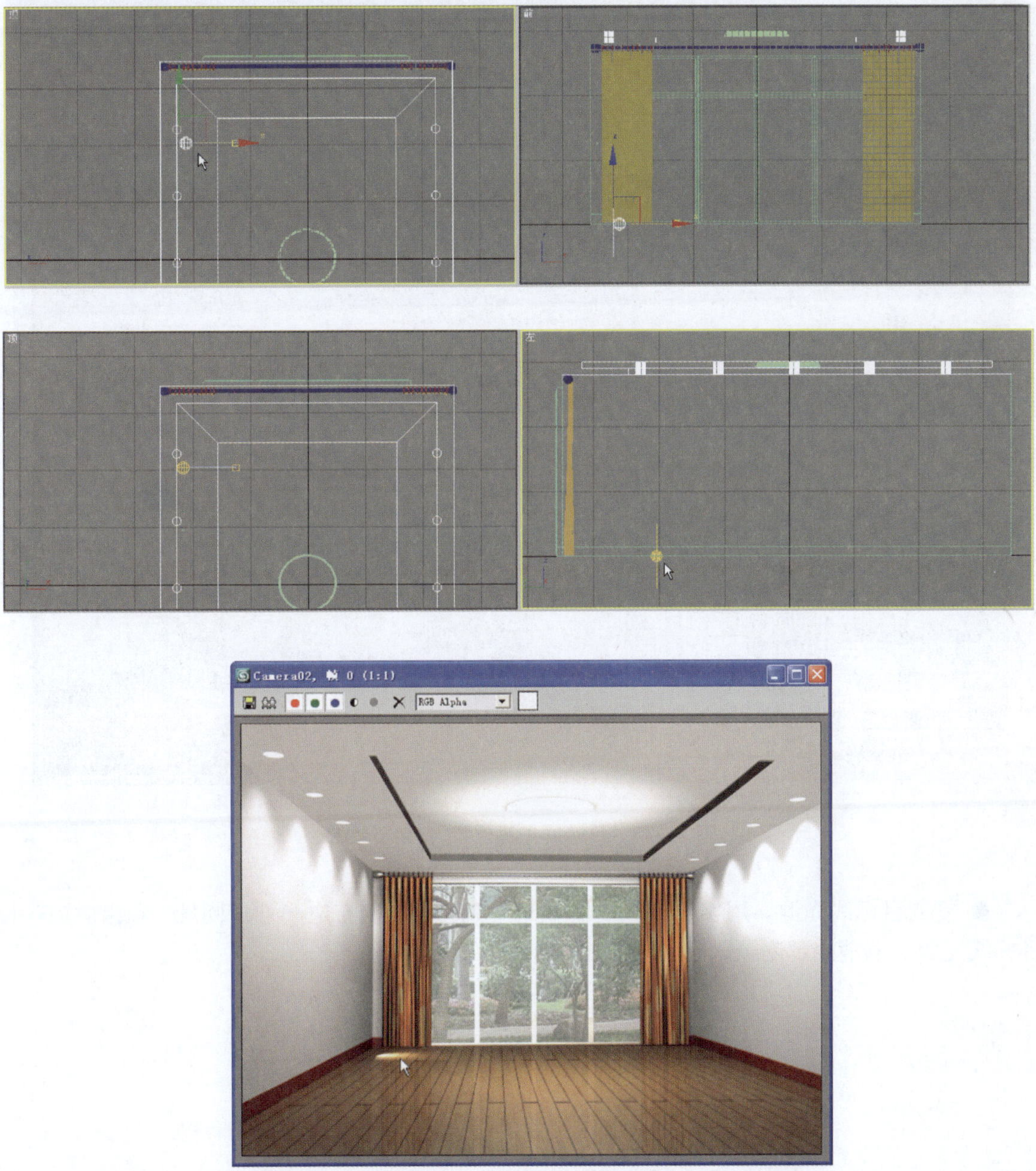

图7-70 目标线光源位置与效果

● 调整目标线光源。在左视图选中目标线光源，单击，再单击转换为，在 X 坐标中输入 -90。用移动工具把目标线光源移动到灯带中，调整目标位置。目标线光源状态、参数与渲染效果如图 7 - 71 所示。

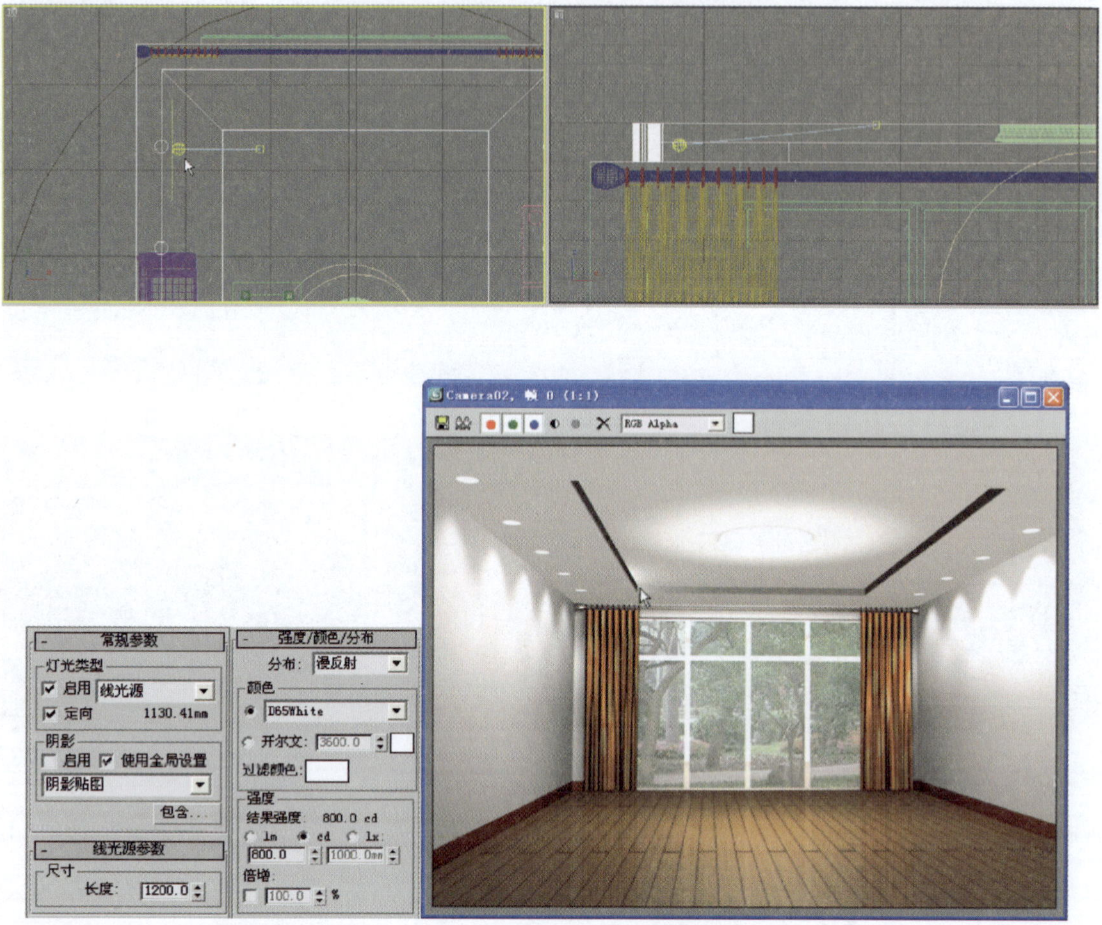

图 7 - 71　目标线光源位置、参数与效果

● 复制目标线光源。用实例方式复制左边一列，再复制右边一列。同理，做出后边一排目标线光源。取消全部隐藏，最后渲染效果如图 7 - 72 所示。

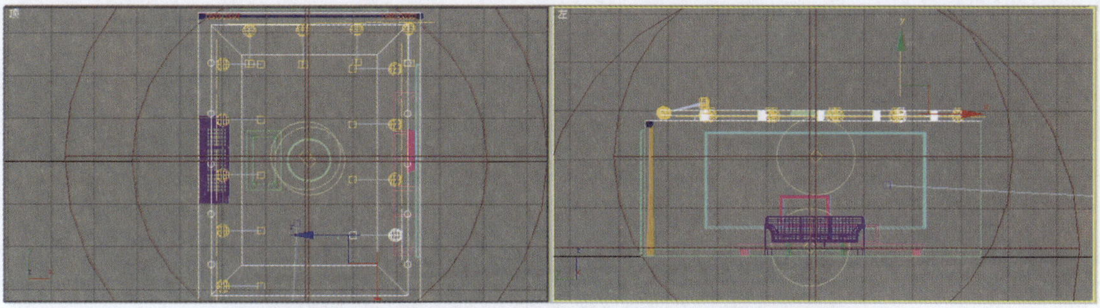

图7－72　灯带位置与渲染效果

图7－73　客厅效果图A渲染结果

(7)图形输出

①输出A图

单击菜单渲染/渲染(R),打开渲染场景:默认扫描线渲染器对话框,设置输出大小为3500×2475,单击渲染按钮,得到A图如图7-73所示。单击保存按钮,弹出的图7-74所示对话框,选择保存位置、命名、选定jpg格式,单击保存按钮,渲染A图完毕。

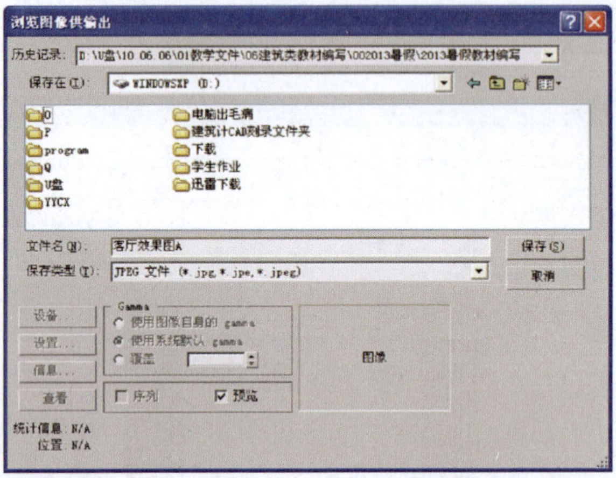

图7-74　保存客厅效果图A

②输出B图

● 单击文件(F)/另存为(A),在图7-75所示的文件另存为对话框中选择保存位置,命名为客厅效果图B,单击保存按钮,另存为客厅效果图B.max。

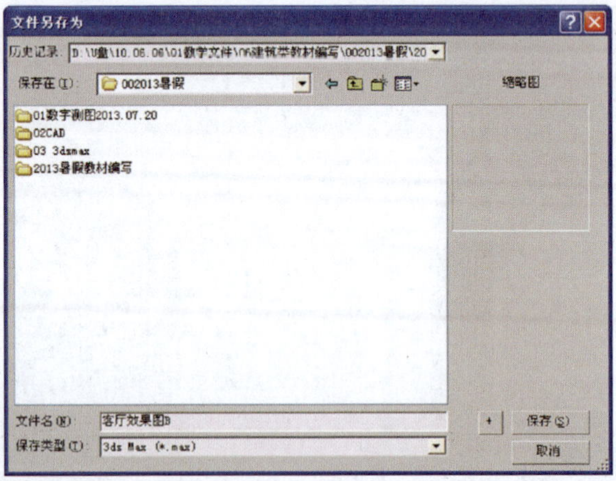

图7-75　另存为客厅效果图B.max

● 编辑部分对象材质。调整玻璃材质漫反射颜色、高光反射、自发光颜色纯绿色,反射高光恢复默认值,不透明度为100。沙发材质去掉所有贴图,漫反射颜色、高光反射、自发光颜色纯红色,反射高光恢复默认值。电视和电视柜材质去掉所有贴图,漫反射颜色、高光反射、自发光颜色纯蓝色，反射高光恢复默认值。去掉主光源阴影与地板反射。玻璃材质参数与效果如图 7－76 所示。其它类同。

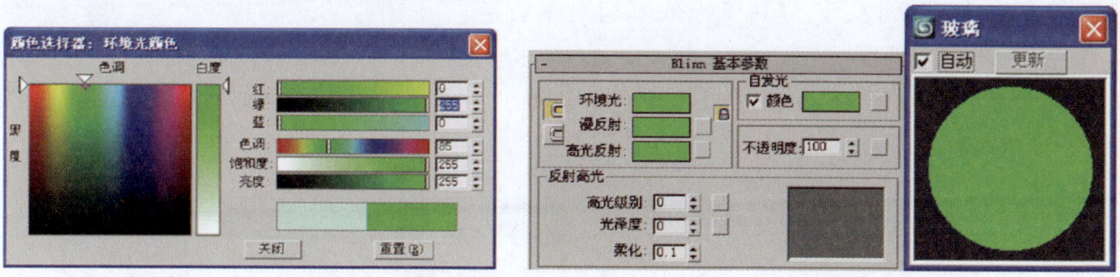

图 7－76　玻璃材质参数与效果

● 渲染 B 图。按输出 A 图步骤，输出 B 图，如图 7－77 所示，命名为客厅效果图 B，保存在指定位置。

图 7－77　客厅效果图 B

(8) Vray 渲染应用

Vray 渲染器是著名的 Chaos Group 公司开发的产品。主要用于渲染一些特殊的效果，如次表面散射、光迹追踪、焦散、全局照明等。Vray 是一种结合了光线跟踪和光能传递的渲染器，其真实的光线计算创建专业的照明效果。可用于建筑设计、灯光设计、展示设计等多个领域。Vray 渲染器有“焦散之王”的称号，在焦散方面的效果是所有渲染器中最好的。其天光和反射的效果也非常好，真实度几乎达到了相片的级别。设置简单是 Vray 渲染器的另外一大特色，它的控制参数并不复杂，完全内嵌在材质编辑器和渲染设置中，这就为初学者快速入门提供了可能。Vray 渲染器的卡通渲染很不理想，这是一大缺点。

3Dmax9 以前版本 Vray 作为插件需要在 3Dmax 软件上再安装，3Dmax9 以后版本均自带

Vray 渲染器。Vray 的渲染速度、品质与参数设置有极大关系，也与材质有一定关系。因此，一般将 Vray 渲染参数在测试阶段与最终出图阶段分别进行设置，把场景材质设置为 Vray 材质，进行 Vray 灯光布设，以提高工作效率与出图质量。

①指定 Vray 渲染器

单击菜单，渲染/渲染场景/公用/指定渲染器/V－Ray Adv RC3/确定。操作步骤如图 7－78 所示。

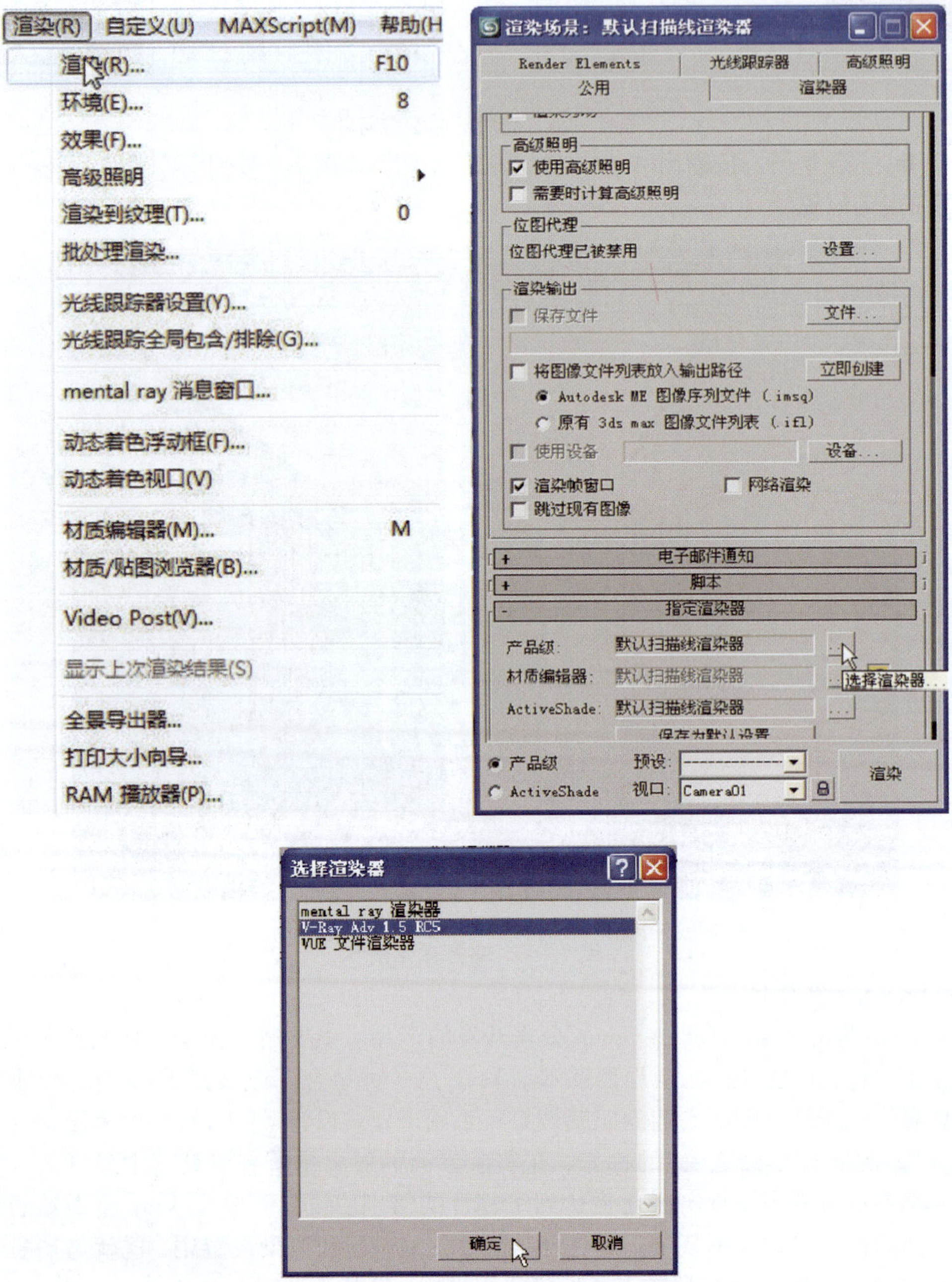

图 7－78　设置 V－Ray 渲染器

②渲染器参数设置

● 在能看出渲染效果的前提下，在测试阶段把渲染参数设置得尽量低些，以尽量提高渲染速率，以提高工作效率。经验性的参数设置参见图 7－79 所示。

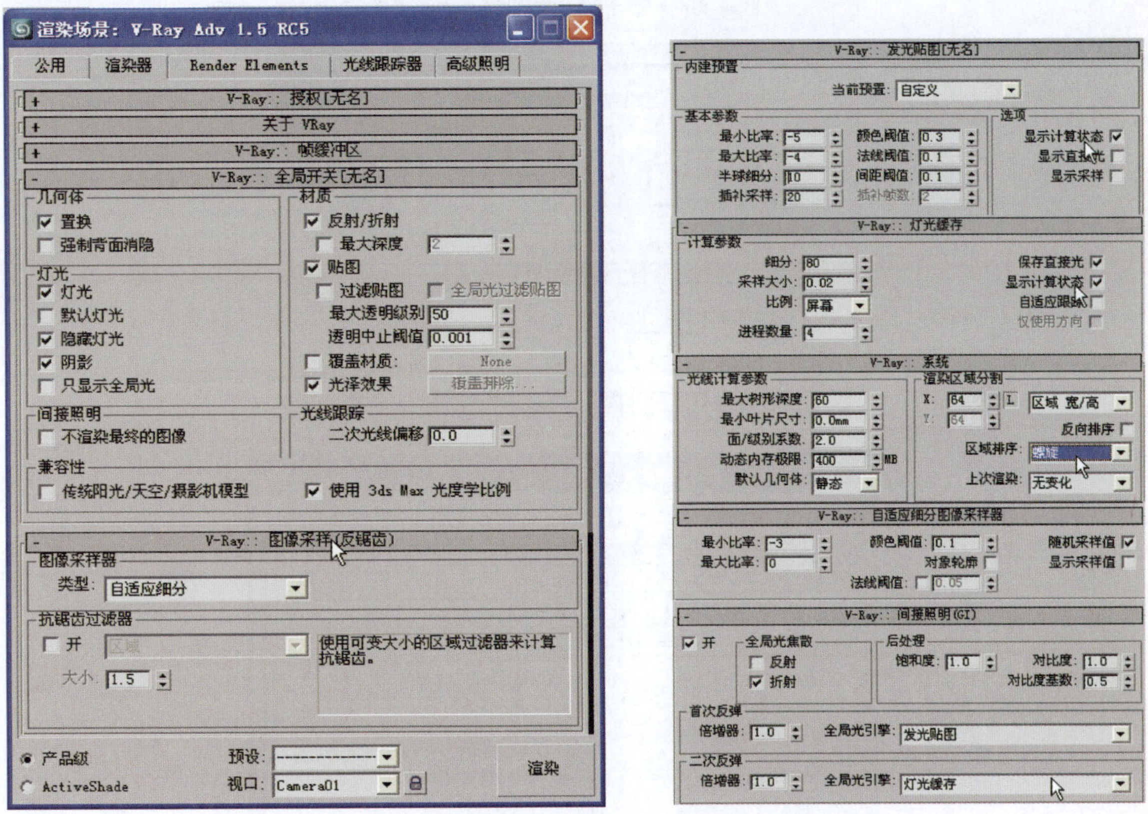

图 7－79　测试参数

● 出图阶段，在测试效果满意前提下，以测试阶段参数为基础，调整为出图阶段参数。如图 7 – 80 所示。

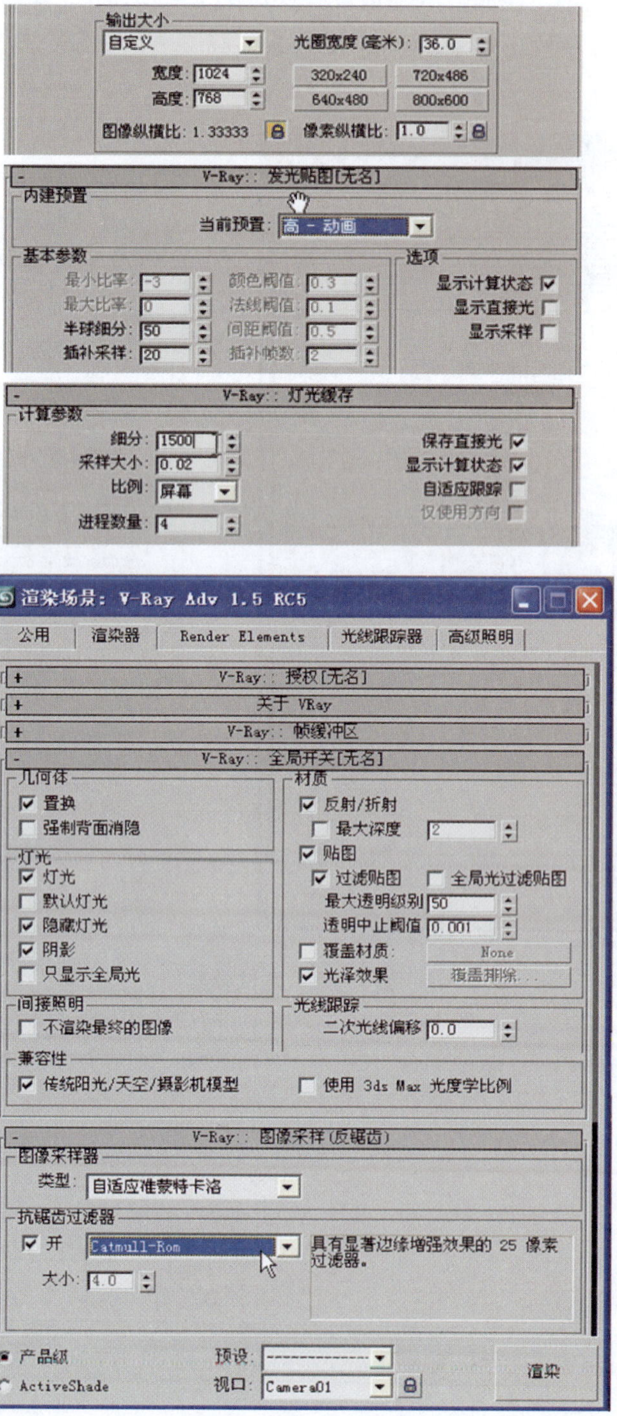

图 7 – 80　渲染器参数

● 测试与出图阶段参数设置比较见表 7－1。

表 7－1　**测试与出图参数设置比较**

菜单	测试阶段	出图阶段
V－Ray::全局开关[无名]	过滤贴图[去选] 默认灯光[去选]	过滤贴图[勾选] 默认灯光[去选]
V－Ray::图像采样(反锯齿)	自适应细分[选择]	自适应准蒙特卡洛[选择] 或 catmull－Rom[选择]
V－Ray::自适应细分图像采样器	最小比率:－3 最大比率:0	最小比率:－1 最大比率:2
V－Ray::间接照明(GI)	开[勾选] 发光贴图[选择] 灯光缓冲[选择]或 准蒙特卡洛算法[选择]	开[勾选] 发光贴图[选择] 灯光缓冲[选择]或 准蒙特卡洛算法[选择]
V－Ray::发光贴图[无名]	自定义[选择] 最小比率:－5 最大比率:－4 模型细分:20 插补采样:20	自定义[选择] 最小比率:－4 最大比率:－1 模型细分:50 插补采样:30
V－Ray::灯光缓冲	细分:80	细分:1500
V－Ray::环境[无名]	全局光环境(天光)覆盖 开[勾选]	全局光环境(天光)覆盖 开[勾选]
V－Ray::系统	最大树的深度:100 渲染区域分割:32 区域排序:螺旋或 帖标记:[勾选]选择渲染时间 显示窗口[去选]	最大树的深度:100 渲染区域分割:32 区域排序:螺旋或 帖标记:[勾选]选择渲染时间 显示窗口[去选]

③设置 Vray 材质

单击按钮或按 M 键，调出材质编辑器对话框，重置材质球。从“选项”中可以改变材质球的数量，操作方法如图 7－81 所示。

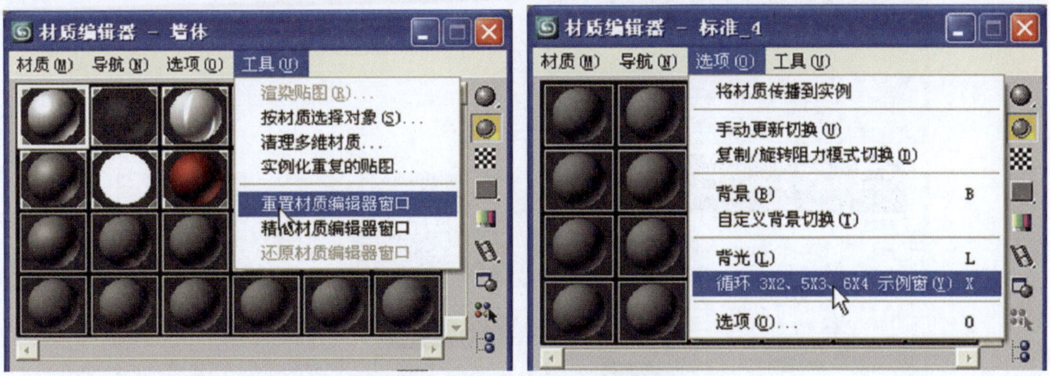

图 7－81　**标准材质球**

● 吊顶及墙面材质

VRayMtl－漫射:245 白，反射:23，光泽度:0.25－菲涅尔反射:开。如图 7－82 所示。调好材质后选中吊顶与墙面，将材质指定给所选对象。

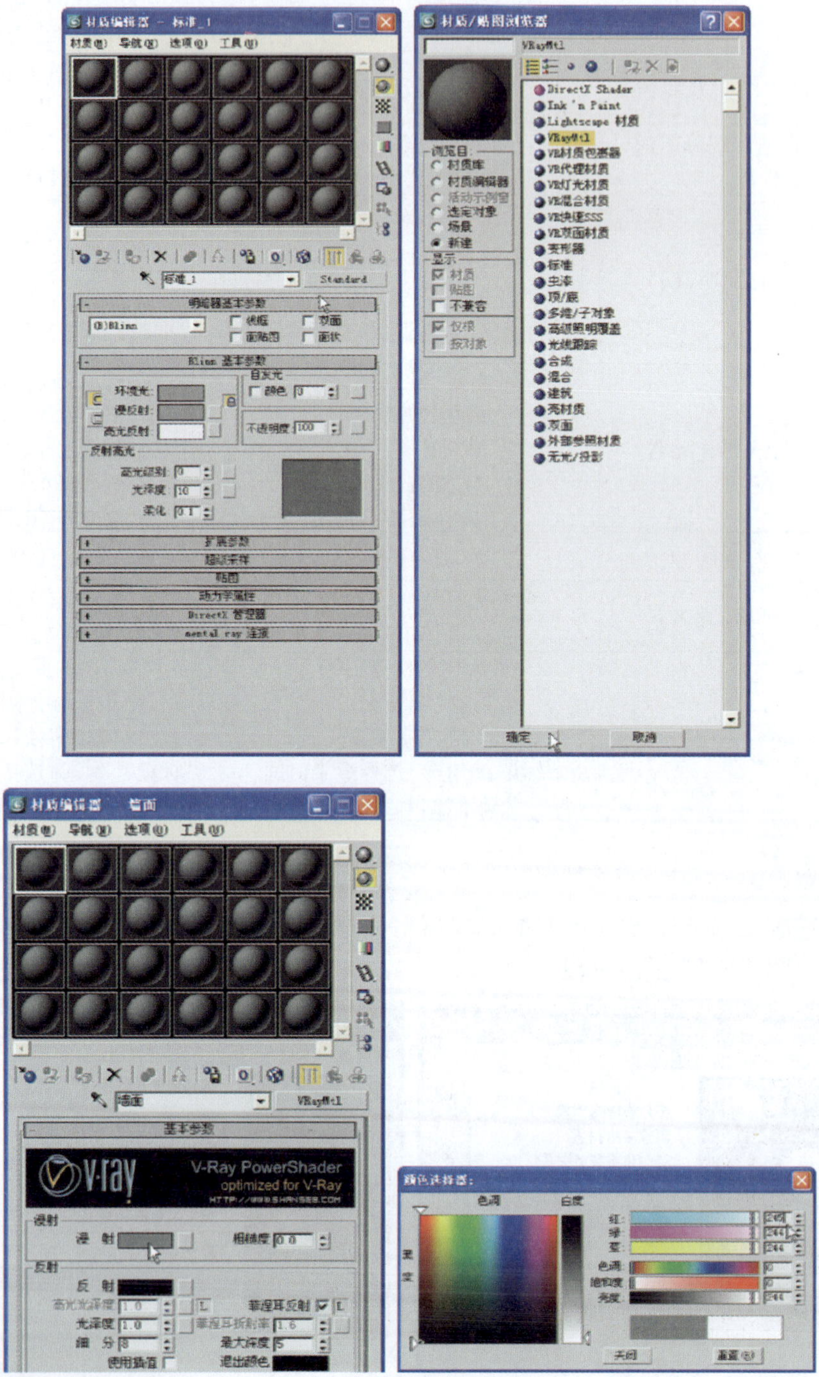

图 7－82　吊顶及墙面材质参数

● 地板材质

漫射－物体颜色(贴图)，反射－白，打开菲涅耳，折射率－1.2，反射光泽度－0.85。具体调法如图 7－83 所示。将材质指定给地板，显示出材质。

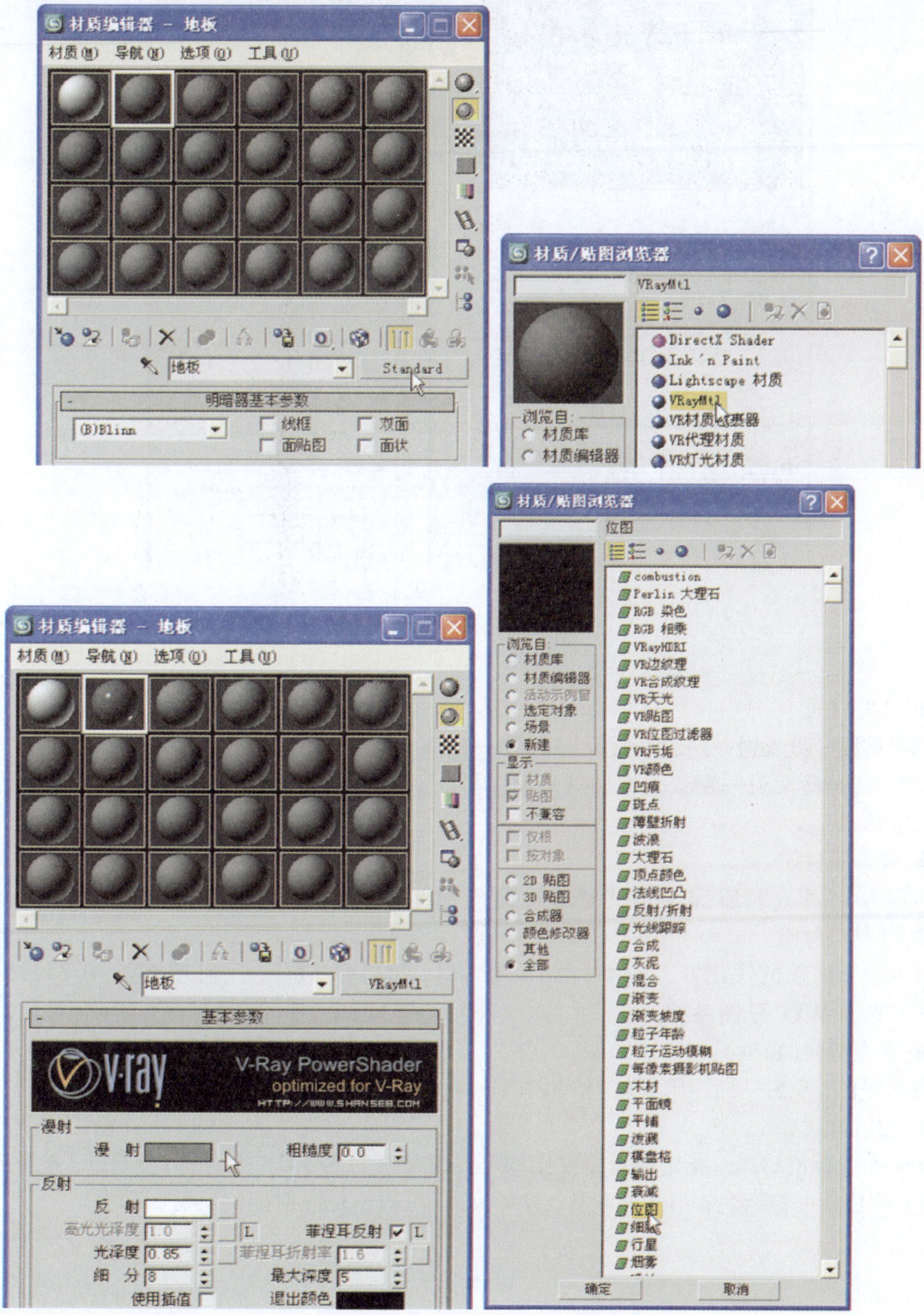

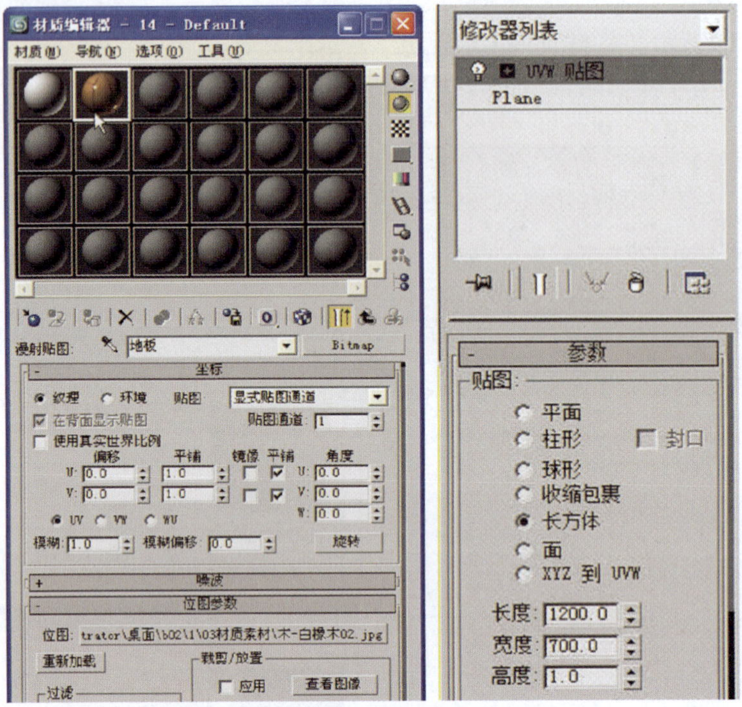

图 7－83　地板材质

● 沙发材质

标准材质—漫反射—贴图—漫反射颜色:贴图，凹凸 10:位图。(注:毛绒沙发材质调法为:标准材质—漫反射—衰减—类型:Frenel，返回上一层—凹凸 300—位图—褶皱—UVW 贴图—长方体。)

● 背景墙材质

四周为 V－Ray 材质(调法参考地板材质)，内部为标准材质。

● 电视柜材质

漫射—物体颜色(贴图)，反射—白，开菲涅耳，折射率—1.2，反射光泽度—0.85。根据实际情况调节 WVU 贴图参数。

● 亚光塑料(窗框)

漫射—白，反射—白，开菲涅耳，折射率—1.4，反射光泽度—0.95。

● 窗帘材质

窗帘布为标准材质—指定漫反射贴图即可。窗帘杆为 V－Ray 材质(不锈钢)，参考图 7－84 所示:漫射—淡蓝色，不开菲涅耳，光泽度 1，反射—把漫射拖到反射(复制)。

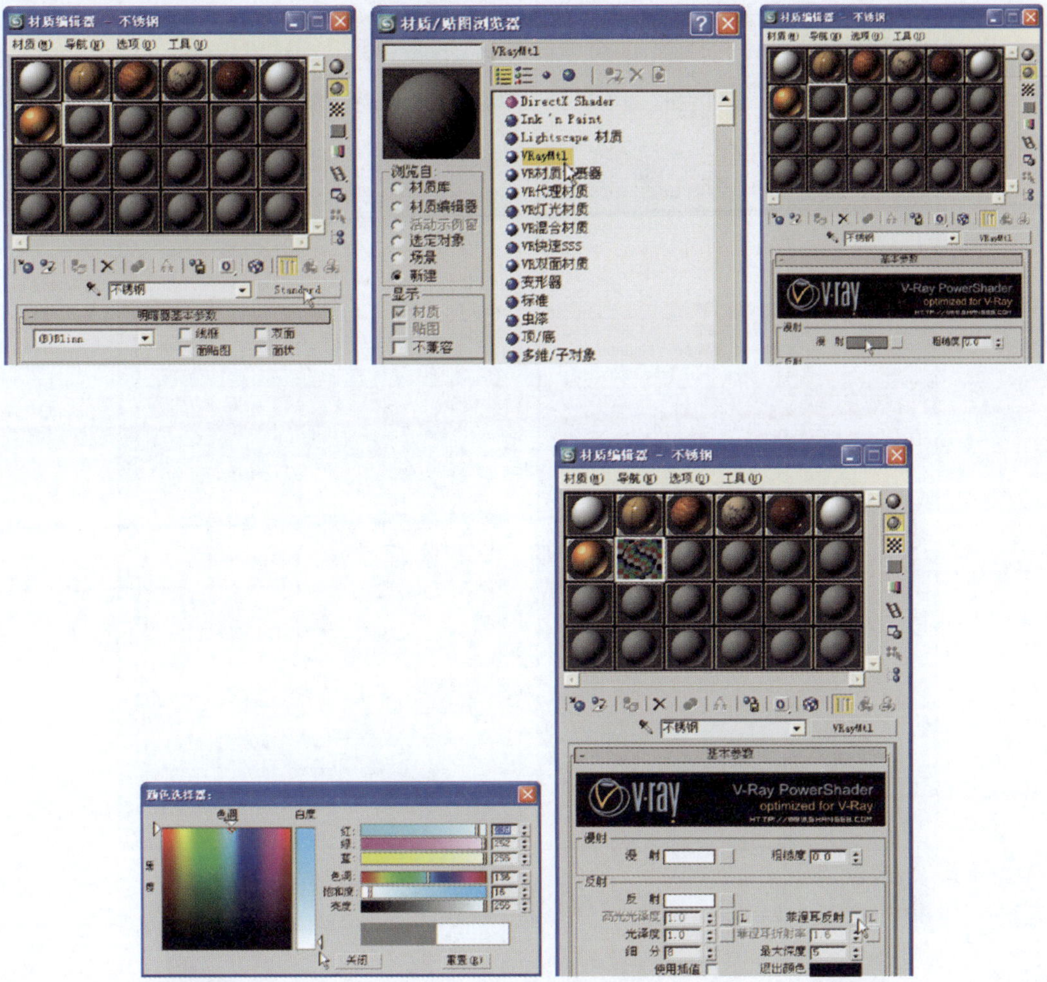

图 7－84　不锈钢材质

● 电视机材质

关闭的电视：漫射—黑，反射—白，开菲涅耳，折射率—1.6。打开的电视：标准材质—漫反射给贴图，bitmap—输出，启用颜色贴图，调亮度。或给自发光。如图 7－85 所示。

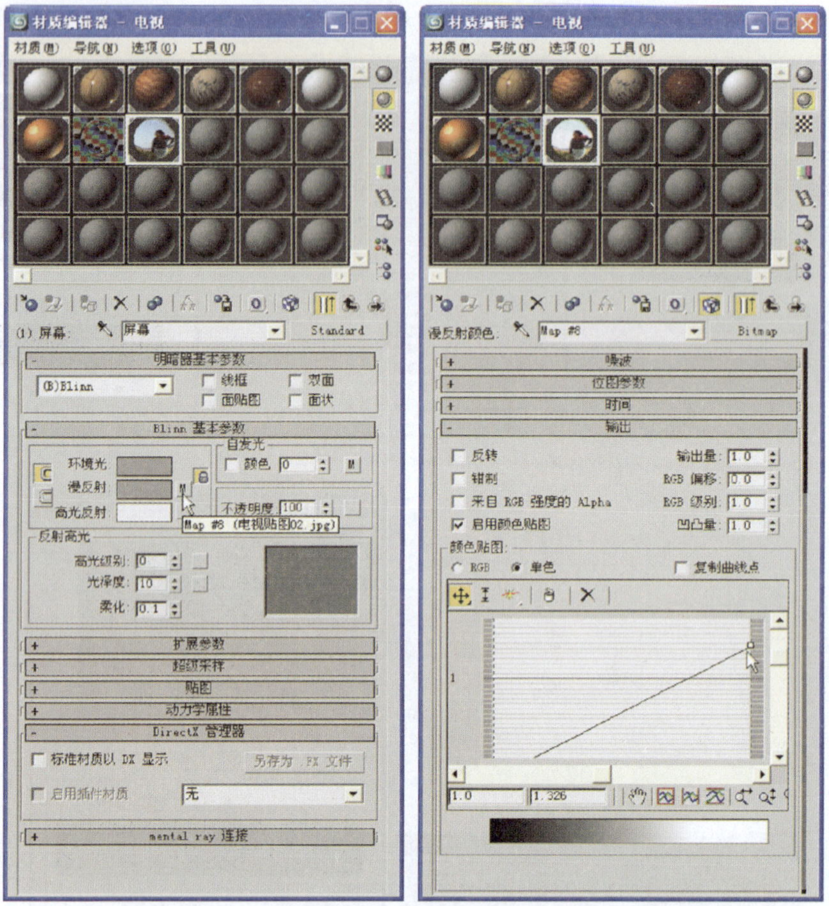

图 7－85　电视屏幕材质

图 7－86　玻璃材质调试效果

● 玻璃材质

日景玻璃:标准材质—不透明度为零，有窗子时需要环境光(白色)。观察摄像机视图材质的变化，如图 7－86 所示。

④灯光布置

a. 制作外景

在顶视图画一段圆弧，命名为“外景”，挤出高度 8000（根据实际情况而定），材质给自发光贴图。点击渲染（R）—环境（E），将环境背景颜色改为白色，在摄像机视图观察效果，如图 7－87 所示。

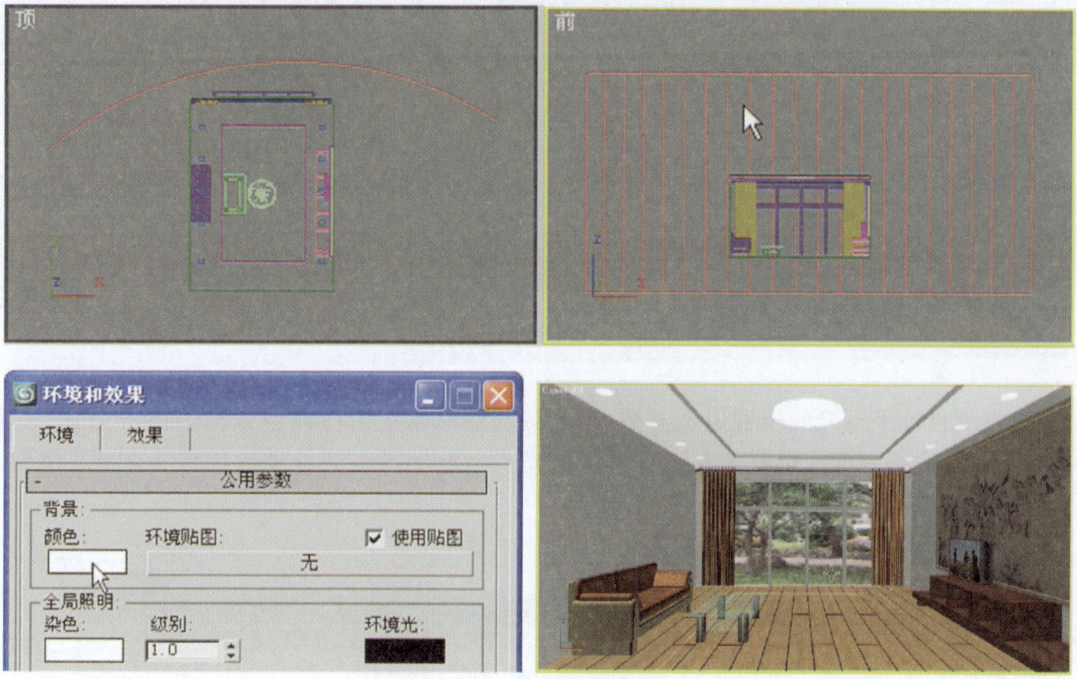

图 7－87　外景

b. 模拟太阳光

● 打目标平行光：日景效果图中如果有窗子，室内效果会受到阳光的影响，可以用目标平行光来模拟太阳光。太阳光照射到室内的影子应该是锐利的阴影，所以此处阴影贴图选 VRay 阴影。在顶视图调节目标平行光的位置。为避免曝光应将高级效果中高光反射去掉。如图 7－88 所示。

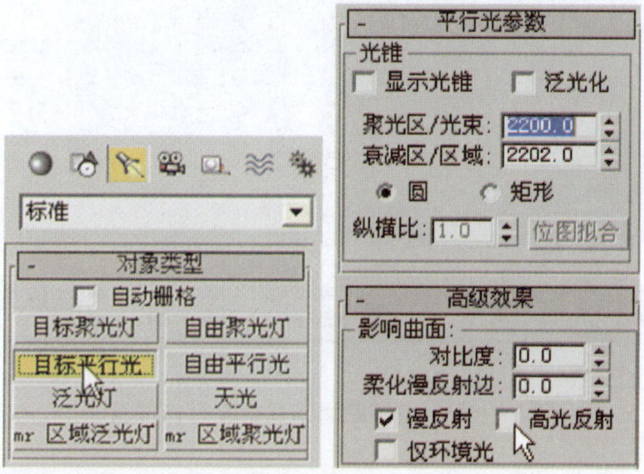

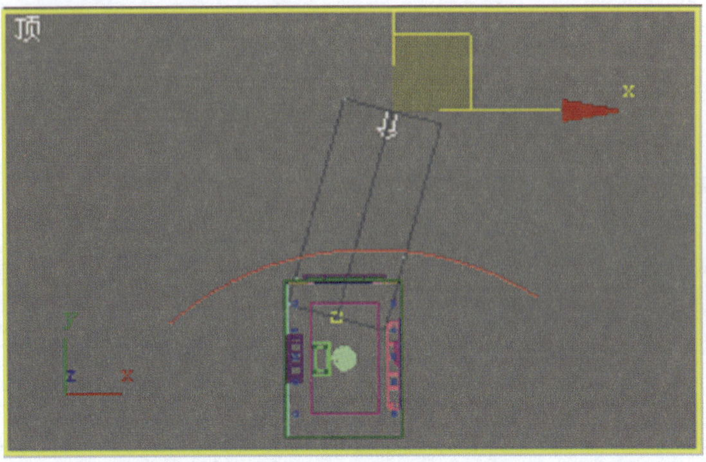

图 7 - 88　模拟太阳光

● 调节目标平行光的位置以及参数：聚光区与衰减区数值应以包含整个窗子为宜，如图 7 - 89 所示。渲染后可发现室内并没有进入阳光。当前场景中的外景遮挡住了阳光，欲使光照入室内应做如下处理。如图 7 - 90 所示。

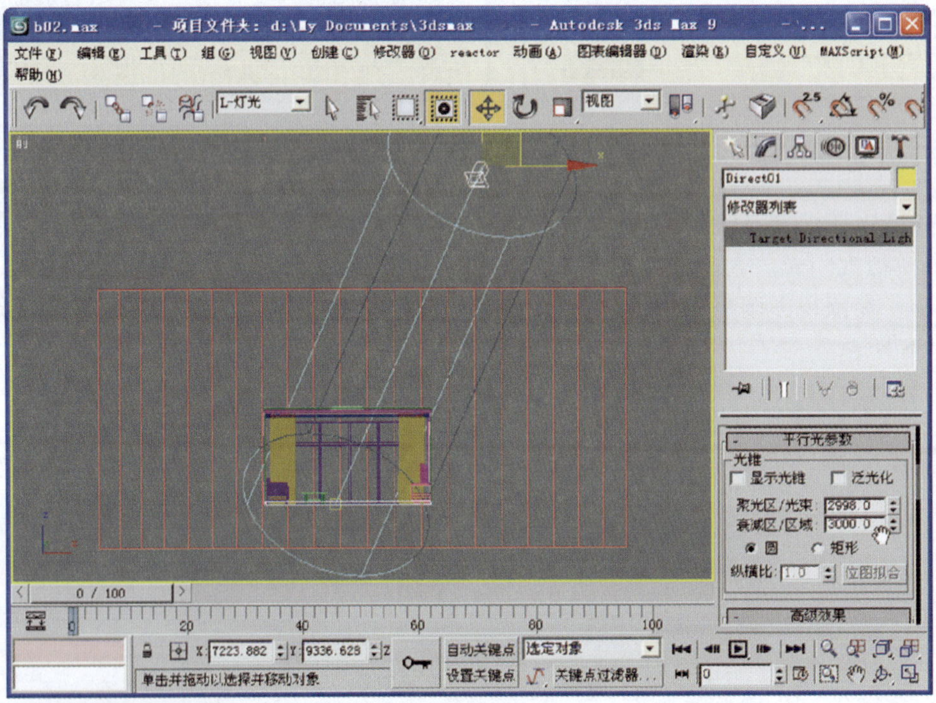

图 7 - 89　前视图调节目标平行光位置

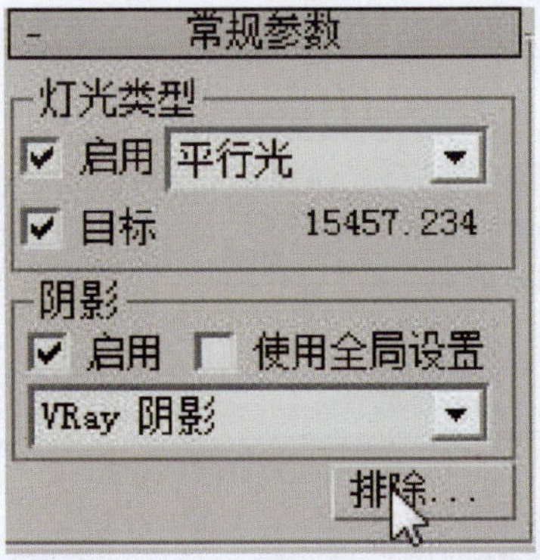
常规参数
灯光类型
启用 平行光
目标 15457.234
阴影
启用 使用全局设置
VRay 阴影
排除...

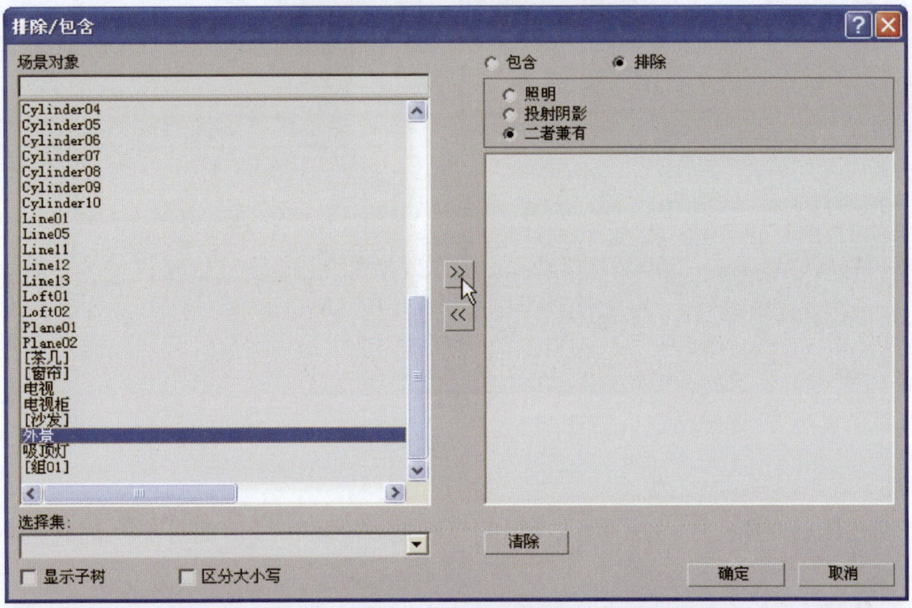
排除/包含
场景对象
Cylinder04
Cylinder05
Cylinder06
Cylinder07
Cylinder08
Cylinder09
Cylinder10
Line01
Line05
Line11
Line12
Line13
Loft01
Loft02
Plane01
Plane02
[茶几]
[窗帘]
电视
电视柜
[沙发]
外景
吸顶灯
[组01]
选择集:
显示子树
区分大小写
包含
排除
照明
投射阴影
二者兼有
清除
确定
取消

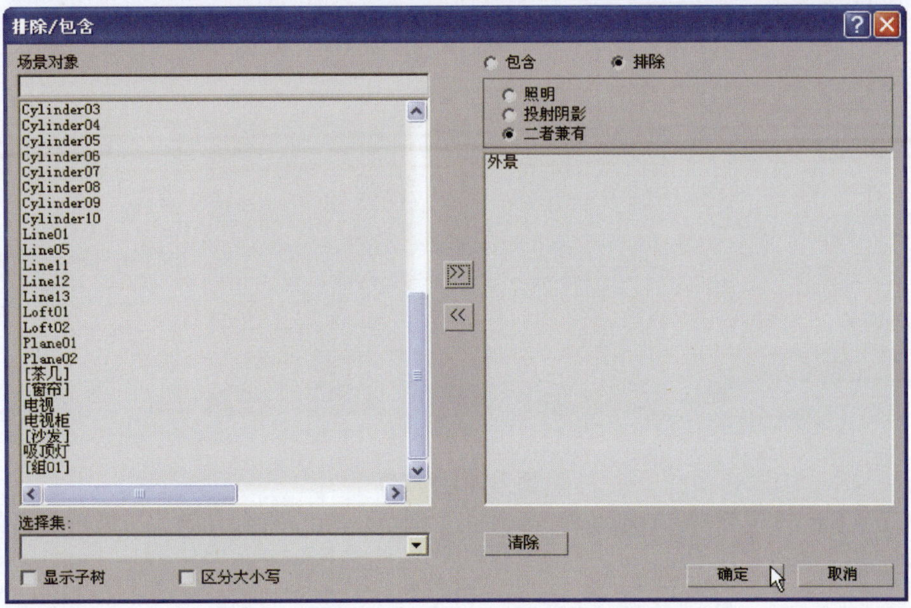
排除/包含
场景对象
Cylinder03
Cylinder04
Cylinder05
Cylinder06
Cylinder07
Cylinder08
Cylinder09
Cylinder10
Line01
Line05
Line11
Line12
Line13
Loft01
Loft02
Plane01
Plane02
[茶几]
[窗帘]
电视
电视柜
[沙发]
吸顶灯
[组01]
选择集:
显示子树
区分大小写
包含
排除
照明
投射阴影
二者兼有
外景
清除
确定
取消

图 7－90　排除外景

c. 灯带

● 在前视图打 VRay 灯：为了提高场景的美观性，可以在灯槽内打 VRay 灯。如图 7－91 所示。

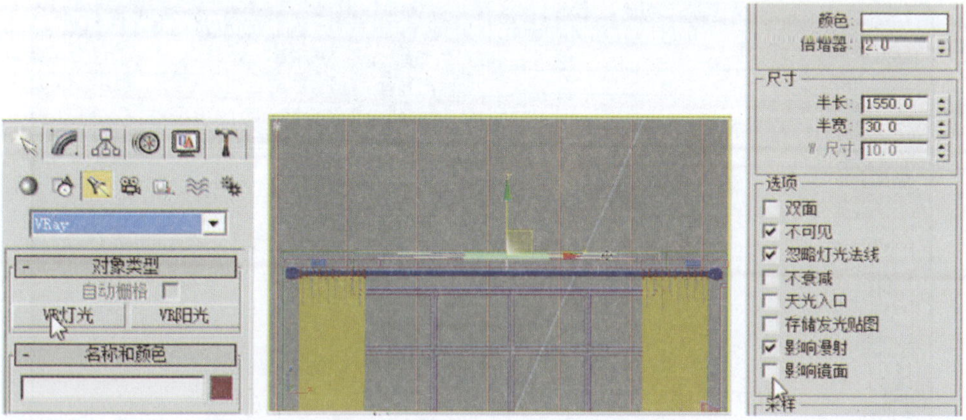

图 7－91　灯带

● 调节 VRay 灯位置：沿 Y 轴镜像 VRay 灯，调节灯光的照射方向。渲染一下看效果。如图 7－92 所示。

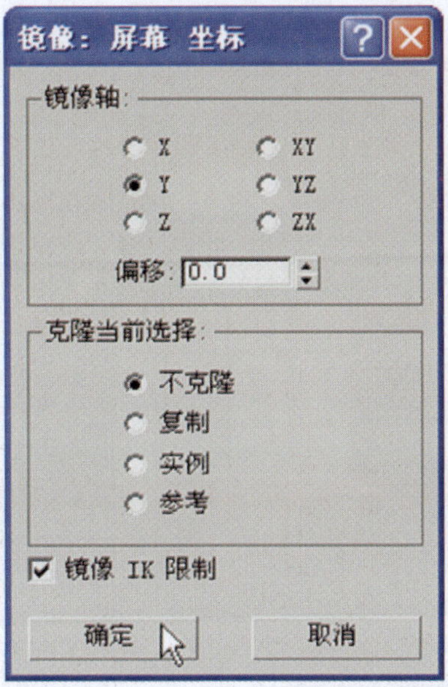
镜像：屏幕 坐标
镜像轴：
X
XY
Y
YZ
Z
ZX
偏移：0.0
克隆当前选择：
不克隆
复制
实例
参考
镜像 IK 限制
确定
取消

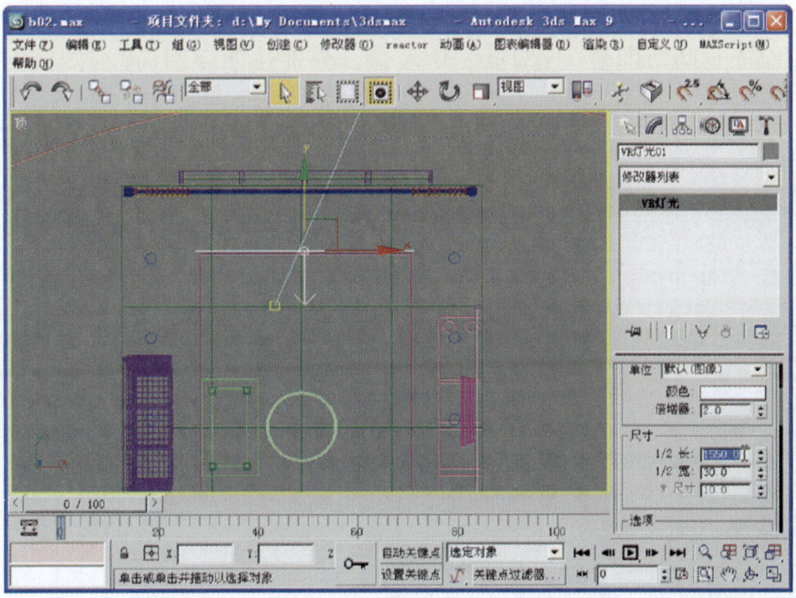
b02.max - 项目文件夹：d:\My Documents\3dsmax - Autodesk 3ds Max 9
文件(F) 编辑(E) 工具(T) 组(G) 视图(V) 创建(C) 修改器(O) reactor 动画(A) 图表编辑器(D) 渲染(R) 自定义(U) MAXScript(M)
帮助(H)
全部
视图
VR灯光01
修改器列表
VR灯光
颜色：
倍增器：2.0
尺寸
1/2 长：1550.0
1/2 宽：30.0
选项
0 / 100
自动关键点
选定对象
设置关键点
关键点过滤器...
单击或单击并拖动以选择对象

图 7－92 VRay 灯效果

● 复制出对面与两边的灯带：选择实例复制，分别在前视图、顶视图调节方向与位置。如图 7－93 所示。

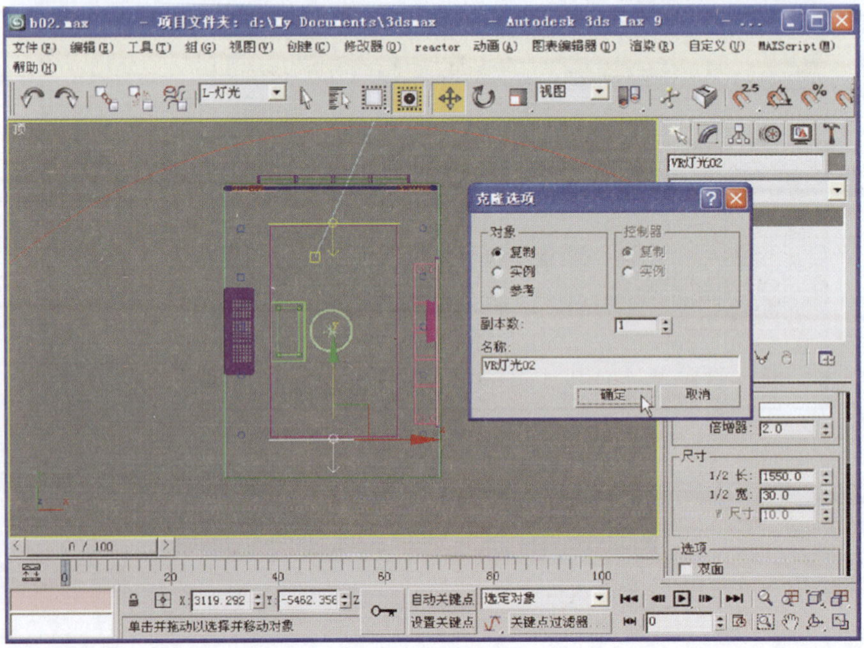

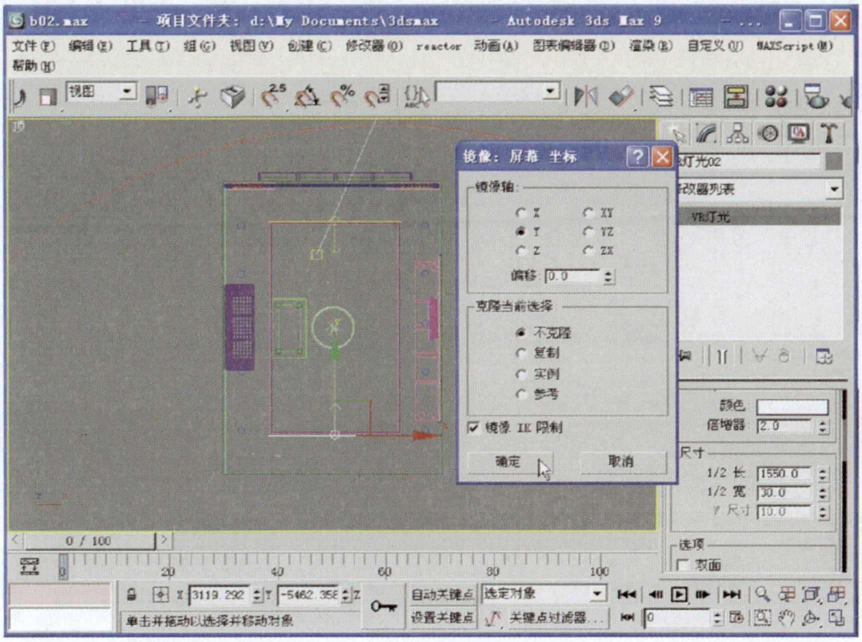
b02.max - 项目文件夹：d:\My Documents\3dsmax - Autodesk 3ds Max 9
镜像：屏幕 坐标
镜像轴：
偏移：0.0
克隆当前选择
不克隆
复制
实例
参考
镜像 IK 限制
确定
取消
VR灯光
单击并拖动以选择并移动对象

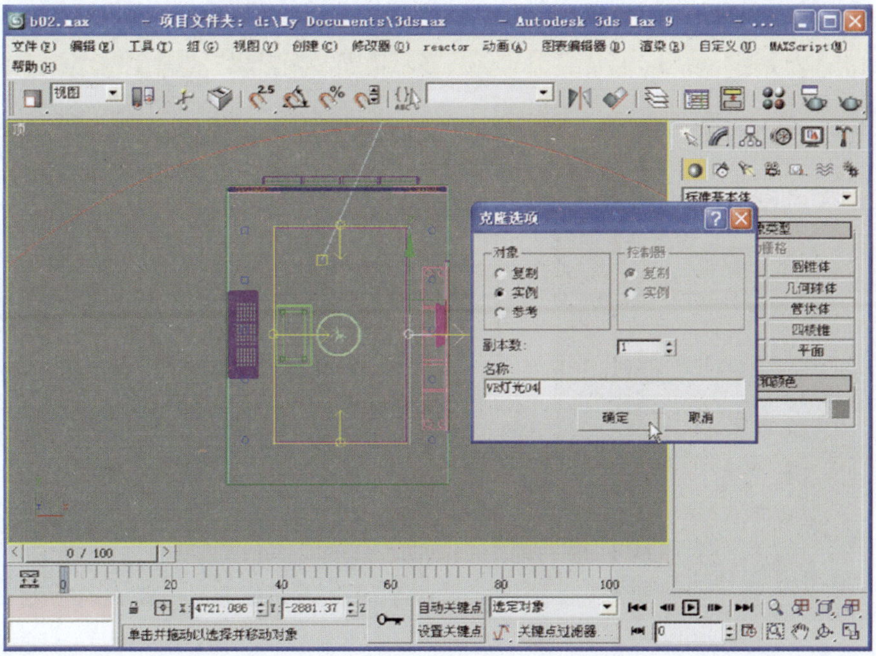
b02.max - 项目文件夹：d:\My Documents\3dsmax - Autodesk 3ds Max 9
克隆选项
对象
复制
实例
参考
控制器
副本数：
名称：
VR灯光04
确定
取消
单击并拖动以选择并移动对象

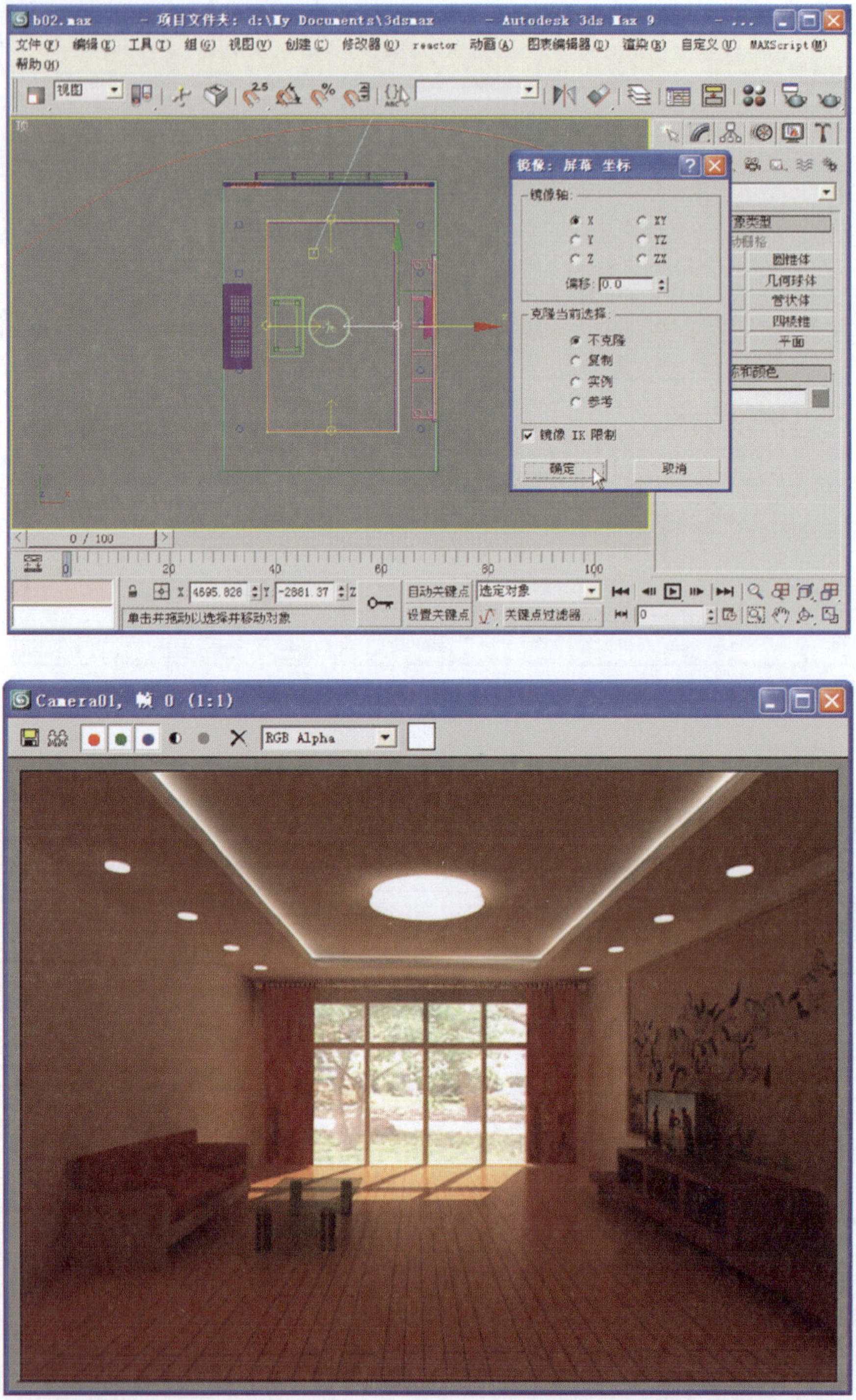

图 7－93　调节 VRay 灯位置

d. 筒灯

● 目标点光源：筒灯可以达到美化与提亮场景的效果。图中采用光域网模仿筒灯的照射效果。在前视图打一目标点光源，分别在前视图(放于吊顶以下)和顶视图(放于筒灯位置)调节灯的位置。如图 7－94 所示。

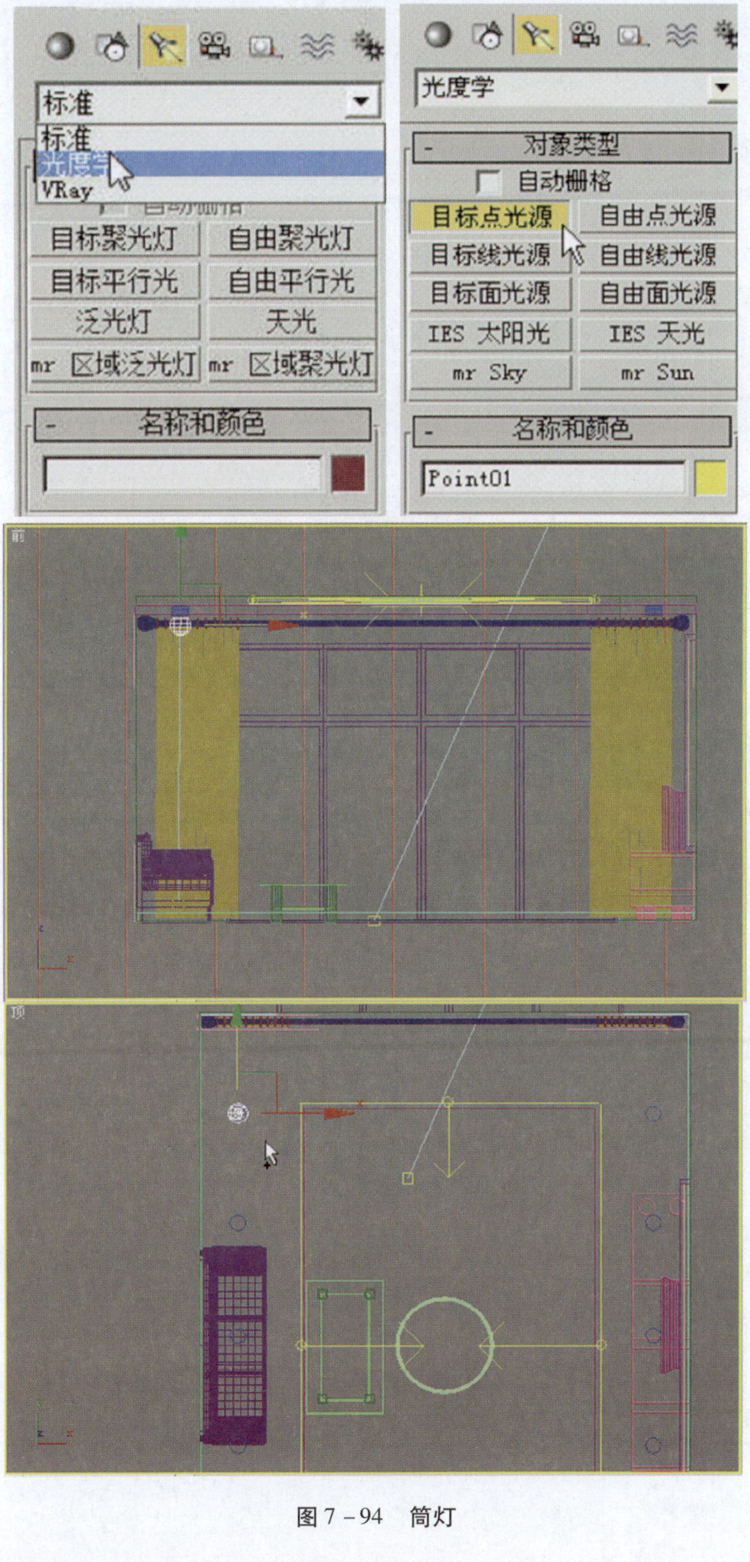

图 7－94　筒灯

● 实例复制出其他筒灯位置的目标点光源。如图 7－95 所示。

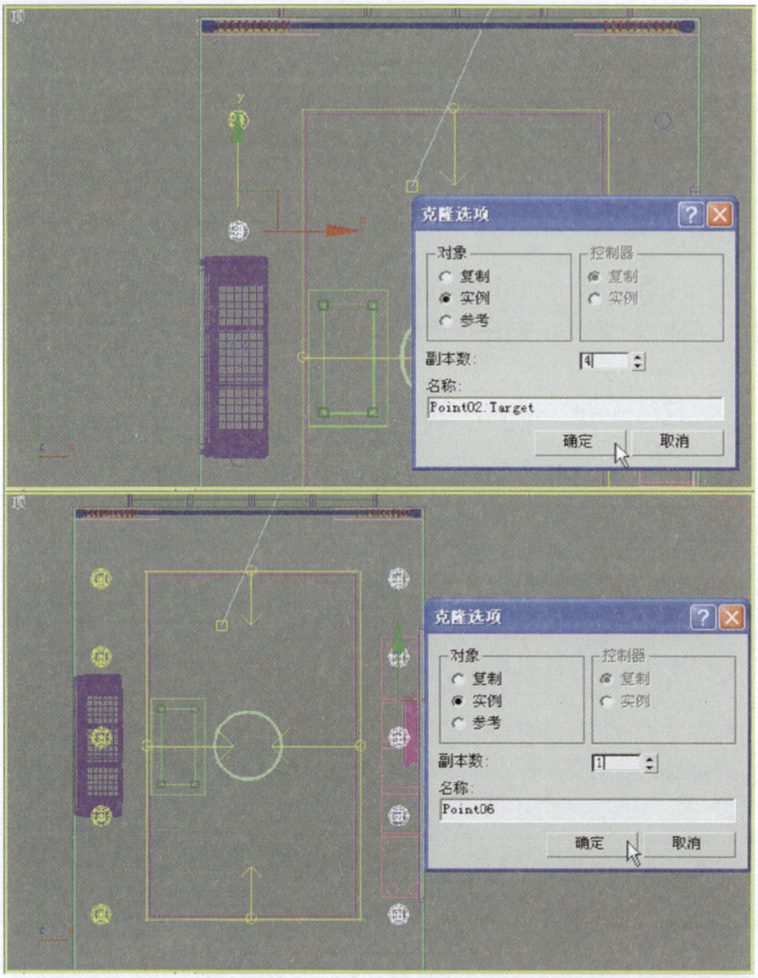

图 7－95　调节目标点光源位置

● 调节参数：在电脑中选择合适的 Web 文件，根据实际情况调节 cd 数值（控制灯光的亮度）。渲染摄像机视图看效果。这时发现整个客厅是红色弥漫的效果，这是出现了色溢现象。如图 7－96 所示。

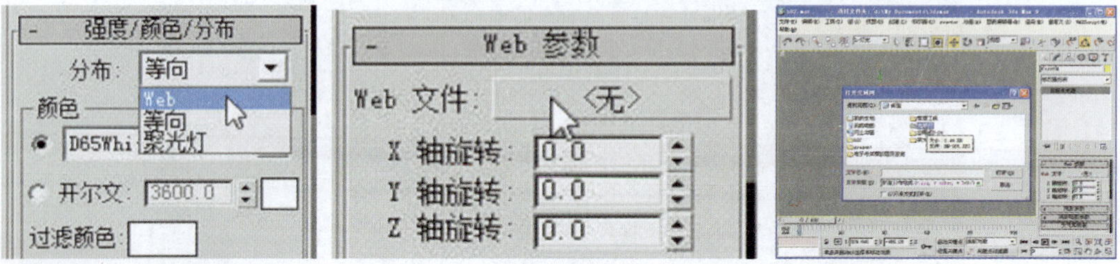

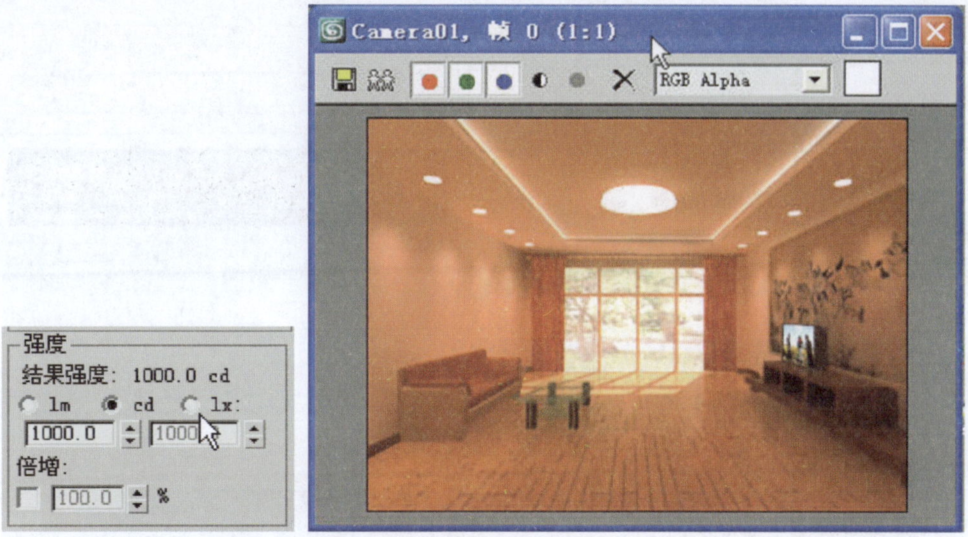

图 7 – 96　光域网效果

e. 色溢处理

● 地板色溢处理:在透视图中吸取地板材质，调出材质编辑器，给地板指定代理材质。如图 7 – 97 所示。

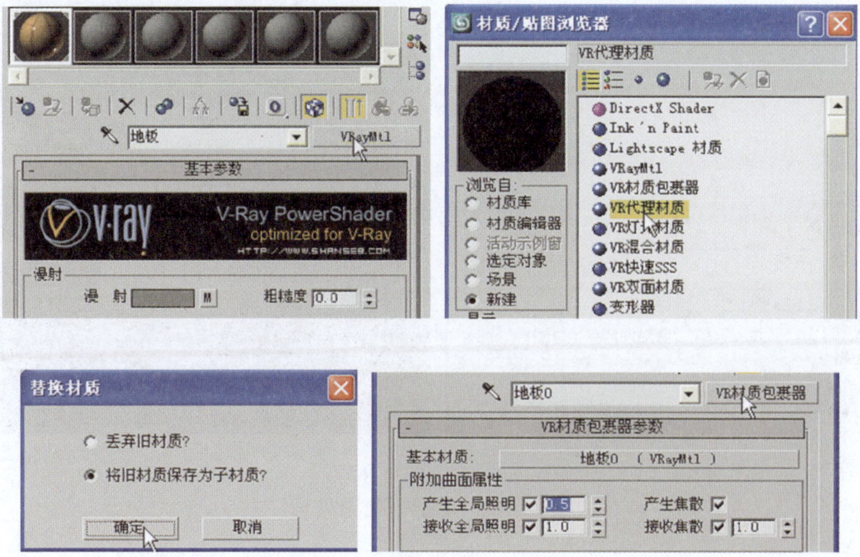

图 7 – 97　地板色溢处理

● 电视柜色溢处理:在透视图中吸取电视柜材质，调出材质编辑器，给木纹指定代理材质。如图 7 – 98 所示。

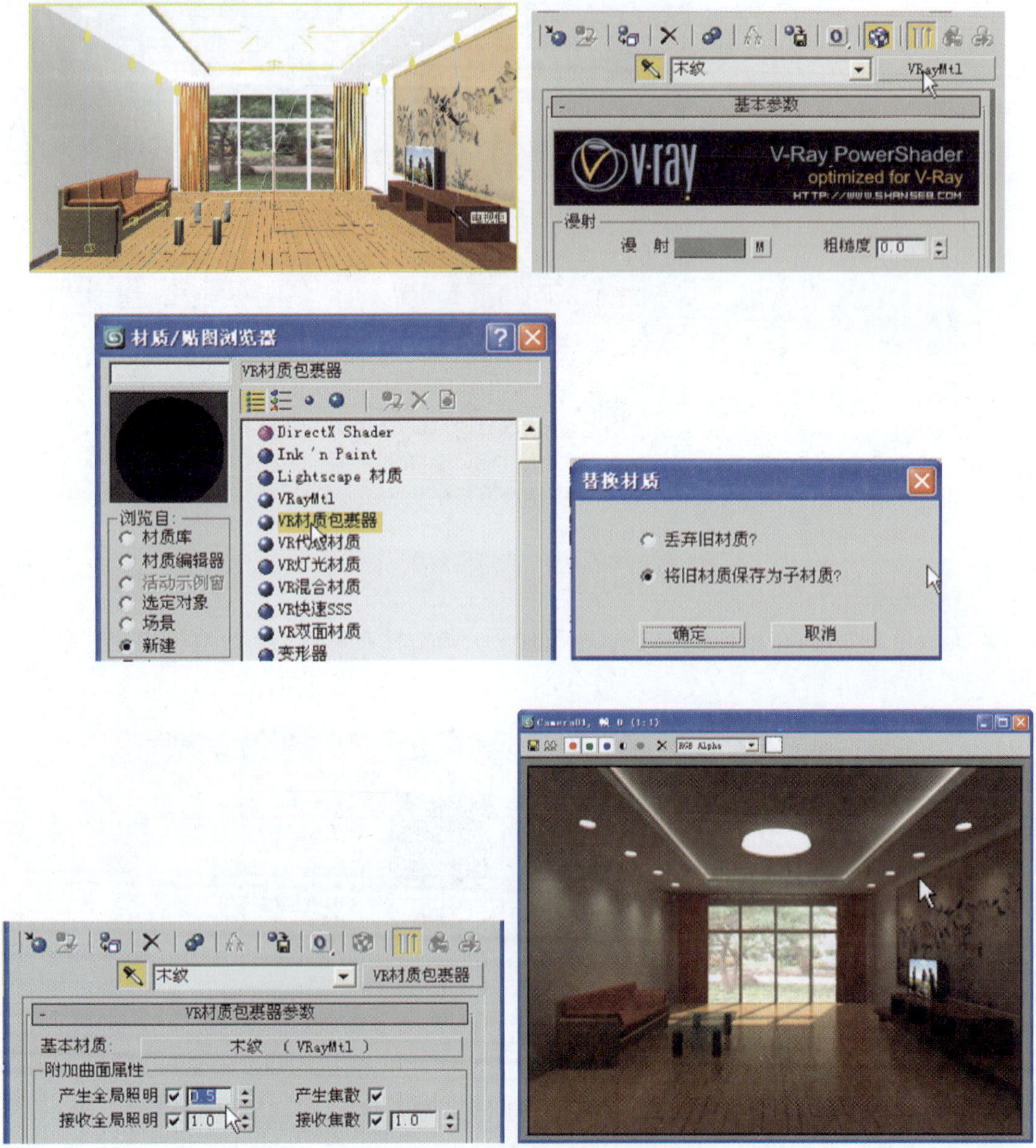

图 7－98　电视柜色溢处理

f. 补光

场景亮度不够时，可以在摄像机前面用 VRay 灯光作为补灯将场景提亮。如图 7－99 所示。

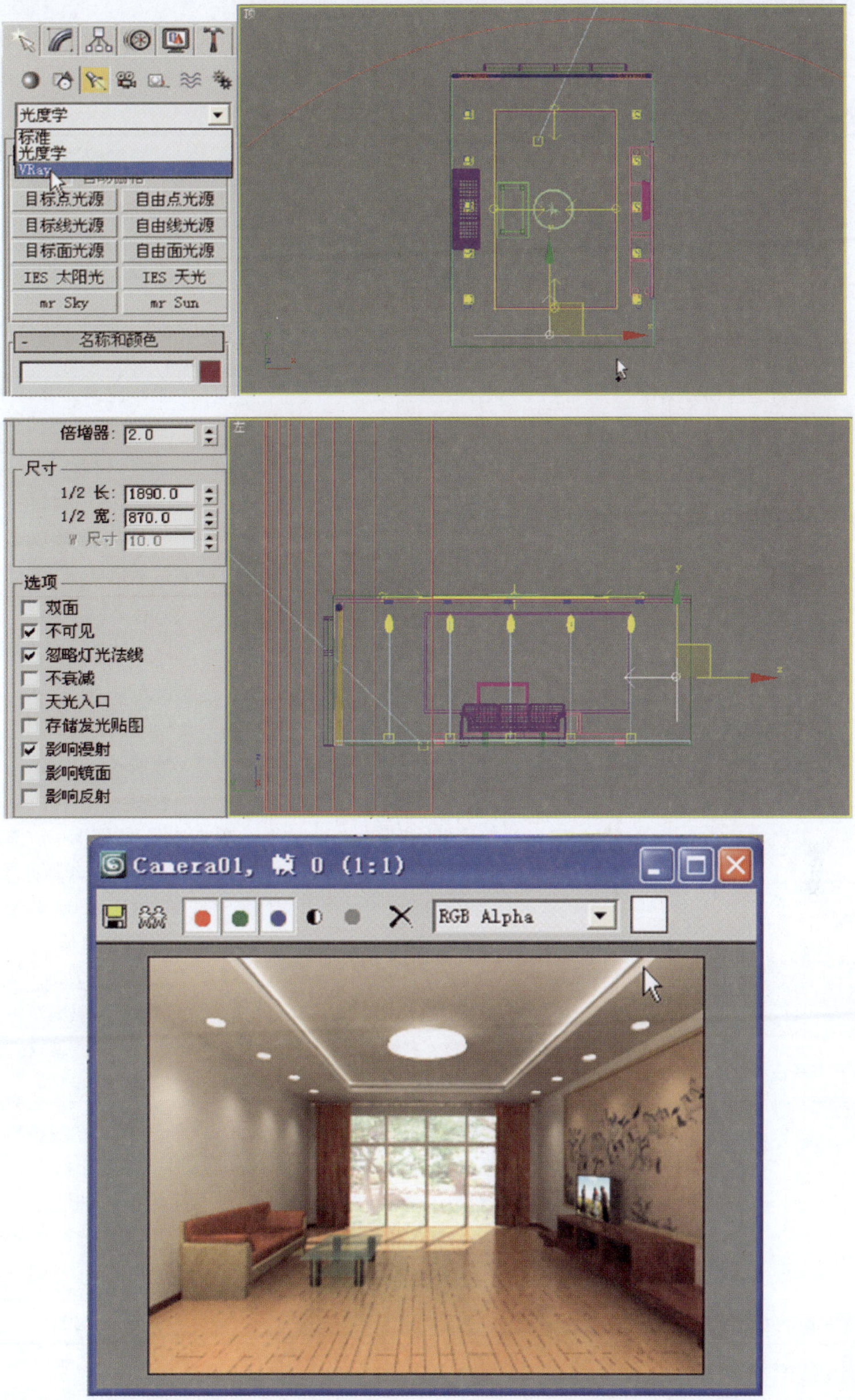
光度学
标准
光度学
VRay
目标点光源
自由点光源
目标线光源
自由线光源
目标面光源
自由面光源
IES 太阳光
IES 天光
mr Sky
mr Sun
名称和颜色
倍增器: 2.0
尺寸
1/2 长: 1890.0
1/2 宽: 870.0
W 尺寸 10.0
选项
双面
不可见
忽略灯光法线
不衰减
天光入口
存储发光贴图
影响漫射
影响镜面
影响反射
Camera01, 帧 0 (1:1)
RGB Alpha

图 7－99　补光

⑤图形输出

● 跑光子图。为加快渲染速度，一般采用先跑光子图，再正式渲染效果图的方法。光子图大小一般为最终出图大小的1/4。其它参数设置参见表7－2。

表7－2 **跑光子图与出图参数设置**

菜单	跑光子图阶段	出图阶段
V－Ray：：全局开关[无名]	过滤贴图[勾选] 默认灯光[去选] ***不渲染最终图像[勾选]***	过滤贴图[勾选] 默认灯光[去选] ***不渲染最终图像[去选]***
V－Ray：：图像采样(反锯齿)	自适应准蒙特卡洛[选择] 或 catmull－Rom[选择]	自适应准蒙特卡洛[选择] 或 catmull－Rom[选择]
V－Ray：：自适应细分图像采样器	最小比率：－1 最大比率:2	最小比率：－1 最大比率:2
V－Ray：：间接照明(GI)	开[勾选] 发光贴图[选择] 灯光缓冲[选择] 或 准蒙特卡洛算法[选择]	开[勾选] 发光贴图[选择] 灯光缓冲[选择] 或 准蒙特卡洛算法[选择]
V－Ray：：发光贴图[无名]	自定义[选择] 最小比率：－4 最大比率：－1 模型细分：50 插补采样:30 ***模式:单帧*** ***自动保存[勾选]*** ***单击浏览:命名Vrmap 文件***	自定义[选择] 最小比率：－4 最大比率：－1 模型细分:50 插补采样:30 ***模式:从文件*** ***单击浏览:找到Vrmap 文件*** ***自动保存[去选]***
V－Ray：：灯光缓冲	细分:1500 ***模式:单帧*** ***自动保存[勾选]*** ***单击浏览:命名Vrlmap 文件***	细分:1500 ***模式:单帧*** ***单击浏览:找到Vrlmap 文件*** ***自动保存[去选]***
V－Ray：：环境[无名]	全局光环境(天光)覆盖 开[勾选]	全局光环境(天光)覆盖 开[勾选]
V－Ray：：系统	最大树的深度:100 渲染区域分割:32 区域排序:螺旋或 帖标记:[勾选]选择渲染时间 显示窗口[去选]	最大树的深度:100 渲染区域分割:32 区域排序:螺旋或 帖标记:[勾选]选择渲染时间 显示窗口[去选]
V－Ray：：：帧缓冲区	800×600	3200×2400

说明:表中斜体加粗部分为不同之处。

● 添加渲染 ID。为方便后期处理，需要指定 VRay 渲染 ID。如图 7－100 所示。

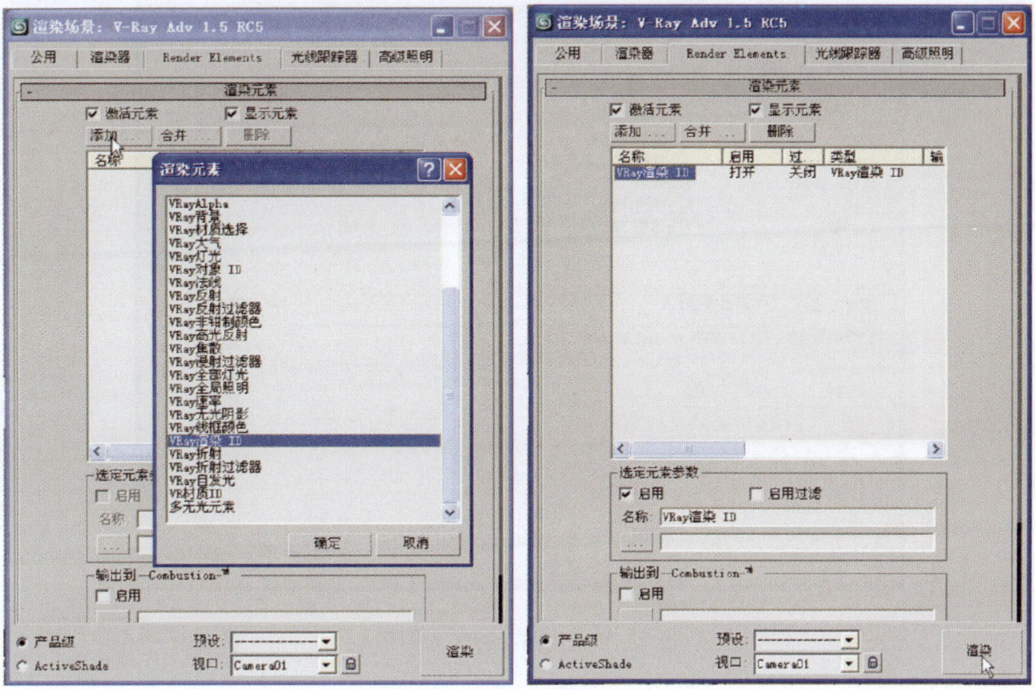

图 7－100 添加渲染 ID

● 渲染 A 图。按出图阶段参数设置渲染器参数后，单击菜单渲染/渲染(R)，打开渲染场景，单击渲染按钮，得到 A 图，如图 7－101 所示。单击保存按钮，弹出如图 7－102 所示的对话框，选择保存位置、命名、选定 jpg 格式，单击保存按钮，渲染 A 图完毕。

● 渲染 B 图。A 图渲染结束的同时，B 图就会自动跳出。按保存 A 图步骤保存 B 图，如图 7－103 所示，渲染 B 图完毕。

图 7－101 客厅效果图 A

图 7－102　保存客厅效果图 A

图 7－103　渲染效果图 B

习 题

一、填空题

1. 效果图设计中，一般将单位设为__________。
2. 效果图渲染输出时，渲染设置窗口的输出尺寸参数用来确定__________的大小。
3. 目前 3D 效果图渲染输出时有__________、__________和__________等几种渲染器。
4. 室内效果图设计中，通过__________定位观看者位置，以便随时观察修改的效果。
5. 室内效果图设计中，一般将摄影机高度定位在______________ mm。

二、简答题

1. 简述室内效果图设计的一般步骤。
2. 说明 V－ray 渲染的一般步骤。
3. 图形输出时 A 图与 B 图各起什么作用？
4. 说明合并 3ds max 文件时材质如何设置。
5. 说明室内效果图设计中三点灯光布置过程。

三、操作题

创作一个如图 7－104 所示客厅效果图。

图 7－104 客厅效果图

模块8 室外效果图设计

模块导读

本模块以住宅楼为例全面介绍了室外效果图的设计过程，是对室外效果图设计流程的具体化。希望通过这些内容的讲解与同学的上机操作练习，使同学们能够全面掌握室外效果图设计过程，并通过艰苦的训练，逐步掌握效果图设计的一些技巧，为以后创作出更优秀的作品及从事相关工作打下坚实的基础。

学习内容分解

- 掌握3ds max9中导入AutoCAD图形文件及相关操作。
- 掌握住宅楼各构配件创建方法。
- 掌握3ds max9效果图设计图形输出要点。
- 了解效果图设计后期处理要点。

任务8.1 主要命令简介

8.1.1 翻转法线

3ds max 中的建模实体可分为三维实体与单面物体。为了节约计算机资源，加快运行速度，建模时最好使用单面物体创建，如一个高度为0的长方体最少面数为12个，而一个平面最少面数只有2个。为更好地显示模型，常常要为单面物体设置观看方向即法线。3ds max 8.0以前版本中的单面物体只能在法线方向上看得见，3ds max 9.0以后版本中的单面物体在法线两侧均能看得见，但显示方式不同，因此为了更好地创建与显示模型需要进行翻转法线操作。操作方法有以下三种：

(1)选中物体，单击按钮，在下拉列表中选择【法线】，进行如图8－1所示参数设置，完成操作。

(2)在可编辑多边形的多边形子对象级别下选择多边形子对象，右击，在图8－2所示快捷菜单中选择翻转法线。

(3)在可编辑多边形的多边形子对象级别下选择多边形子对象，选择 - 编辑多边形 / 翻转。

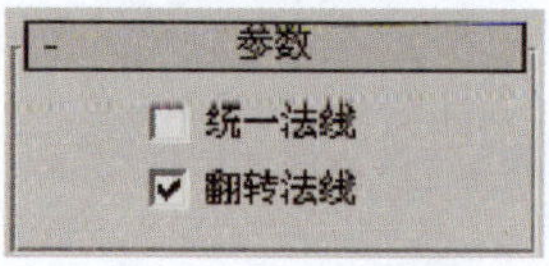

图8－1 法线参数

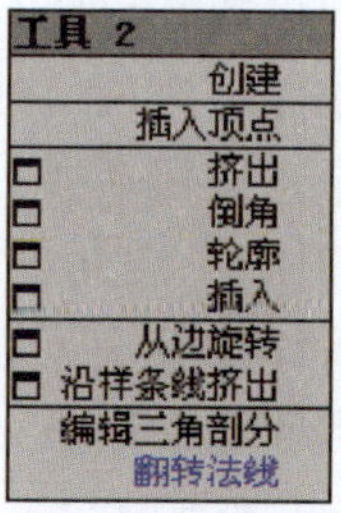

图8－2 右键快捷菜单

8.1.2 晶格

它可以使物体以骨架形式显示，在创建窗户、楼梯护栏时经常用到。操作方法是：选中物体，单击按钮，在下拉列表中选择【晶格】，进行支柱与节点参数设置即可。

8.1.3 孤立模式

为方便观察与操作，以当前选择对象单独显示在视图中。方法是选中物体右击，在如图8－3所示快捷菜单中选择【孤立当前选择】即可；也可选中物体后，按组合键【Alt+Q】。

任务 8.2　住宅楼效果图设计

8.2.1 设计目的

室外效果图重在表现建筑物的外部特征，建筑物本身与其环境之间的协调性。通过合理运用 3ds max 的操作技术与表现手法，设计的住宅楼室外效果图主要要表现出住宅楼的环境优雅、空气新鲜、鸟语花香，住宅楼的宁静与休闲浪漫相协调，给人一种温馨——家的感觉。

8.2.2 设计构思

(1)导入 AutoCAD 图形

导入的 AutoCAD 图形作为挤出对象，以创建墙体。

(2)绘制住宅楼首层

运用 3ds max9 提供的各种绘图与编辑命令，绘制首层墙体。注意事项:为更好地观察绘制效果，创建一部摄影机，以确定适宜的观察角度，再初步添加适宜的灯光;创建过程中最好对创建的各构配件要按物体类别命名;及时指定材质，并且材质命名要按所赋予的对象相对应，以免造成混乱。

(3)地下室绘制

(4)阵列生成其它层与修改顶层并创建楼体装饰

(5)创建住宅楼入口处构配件

(6)镜像生成住宅楼

(7)添加屋顶、地面、后墙、调整墙体材质，镜像生成住宅楼

(8)重新添加与调节灯光与摄影机位置

(9)输出 3D 效果图，住宅楼 3D 效果图与平面尺寸如图 8－3 所示。

(10)Vray 渲染应用

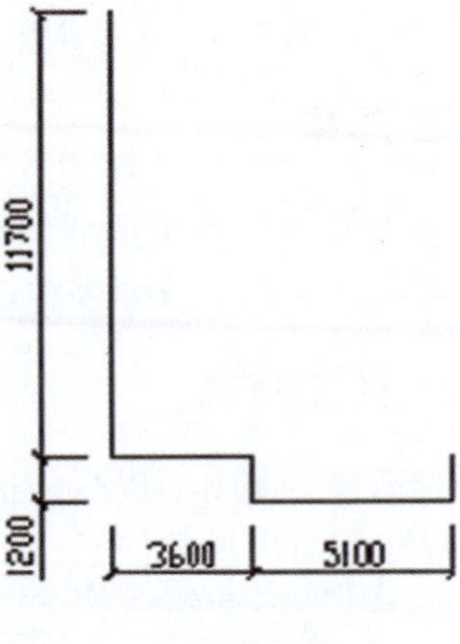

图 8－3　住宅楼 3D 效果图与平面尺寸

8.2.3 设计详解

(1)导入图纸

单击【文件】/【导入】，弹出如图 8－4 所示对话框，选用默认设置，确定后即导入到 3ds max 中。选中导入图形，命名为“墙体 01”，颜色改为非白色。单击按钮，右击按钮，在弹出的对话框中各坐标值均设为 0，视图中墙体的形态与位置如图 8－5 所示。

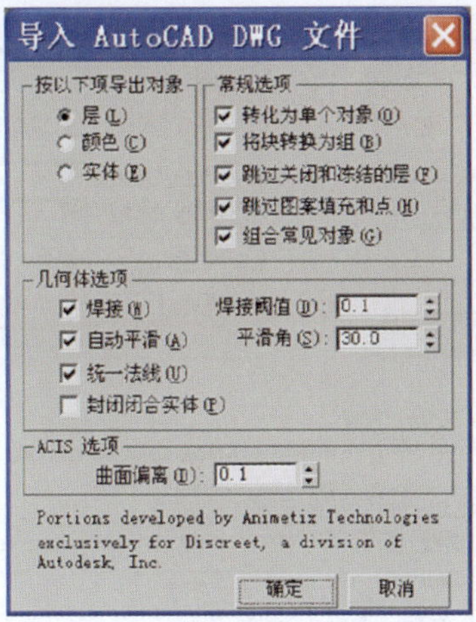

图 8－4 导入 CAD 图形对话框

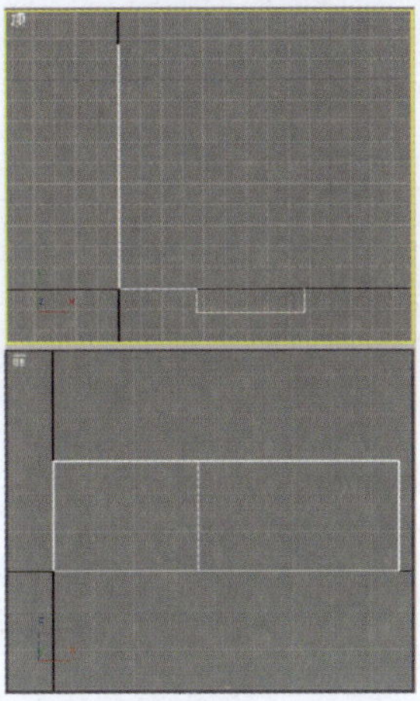

图 8－5 导入 CAD 图形后的视图形态

(2)墙体生成与初步创建灯光、摄影机

①激活前视图，选中墙体 01，单击/挤出，设置数量为 2800mm，表示层高是 2.8m。单击按钮，设置墙体材质并赋予墙体，其视图中形态如图 8－6 所示。

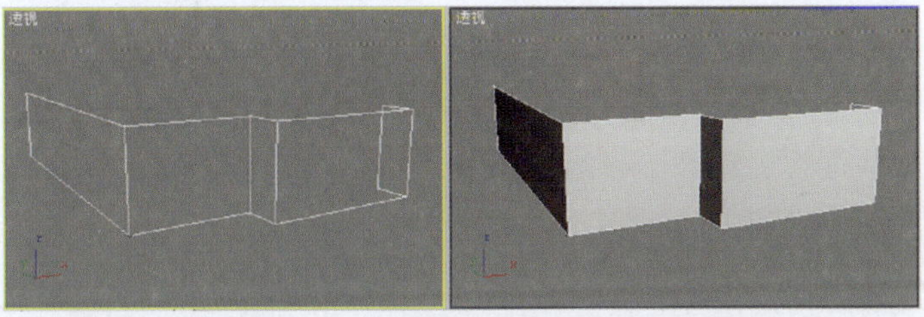

图 8－6 挤出后墙体 01 的形态

②复制墙体：激活前视图，复制一个墙体，命名为“墙体 00”，移动复制出的墙体 00 的位置如图 8－7 所示。选择墙体 01，右击，选择隐藏未选定对象选项，单击按钮，最大化显示所有视图。

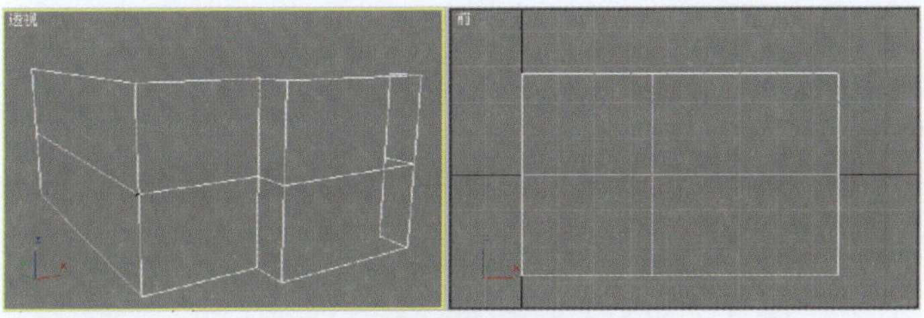

图 8－7 复制墙体 00 的形态

③初步创建灯光、摄影机

激活透视图，调整墙体到适宜的观察角度，点击 Ctrl + C 组合键，创建了一个 Camera01；激活顶视图，沿摄影机右侧约 45 度夹角方向创建一盏目标聚光灯，其参数调整见图 8 – 18 所示，再在适宜位置创建一盏泛光灯，参数调整见图 8 – 9 所示，运用实例复制方式复制出 2 盏泛光灯。然后激活前视图，调整聚光灯与泛光灯的位置如图 8 – 10 所示。

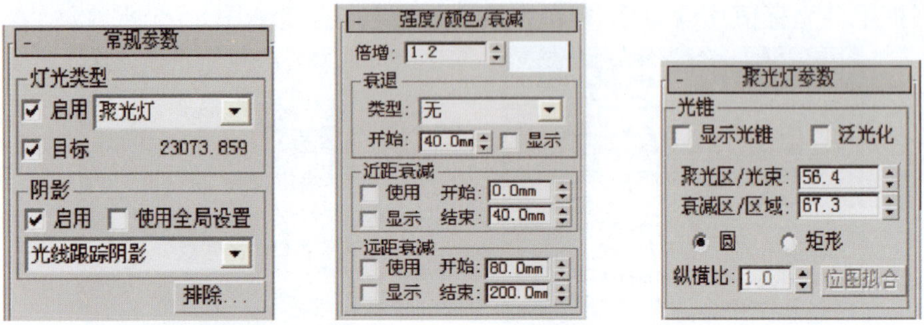

图 8 – 8　聚光灯参数设置

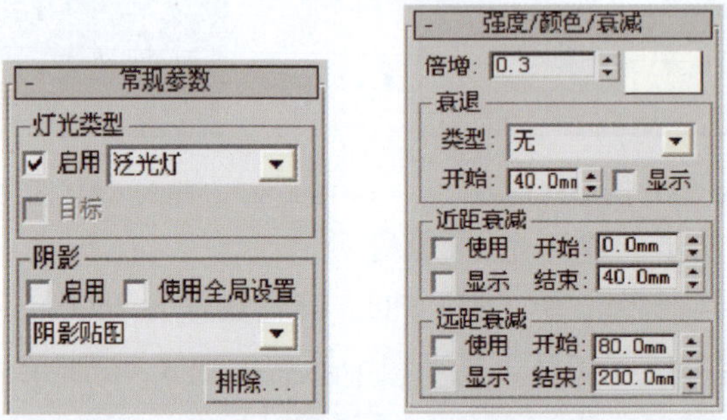

图 8 – 9　泛光灯参数设置

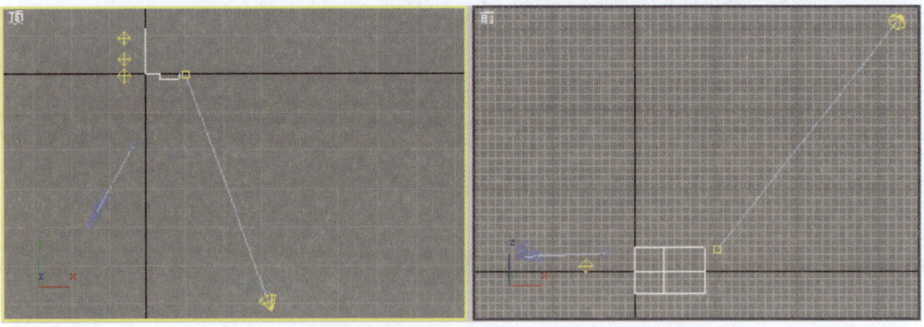

图 8 – 10　摄影机、聚光灯、泛光灯的位置调整

（3）住宅楼首层绘制

①选择墙体 01、右击，选择“隐藏未选定对象”选项，单击按钮，最大化显示所有视图。

②客厅窗户绘制

a. 在墙体 01 上单击，选择“转换为可编辑多边形”选项。

b. 单击按钮，在透视图中选择客厅窗户的中线，单击 切角 按钮右边的小按钮，在弹出如图 8－11 所示对话框中进行切角参数设置，单击确定，完成第一次切角，创建出了 3.2m 宽的窗线。

c. 单击连接按钮右边的小按钮，弹出如图 8－12 所示对话框，采用默认设置，单击确定按钮，完成连接。

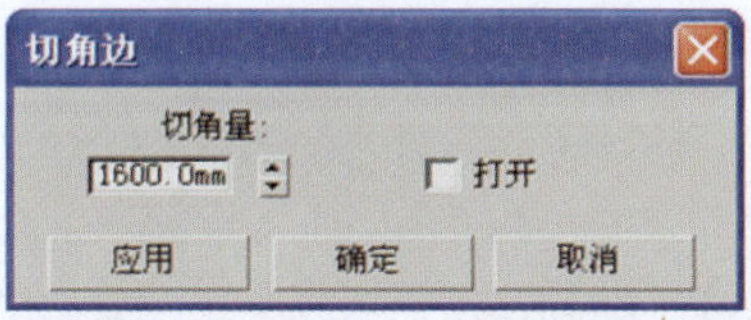

图 8－11 切角对话框

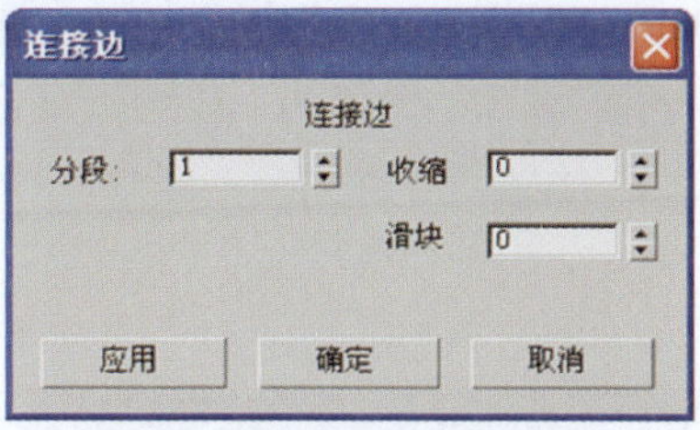

图 8－12 连接边对话框

d. 单击切角按钮右边的小按钮，输入 750，单击确定，完成第二次切角，创建出了上下两条窗线。

e. 单击按钮，右击按钮，在弹出的如图 8－13 所示对话框中的偏移:屏幕下的 Y 窗中，输入 250(表示将这两条窗线沿 Y 轴向上相对移动 250mm)。以上操作绘制出了客厅窗户边线。

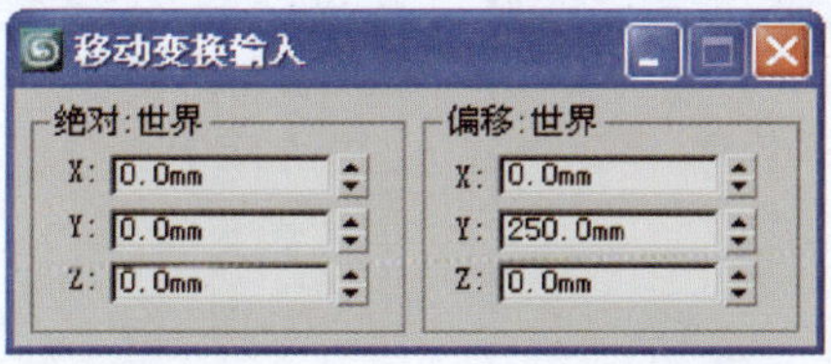

图 8－13 移动变换输入对话框

f. 单击按钮，选择客厅窗户处多边形，单击挤出右边的小按钮，弹出如图 8－14 所示对话框，设置参数，单击确定按钮，表示窗户处于外墙线以内 160mm 处。右击，在快捷菜单中选择“分离”选项，在弹出的分离对话框中命名为“窗框”，如图 8－15 所示。点击 Ctrl＋B 组合键，再次右击、选择“隐藏当前选择”选项。

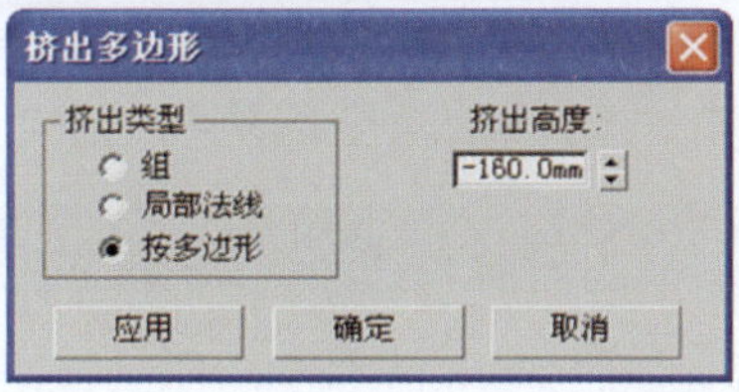

图 8－14 挤出多边形参数设置

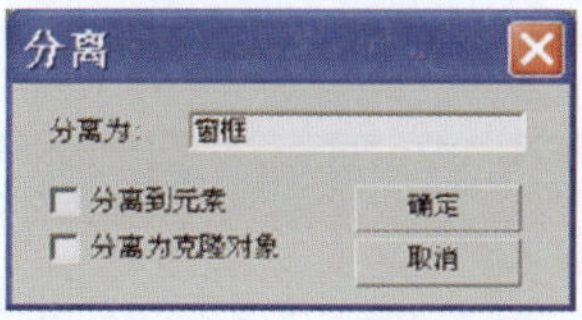

图 8－15 分离对话框

g. 选择窗框，单击按钮，选择左右窗线，单击连接按钮；右击按钮将连接线沿 Y 轴向上移动 250；连选三条水平窗线，单击连接按钮右边的小按钮，在弹出的连接边对话框中的连接边分段数中输入 5，表示左右 5 等分窗户；单击按钮，单击插入按钮右边的小按钮，弹出如图 8－16 所示对话框，进行参数设置，表示窗框厚度为 40mm；右击，选择“分离”选项，命名为“玻璃”，将窗框材质赋予窗框；点击 Ctrl＋B 组合键，再次右击、选择“隐藏当前选择”选项。

h. 选择玻璃，单击按钮，每隔一组选择一组如图 8－17 所示，单击 挤出 右边的小按钮，弹出如图 8－18 所示对话框，设置参数，单击 确定 按钮，表示玻璃从窗框外线向内凹 10 mm。点击 Ctrl＋I 组合键，选择另外三组玻璃，单击 挤出 右边的小按钮，弹出如图 8－19 所示对话框，设置参数，单击 确定 按钮，表示另外一半窗扇向外凸出 30 mm。右击，选择“分离”选项，命名为“窗框”；点击 Ctrl＋B 组合键，再次右击、选择“隐藏当前选择”选项。

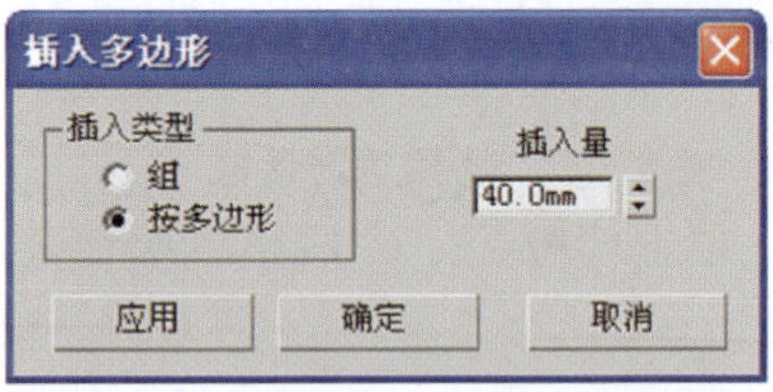

图 8－16　插入多边形对话框参数设置

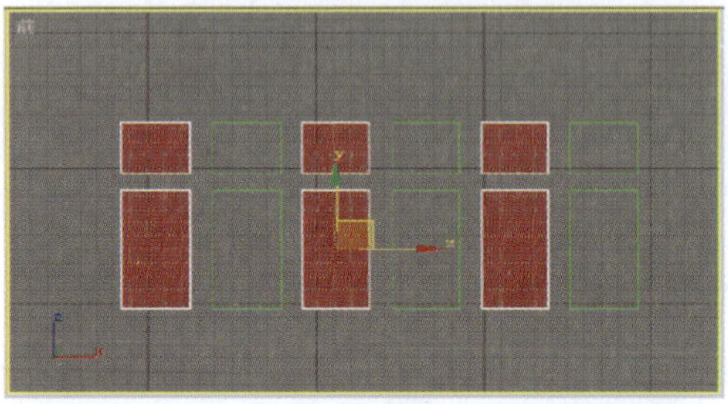

图 8－17　隔组选择形态

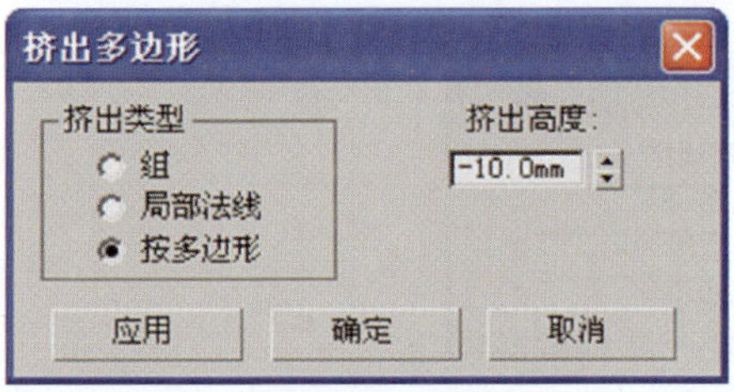

图 8－18　挤出多边形参数设置

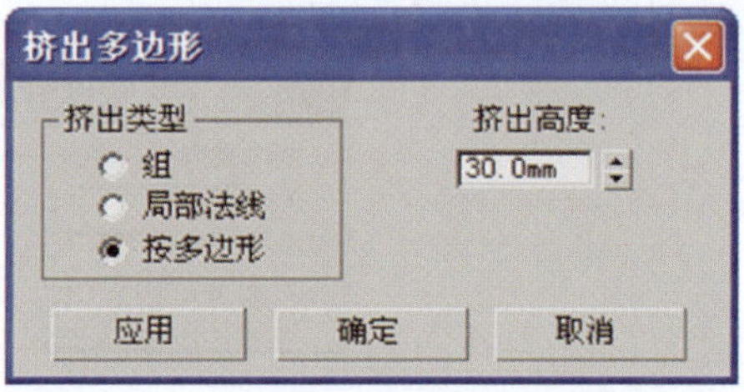

图 8－19　另一半窗扇挤出参数设置

i. 选择当前视图中的窗框，单击按钮，点击 Ctrl＋A 组合键，单击 插入 按钮右边的小按钮，弹出如图 8－20 所示对话框，进行参数设置，表示窗框厚度为 25mm；右击，选择“分离”选项，命名为“玻璃”，将窗框材质赋予窗框；点击 Ctrl＋B 组合键，退出子物体级别，选择刚分离出的玻璃，单击按钮，点击 Ctrl＋A 组合键，单击 挤出 右边的小按钮，弹出如图 8－21 所示对话框，进行参数设置，表示玻璃由外窗框向内凹 10mm；点击 Ctrl＋B 组合键，退出子物体级别，将玻璃材质赋予玻璃。右击，选择“取法全部隐藏”选项。

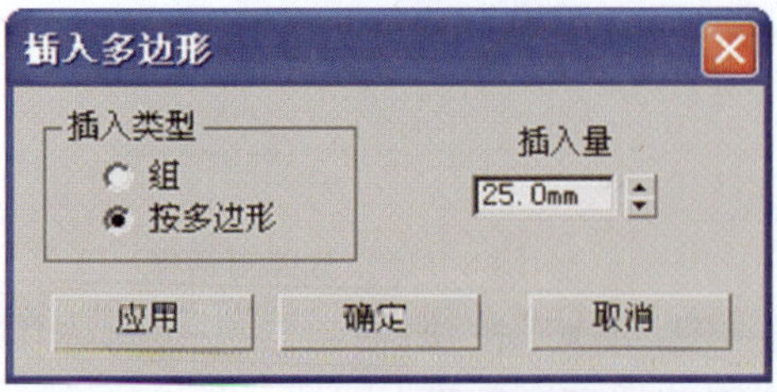

图 8－20　窗扇框插入参数设置

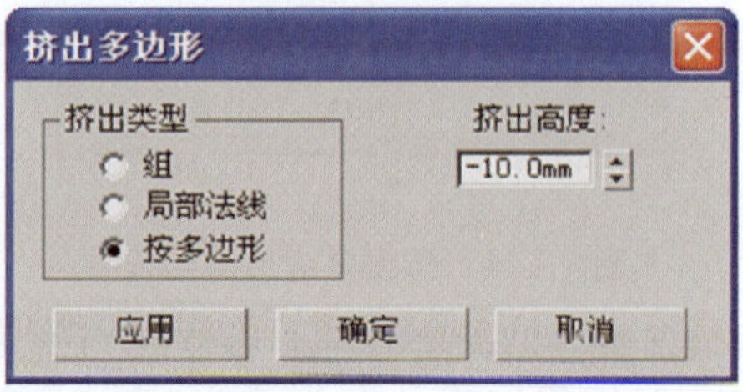

图 8－21　窗扇玻璃参数设置

j. 至此，客厅窗户制作完成。按 F9 键进行渲染如图 8－22 所示，从效果看不是很理想。下面我们给渲染背景添加一张风景画，以增强渲染效果。单击【渲染】/【环境】，弹出如图 8

-23 所示对话框，单击【环境】/【环境贴图】下的 无 按钮，打开如图 8-24 所示对话框，双击位图，打开如图 8-25 所示对话框，选择“远景 14”图片，确定，返回“环境与效果”对话框，这时长按钮变为 Map #1 (风景画.jpg) 形态。再次按 F9 键进行渲染，得到如图 8-26 所示效果。

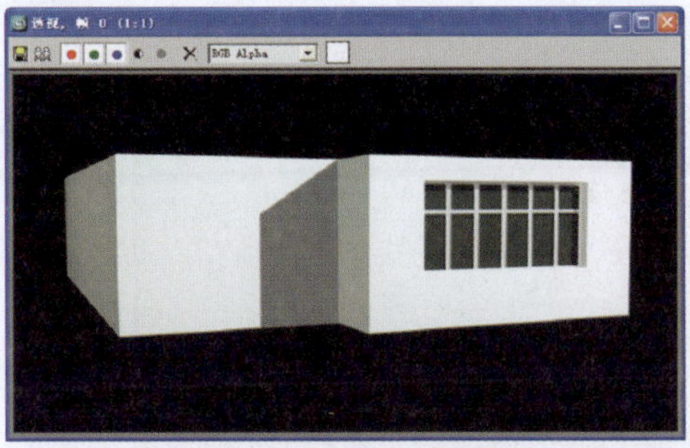

图 8-22 初步渲染效果

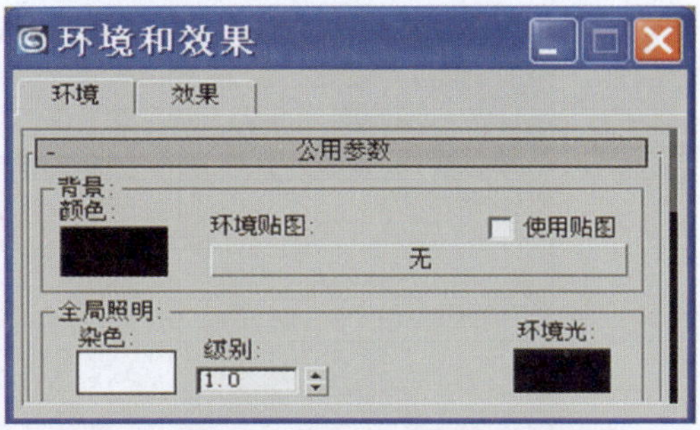

图 8-23 环境和效果对话框

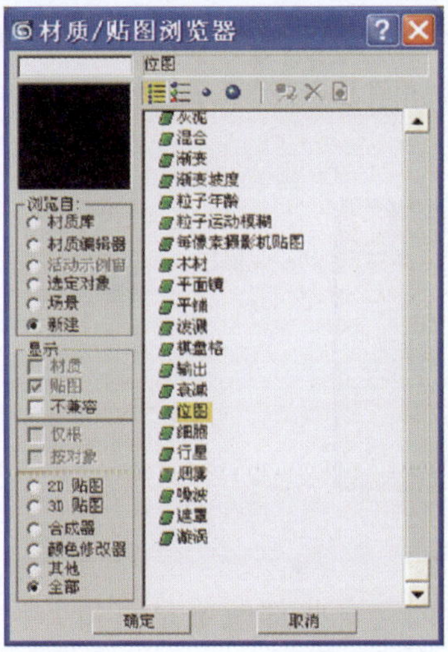

图 8-24 材质贴图/浏览器对话框

图 8-25 选择位图图像文件对话框图

图 8-26 添加渲染背景后渲染效果

③主卧室阳台绘制

a. 选择墙体 01、右击，选择“隐藏未选定对象”选项。单击按钮，最大化显示所有视图。

b. 单击按钮，选择卧室正立面与左侧面，单击 快速切片 按钮，打开 2.5 维捕捉，设置栅格点捕捉类型，进行纵向切割，切割后的形态如图 8 – 27 所示，将阳台分离，命名为“阳台”。

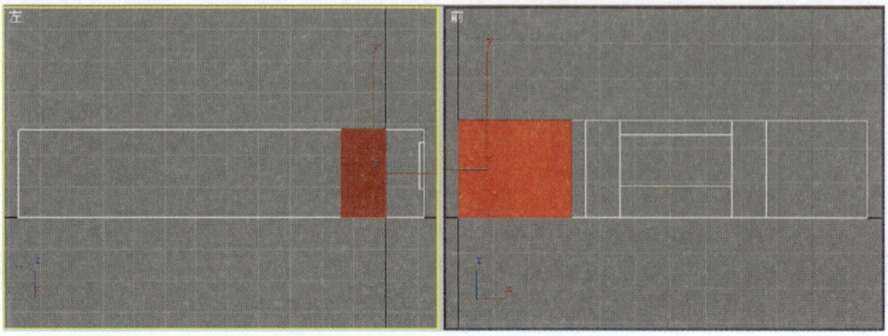

图 8 – 27　切割阳台后的形态

c. 点击 Ctrl + B 组合键，再次右击、选择“隐藏当前选择”选项。选择阳台，单击按钮，点击 Ctrl + A 组合键，单击 挤出 右边的小按钮，弹出如图 8 – 28 所示对话框，进行参数设置，表示阳台由墙线向外凸出 400mm。

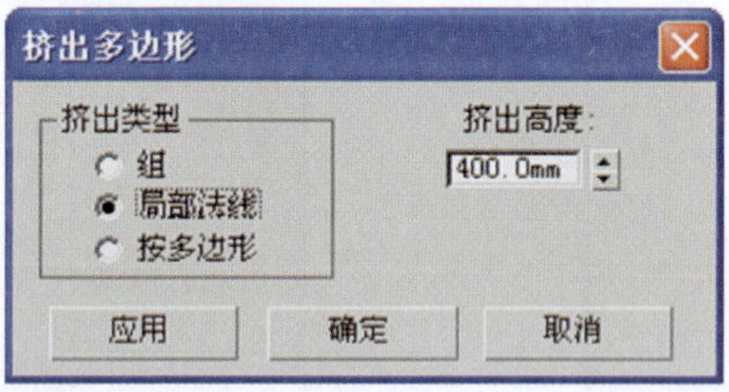

图 8 – 28　阳台挤出参数设置

d. 修正阳台。挤出后的阳台如图 8 – 29 所示，可以发现它有些部位不是直角，不符合实际情况。激活顶视图，选择阳台，单击按钮，打开顶点与栅格捕捉，移动阳台顶点至适当位置，移动后的结果如图 8 – 30 所示。

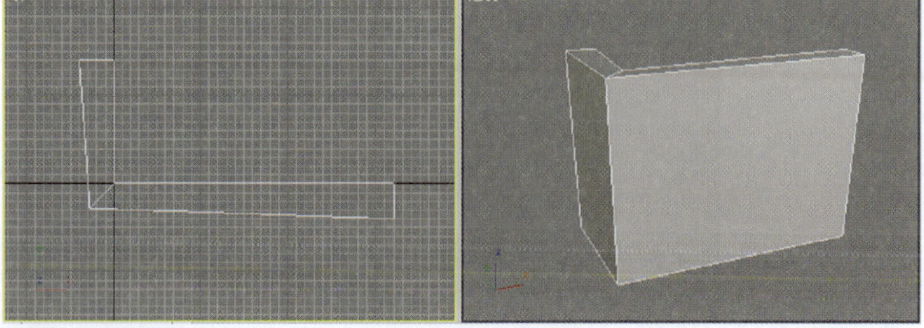

图 8 – 29　挤出阳台的形态

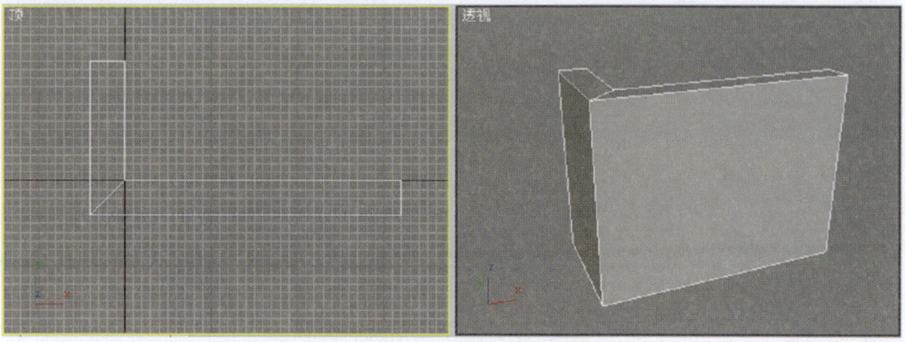

图 8-30　阳台修正后的形态

e. 选中阳台，单击按钮，选择阳台正立面、左侧面及两个内侧面，单击快速切片按钮，打开 2.5 维捕捉，设置栅格点捕捉类型，进行切割，其形态如图 8-31 所示。

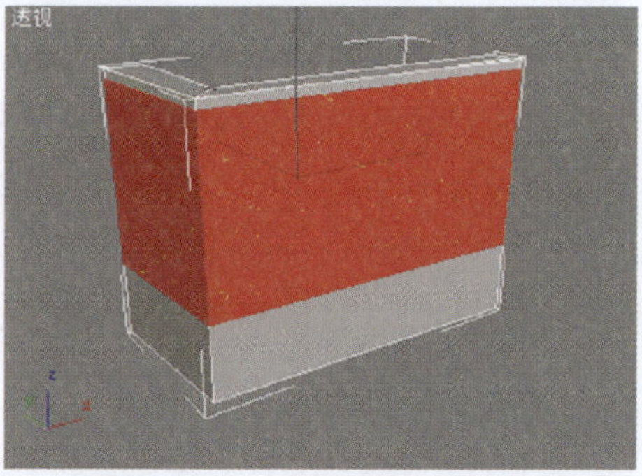

图 8-31　切割后阳台的形态

f. 选中阳台上下沿，其形态如图 8-32 所示，右击，选择“分离”选项，命名为“阳台上下沿”。点击 Ctrl + B 组合键，退出子物体级别。选择阳台上下沿，单击按钮，点击 Ctrl + A 组合键，单击挤出右边的小按钮，弹出如图 8-33 所示对话框，进行参数设置，表示阳台上下沿向外凸出 60mm；点击 Ctrl + B 组合键，退出子物体级别。将阳台沿材质赋予阳台上下沿。

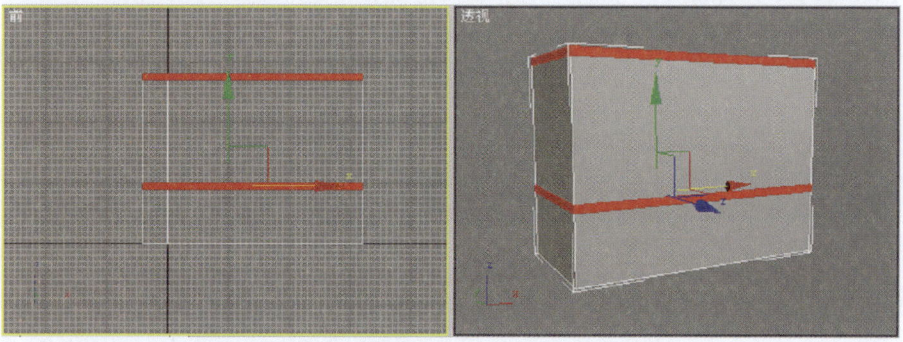

图 8-32　切割与选中阳台上下沿形态

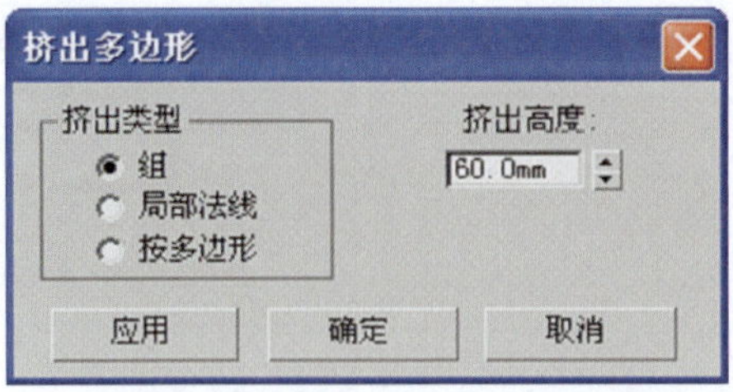

图 8－33　阳台上下沿挤出参数设置

g. 阳台窗户绘制。绘制方法与前面客厅窗户的绘制相近，这里只给出绘制过程中的关键步骤的图示与结果，见图 8－34、图 8－35、图 8－36，详细操作请同学们参照“客厅窗户绘制”小节。

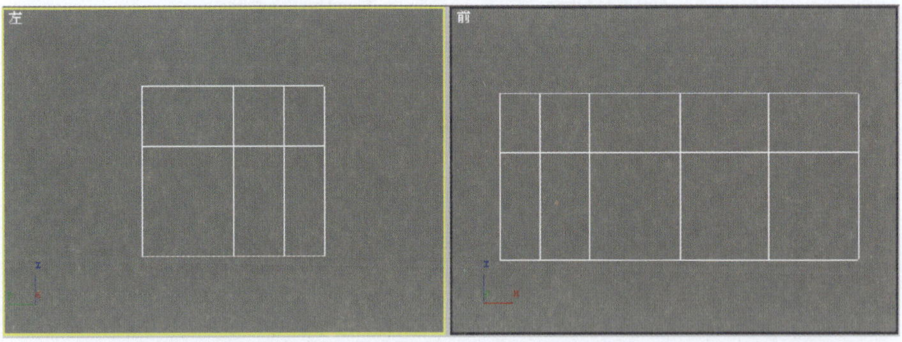

图 8－34　阳台窗户切割后的形态

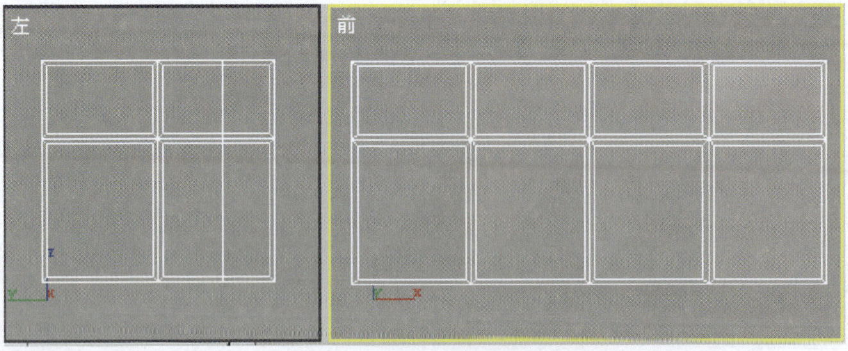

图 8－35　阳台窗户插入后的形态

图8－36 渲染透视图阳台的效果

④左侧窗户、雨篷及护栏绘制

左侧窗户绘制请同学们参照客厅窗户绘制步骤进行绘制，下面介绍雨篷和护栏的绘制方法。

a. 选择墙体01、右击，选择“隐藏未选定对象”选项，单击按钮，最大化显示所有视图。单击按钮，选择左侧窗户中线，单击 切角 按钮右边的小按钮，输入500，单击 确定 ，完成雨篷竖向线创建。单击按钮，选择创建雨篷处的左侧面，单击 快速切片 按钮，打开2.5维捕捉，设置栅格点捕捉类型，进行切割，其形态如图8－37所示。

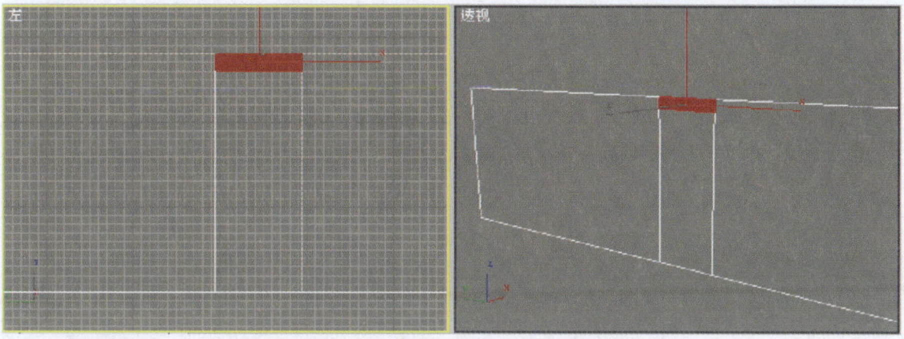

图8－37 切割雨篷的形态

b. 选择雨篷处的面，右击，选择“分离”选项，命名为“雨篷”。点击Ctrl＋B组合键，退出子物体级别。选择雨篷，单击按钮，点击Ctrl＋A组合键，单击 挤出 右边的小按钮，在弹出对话框中输入800，表示雨篷向外凸出800mm。点击Ctrl＋B组合键，退出子物体级别。将雨篷材质赋予雨篷，渲染效果如图8－38所示。

图 8－38　雨篷形态

c. 激活顶视图，打开 2.5 维捕捉，设置顶点捕捉类型。单击 线 按钮，分别捕捉雨篷的顶点，绘制一“U”形线；进入线段子级别，每条线段拆分 6 个点。如图 8－39 所示。

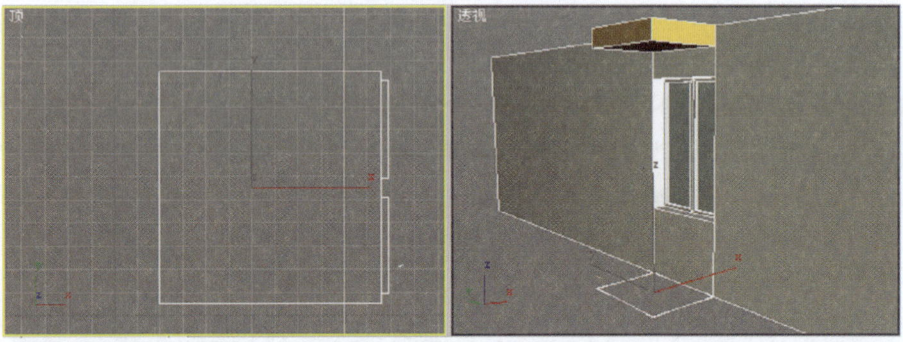

图 8－39　“U”形线形态

d. 单击 / 挤出 按钮，在弹出的对话框中数量输入 900。

e. 单击 / 晶格按钮，其参数设置如图 8－40 所示。将护栏材质赋予护栏，按 F9 键，渲染透视图，效果如图 8－41 所示。

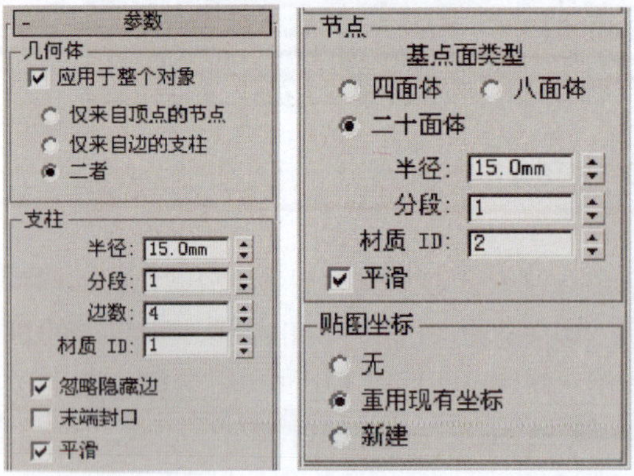

图 8－40　晶格参数设置　　　　图 8－41　护栏渲染效果

(4)地下室绘制

①选择墙体00、右击，选择“隐藏未选定对象”选项。单击按钮，最大化显示所有视图。激活前视图，单击按钮，打开顶点与栅格捕捉，把底部点向上移动1000mm，结果如图8－42所示。

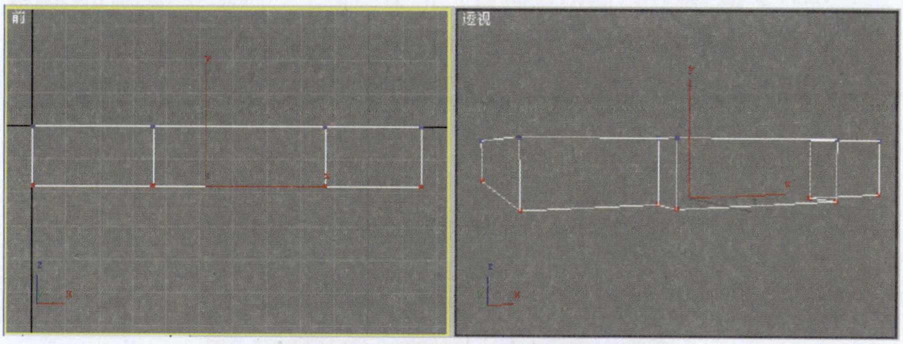

图8－42 调整地下室高度效果

②按前述方法绘制地下室窗户，最后渲染结果如图8－43所示。

图8－43 地下室渲染效果

(5)阵列生成其它层、修改顶层、创建楼体装饰

①激活前视图，选择首层，删除最右边一条边;选择首层所有对象，单击(组)/(成组)命令，命名为“首层”，确定;单击【工具】/【阵列】，弹出阵列对话框，从中选择1D阵列，Y轴增量输入2800，表示沿Y轴向上阵列距离为2800mm，数量框中输入5，表示阵列5个同样的实体;复制泛光灯与重新调整聚光灯位置，得到如图8－44所示。渲染摄影机视图如图8－45所示。

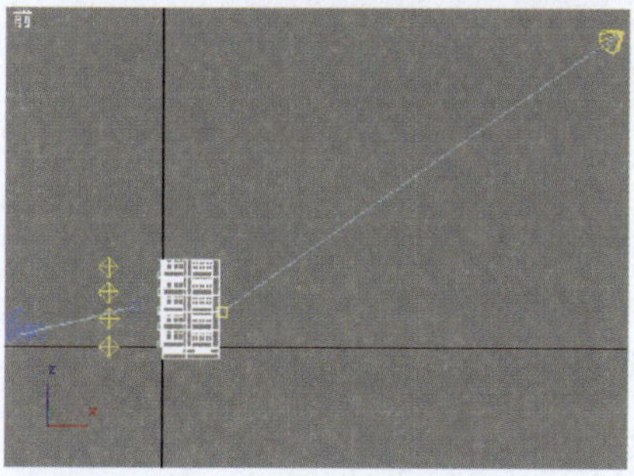

图8－44 阵列及灯光调整后的图形

图8－45 阵列后的渲染效果

②复制雨篷与添加窗楣

a. 激活前视图，选择顶层，单击【组】/【解组】命令，将顶层解散。选择雨篷，打开顶点捕捉类型，按住 Shift 键，复制到首层护栏下。

b. 添加窗楣：激活前视图，单击 / / 矩形 按钮，分别捕捉客厅窗户的两个对角点绘制矩形，命名为“窗楣”在左视图中调整窗楣位置。右击，选择“转换为可编辑样条线”选项，单击 按钮，单击 轮廓 按钮，输入 -100，表示向外偏移 100mm，点击 Ctrl + B 组合键，退出子物体级别。单击 / 挤出 按钮，在数量框中输入 100，表示向外挤出 100mm。向上阵列窗楣 4 个，渲染透视图如图 8 - 46 所示。

图 8 - 46　添加窗楣效果

③添加女儿墙

a. 激活顶视图，单击 / / 线 按钮，分别捕捉墙体的角点，绘制如图 8 - 47 所示的样条曲线命名为“女儿墙”。在左视图中移动至顶层。单击 / 挤出 按钮，在数量框中输入 800，表示向上挤出 800mm。

b. 点击 Alt + Q 组合键，进入孤立模式。右击，选择“转换为可编辑多边形”选项，单击 按钮，选择客厅处水平线，按住 Shift 键，向上复制一条，其形态如图 8 - 48 所示。

图 8 - 47　绘制闭合曲线

图 8 - 48　复制线的形态

c. 单击 按钮，选择创建的水平面，单击 快速切片 按钮，打开 2.5 维捕捉，设置栅格点捕捉类型，进行切割，其形态如图 8 - 49 所示。选择适当面，单击 挤出 右边的 小按钮，在弹出的对话框，数量输入 800。退出孤立模式，渲染摄影机视图，效果如图 8 - 50 所示。

图8－49　切割后的形态

图8－50　添加女儿墙效果

④装饰架制作

a. 选中女儿墙，激活顶视图，单击按钮，选择最右下角小面，如图8－51所示；单击分离按钮，在弹出的对话框中命名为“立柱”，单击确定按钮；点击Ctrl＋B组合键。

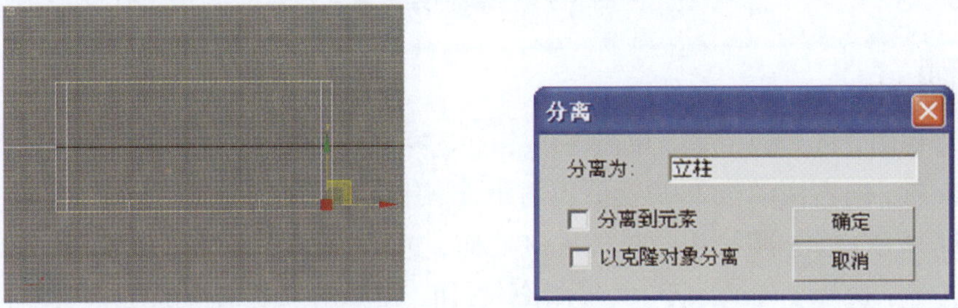

图8－51　分离立柱

b. 选择立柱，单击按钮，选择顶面，单击挤出按钮后的按钮，在弹出的对话框中输入2400mm，通过实例复制方式，将柱复制到四个顶点上，并适当移动位置，然后再将四根柱复制到另一侧，结果如图8－52所示。

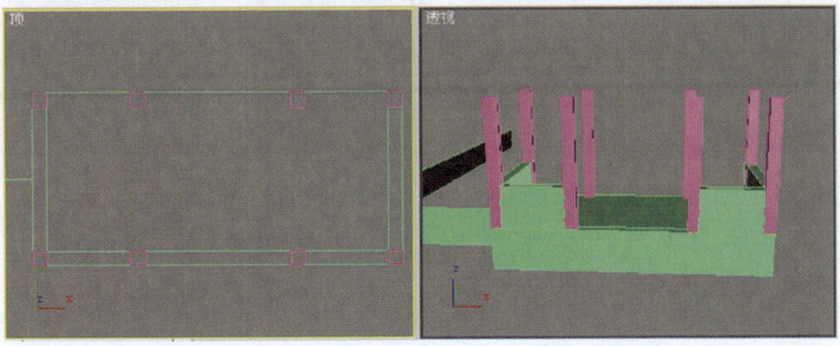

图8－52　立柱的形态

c. 选择其中的角柱之一，单击【使唯一】按钮，单击按钮，点Ctrl＋A组合键，单击快速切片按钮，打开2.5维捕捉，设置栅格点捕捉类型，在适当位置进行切割。选择一个小侧面，右击，选择“分离”选项，命名为“横柱”，点击Ctrl＋B组合键，退出子物体级别。

d. 选择横柱，单击按钮，点Ctrl＋A组合键，单击挤出右边的小按钮，在弹出的对话框，数量输入 2400，得到一横柱。选择【工具】/【阵列】，按 1D 阵列方法，得到其它柱。

e. 按上法，可绘制出另外一个方向的柱，挤出数量为 5100。最后将墙体材质赋予装饰架，装饰架的效果见图 8 – 53 所示。

图 8 – 53　装饰架效果

(6) 创建住宅楼入口处构配件

①激活透视图，选择地下室，单击按钮，选择入口处竖直线，如图 8 – 54 所示；在前视图，按住 Shift 键，向右拖动至 2800 处，再右击按钮，在弹出的对话框的 X 框中输入 50，结果如图 8 – 54 所示；单击按钮，选择入口处面，选择“分离”选项，命名为“入口”；选择入口，单击按钮，选择上面的水平边，右击按钮，在弹出的对话框的 Y 框中输入 14800，单击 Alt + Q 组合键，其形态如图 8 – 55 所示。

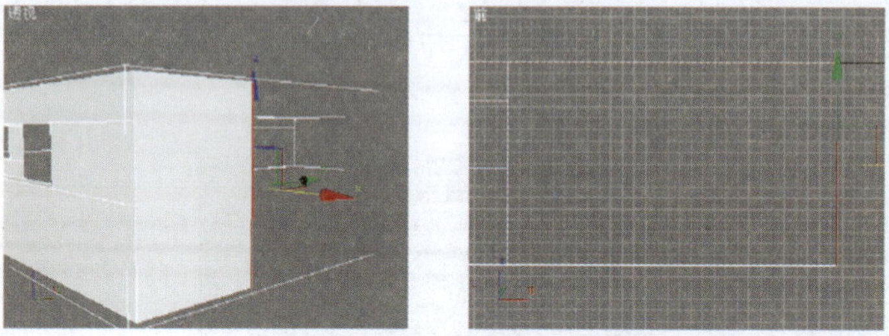

图 8 – 54　选择地下室入口处边与复制后形态

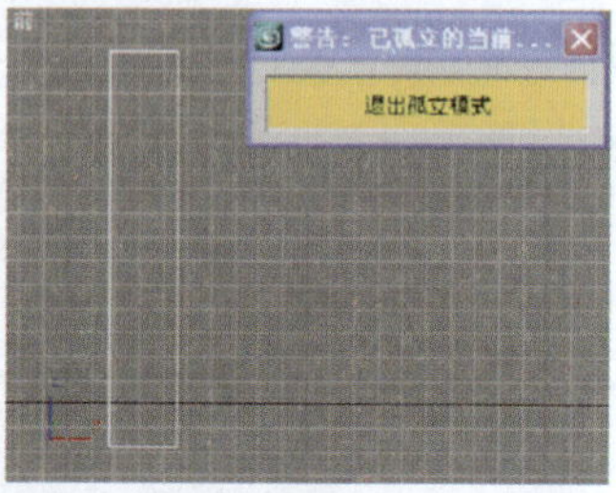

图 8 – 55　“入口”孤立模式

②绘制门窗、雨篷及窗楣。运用前述方法，按实际尺寸绘制，门尺寸：1400mm × 2200mm，窗尺寸：1400mm × 600mm。绘制过程中注意综合运用所学过的绘图与编辑命令，如矩形、挤出、快速切片、插入、阵列等，以提高绘图速度。同学们应多加练习，仔细推敲其中的绘图技巧，方能取得较大进步。绘制的入口处效果如图 8 – 56 所示。

图 8-56 入口形态

(7)添加屋顶、后墙、调整墙体材质、镜像生成住宅楼、添加地面

①激活顶视图，选择顶层与入口，单击 Alt + Q 组合键，进入孤立模式编辑状态。单击 / / 线 按钮，分别捕捉墙体的角点，绘制如图 8-57 所示的闭合曲线，命名为“屋顶”。在左视图中移动至顶层。单击 / 挤出 按钮，在数量框中输入 500，表示屋顶厚度 500mm。

②选中屋顶，转换为可编辑多边形，进入边子对象级别，选择后下方一条水平线，单击 利用所选内容创建图形 按钮，命名为“后墙”；点击 Ctrl + B 组合键，选中后墙，右击 按钮，在弹出的对话框的 Y 框中输入 -15800；将墙体材质赋予后墙。其选择与形态如图 8-58 所示。

③重新调整首层、顶层与中间层材质。

④镜像生成住宅楼。在顶视图选择入口中线为镜像轴，镜像另一半楼体。

⑤在顶视图创建一平面，命名为“地面”，将地面材质赋予地面。

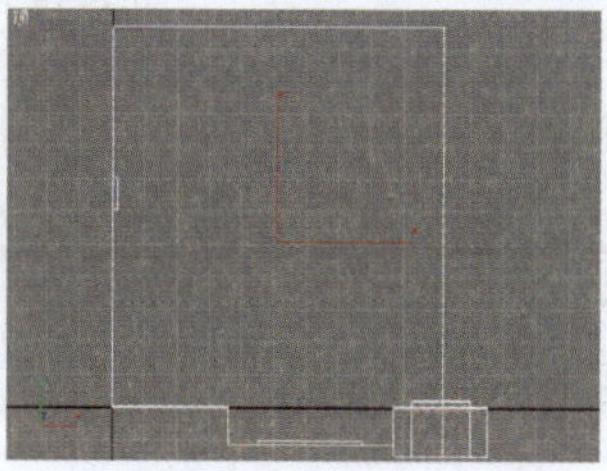

图 8-57 屋顶线的绘制

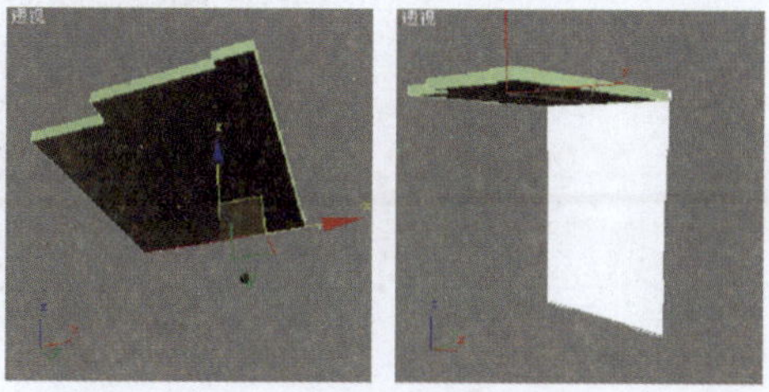

图 8-58 后墙线的选择与挤出状态

(8)重新添加与调节灯光、摄影机位置

镜像后重新调整灯光与摄影机，其位置与形态如图 8-59 所示。

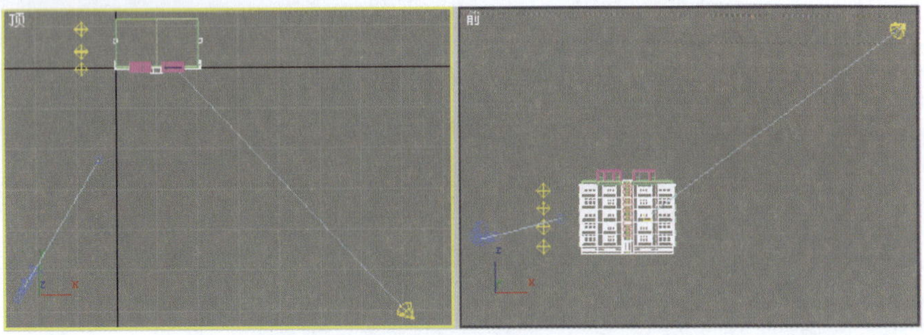

图 8－59　调整灯光、摄影机位置的状态

(9)输出 3D 效果图

①输出效果图。单击【渲染】/【环境】，把背景图片去选，变为默认黑色。单击【渲染】/【渲染(R…)】，弹出如图 8－60 所示对话框，调整渲染输出参数，渲染摄影机视图，效果如图 8－61 所示。单击按钮，在适当文件夹下，保存为“室外效果 A. jpg”。

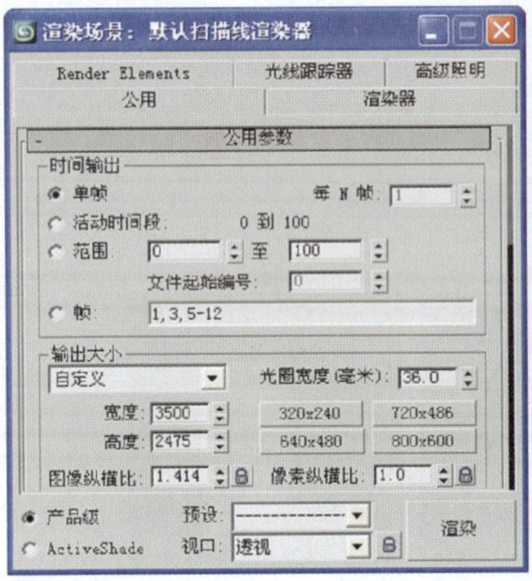

图 8－60　渲染对话框

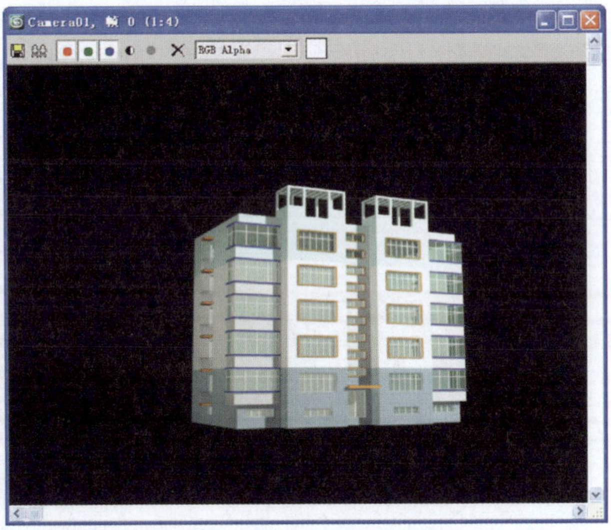

图 8－61　渲染 3D 效果图

②输出选区通道图。为后期处理方便，需要输出选区通道图。单击【文件】/【另存为】，命名为“住宅楼通道图”。单击按钮，在弹出的材质编辑器对话框中，调整各部分材质。方法是：去掉所有贴图，按不同组成部分如楼体、玻璃、地面等，漫反射颜色改为纯色，不透明度为 100，自发光为 100。单击【快速渲染】按钮，渲染摄影机视图，效果如图 8－62 所示。单击按钮，在适当文件夹下，保存为“室外效果 B. jpg”。

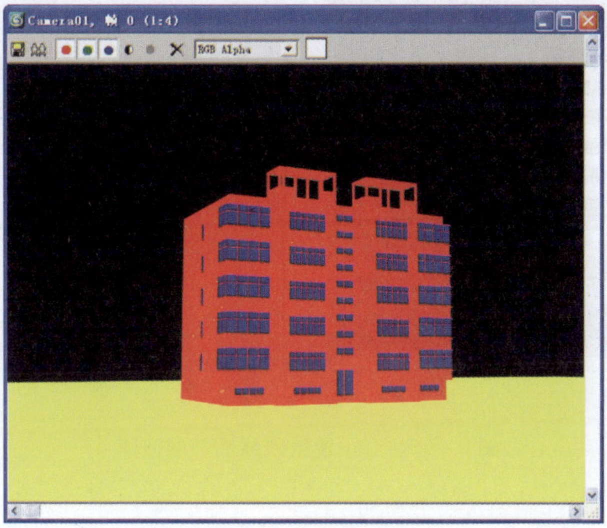

图 8－62 住宅楼选区通道图

（10）Vray 渲染应用

按照模块 7 的操作方法，把默认扫描线渲染器改为 Vray 渲染器。删除 3D 摄影机，建立一个 VR 物理摄影机，参数如图 8－63。重新设置灯光，如图 8－64 所示。经过测试效果理想后，跑光子图，再调整参数渲染出最终 3D 效果图与通道图，如图 8－65 所示。

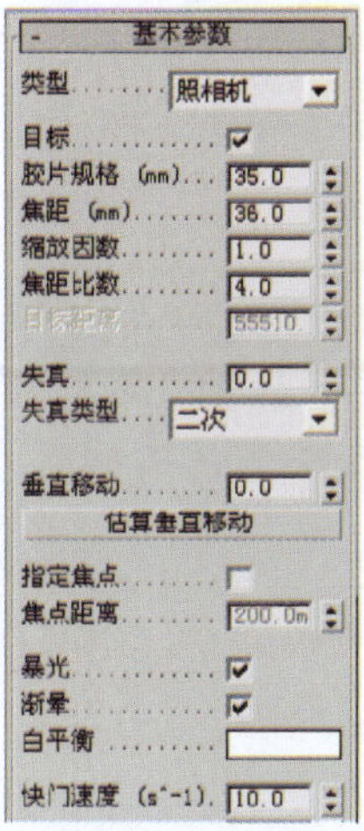

图 8－63 VR 摄影机参数

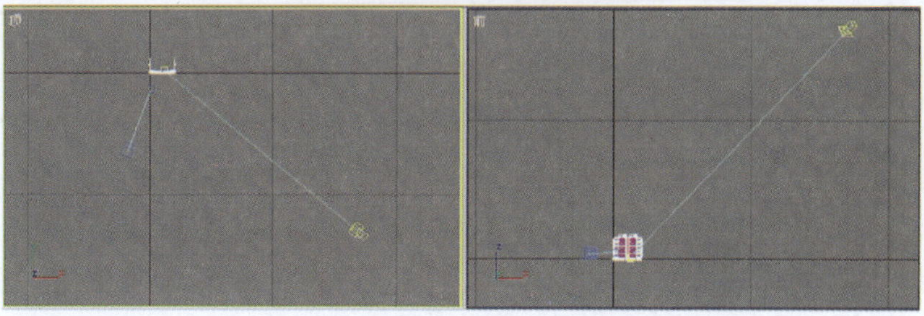

图 8－64 VR 摄影机与灯光状态

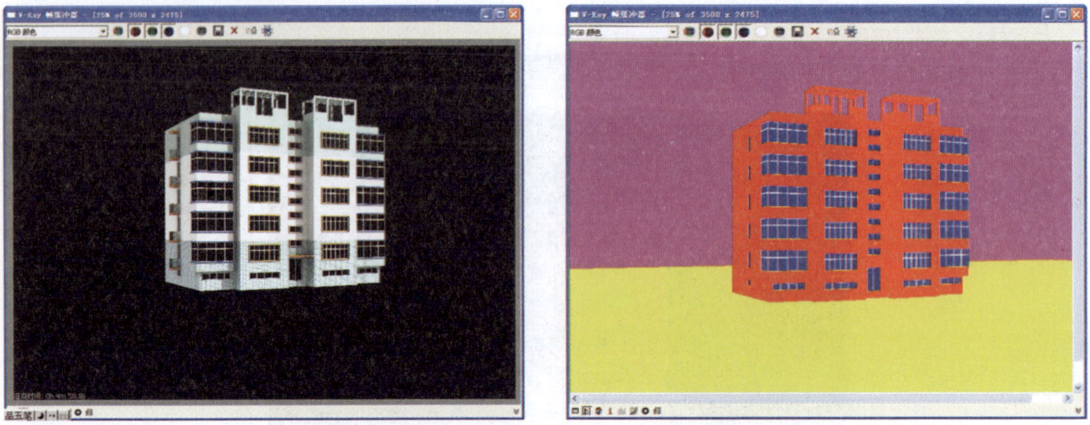

图 8－65　Vray 渲染效果图与通道图

习　题

一、填空题

1.“不透明度”贴图通道的作用是______。

2. 如果赋予对象的材质中包含任何一种二维贴图时，对象就必须具有______。

3.“倍增”微调框用来控制灯光的强弱，数值越大表示灯光的强度越______，反之越______。

4. 建立一个目标摄影机同时建立了两个对象，一是______，二是______。

5. 要将透视图转为摄像机视图，可以在透视图的窗口左上角右击鼠标，从弹出的快捷菜单中选择______________选项，则透视图转为摄像机视图，也可在透视图激活的状态下，按下_______，即可转换为摄像机视图。

二、简答题

1. 如何调整灯光的参数达到最好的渲染效果。

2. 如何调整摄影机？

3. 如何设置背景贴图？

4. 如何设置环境效果的作用范围？

5. 若需要打印 A3 图幅效果图，问需要至少输出多少像素的图像才能满足要求？

三、操作题

参照图8－66，创作别墅效果图。

图8－66　别墅效果图

模块9 效果图后期处理

模块导读

后期处理是室内外效果图创作中的一项重要工作，一幅高质量的效果图离不开后期的加工与润色。配景素材的处理、色调明暗的调整等都需要Photoshop来完成。本模块将介绍如何运用Photoshop对创作完成的3D效果图进行后期加工、处理，如果对Photoshop不太熟悉，可参照相关书籍。

学习内容分解

主要介绍Photoshop在效果图创作中的作用及效果图后期处理方法。通过客厅与住宅楼效果图后期处理练习，综合训练应用Photoshop进行效果图后期处理的能力。

任务9.1 主要命令简介

在开始效果图后期处理创作之前，首先来学习一下 Photoshop 在效果图创作中的作用。

9.1.1 Photoshop 在效果图创作中作用

我们通过 3ds max 构建了室内、外的模型，完成了材质、贴图以及灯光设置，最后渲染以位图形式输出。3ds max 在处理配景素材、环境氛围等时就显得力不从心了，而 Photoshop 可以轻而易举地完成这些操作。不用建立复杂的模型，只需将配景素材与效果图融合起来，加以简单的处理，就能完成在 3ds max 中很难完成的效果。图 9－1 是模块 7 创作的室内效果图后期处理前后的对比效果。图 9－2 是模块 8 创作的室外效果图后期处理前后的对比效果。

图 9－1　室内效果图后期处理前后对比

图 9－2　室外效果图后期处理前后对比

9.1.2 Photoshop 处理效果图的方法

用 Photoshop 处理图，首先要理解图，就是确定好要表达的环境是一个什么样的空间。比如说是娱乐空间、餐饮空间还是办公空间，或是一个小的家居环境等。然后，根据不同的空间确定你想表达的气氛。什么是气氛呢，就是环境本身给人的主观感受。比如说居家的小餐厅，你马上可能会想到柔和和温馨；谈到情侣咖啡屋你可能马上会想到优雅和浪漫，这些就是气氛。所以说气氛就是环境中能引发人的情感共鸣的一些东西，如果你能表达出来，你的图就能打动人。那么以上这些落实到效果图就是用 Photoshop 进行明暗、色调、光感等图面因素的控制。接下来要分析图，就是看一下按你的理解哪里没有表达出来，针对这些问题，确定哪里需要调整。一般来说，就是看图面灰不灰，结构清不清晰，局部或整体色彩是否有问题，光感是否到位。最后，确定调整的方法。所以说你对画面的理解和分析是最重要的，因为是它在指导你处理图。对图的理解分析不同，处理的效果也就不同。

任务 9.2　室内效果图后期处理

9.2.1 设计目的

训练应用 Photoshop 对客厅 3D 效果图进行后期处理，提高 Photoshop 应用能力，明确主次关系，实现配景的添加与主画面吻合、协调，起到美化、烘托的作用。

9.2.2 设计构思

本任务主要学习使用 Photoshop 进行客厅效果图的后期处理方法。主要学习画面色调明暗调节、添加配景素材，最后达到突出主题、美化主题的作用。

9.2.3 创作过程

(1)色彩调整

- 打开 Photoshop 软件。
- 单击菜单栏【文件】/【打开】命令，打开模块 7 创作的客厅效果图文件【客厅效果 A.jpg】。复制一个背景层 - 背景副本，关闭背景层，置背景副本为当前层，如图 9 - 3 所示。
- 单击菜单栏【图像】/【调整】/【色彩平衡】命令，进入【色彩平衡】对话框。调整【色阶】参数为：+15，-10，-5，如图 9 - 4 所示。
- 单击菜单栏【图像】/【调整】/【亮度/对比度】命令，进入【亮度/对比度】对话框。调整【亮度】值为：+15，【对比度】值为：+10，如图 9 - 5 所示。

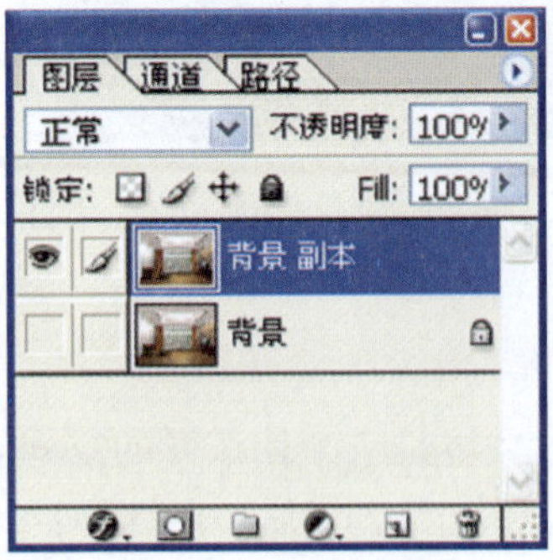

图 9 - 3　复制背景层

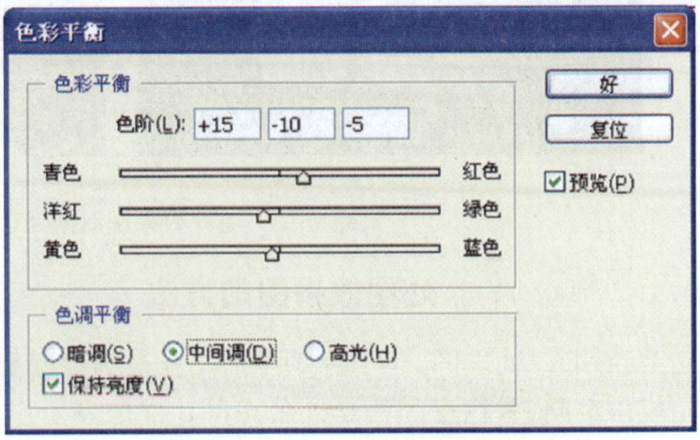

图 9 - 4　【色彩平衡】调整参数

（2）添加室内配景

①盆花

单击菜单栏【文件】/【打开】命令，打开模块7中的【客厅效果B.jpg】。按Ctrl+A、Ctrl+C。置客厅效果A.jpg为当前图形，按Ctrl+V，这时在图层面板中多出一个图层1，改名为通道。调整图层顺序如图9-6所示。

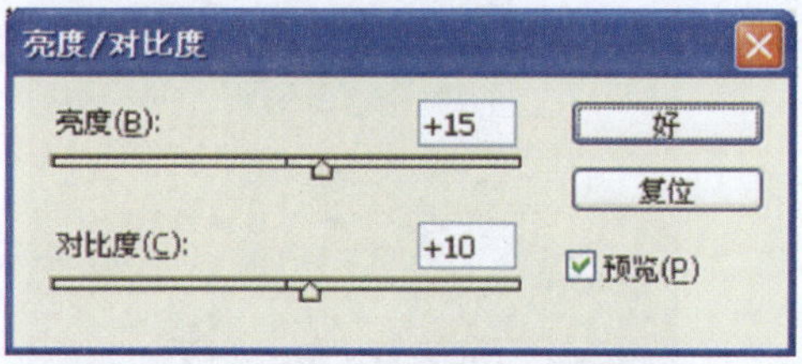

图9-5　【亮度/对比度】调整参数

图9-6　图层顺序

● 单击菜单栏【文件】/【打开】命令，打开盆花03，如图9-7所示。

● 在工具栏选择【移动工具】，将花盆图像拖入到【客厅效果A.jpg】图像中，将花盆03图像关闭。

● 按【Ctrl +T】键，将花盆图像调整到合适大小，放在如图9-8所示位置，按回车确认。

● 在工具栏中选择魔棒工具，置通道层为当前层，在沙发处单击，效果如图9-9所示。变换图层1为当前层，按Delete键，结果如图9-10所示。盆花就放到了沙发后面。按【Ctrl +D】键，取消选区。

● 同上操作，打开盆花13如图9-11，添加到客厅效果图A中。添加盆花最后效果如图9-12所示。

图9-7　盆花03

图9-8　盆花03大小与位置

图 9－9　选择沙发选区

图 9－10　盆花 03 最后效果

图 9－11　盆花 13

图 9－12　添加盆花最后效果

②茶几装饰品

- 单击菜单栏【文件】/【打开】命令，打开杯子，如图 9－13 所示。
- 选择魔棒工具，调整容差为 10，非连续状态下在空白处单击结果如图 9－14 所示。
- 选择椭圆工具，在减模式下，去掉杯子上的选区，结果如图 9－15 所示。

图 9－13 杯子

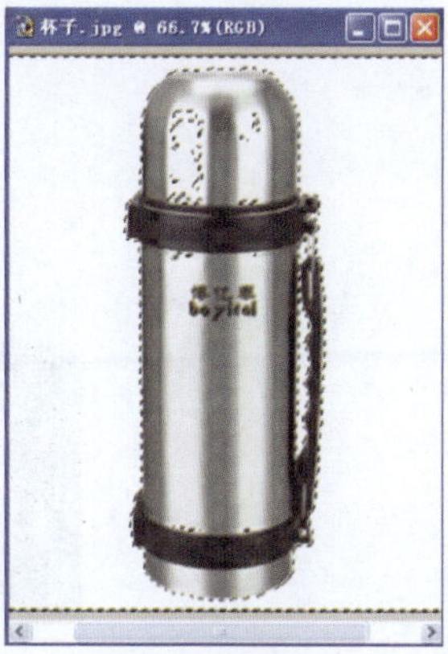

图 9－14 单击魔棒后杯子选区

图 9－15 正确的杯子选区

● 按【Ctrl＋Shfit＋I】键，使用移动工具，将杯子图像拖入到【客厅效果 A. jpg】图像中，并将杯子层改名为“杯子”，将杯子图像关闭。

● 调整杯子大小与位置如图 9－16 所示。

● 复制一个杯子图层，杯子副本。按【Ctrl＋T】键，选择编辑/变换/垂直翻转，确定，再移动到杯子正下面。调整杯子副本图层不透明度 30%，结果如图 9－17 所示。

图 9－16　杯子形态

图 9－17　杯子最后形态

● 同上操作，打开茶叶盒，添加茶叶盒到茶几上，最后效果如图 9－19 所示。

图 9－18　茶叶盒

图 9－19　茶几装饰品效果

③修改室外场景

● 单击菜单栏【文件】/【打开】命令，打开素材文件【夜景 001. jpg】，如图 9－20 所示。

● 按【Ctrl + A】键，全选图像，按【Ctrl + C】键，复制图像。

● 激活【客厅效果 A. jpg】窗口，置通道层为当前层，选择魔棒工具，容差恢复默认值，非连续状态下，在窗户玻璃处单击，效果如图 9－21 所示。置背景副本层为当前层。

图 9－20　夜景 001

图 9－21　选择窗户玻璃

● 单击菜单栏【编辑】/【粘贴入】命令，将图像粘贴到选择区域内，如图 9－22 所示。

● 按【Ctrl + T】键，将图像调整到合适大小，按回车确认。如图 9－23 所示。

图 9－22　粘贴入的效果

图 9－23　调整后的效果

● 调整图层的混合模式为【线性加深】，不透明度调整到70%，如图9－24所示。

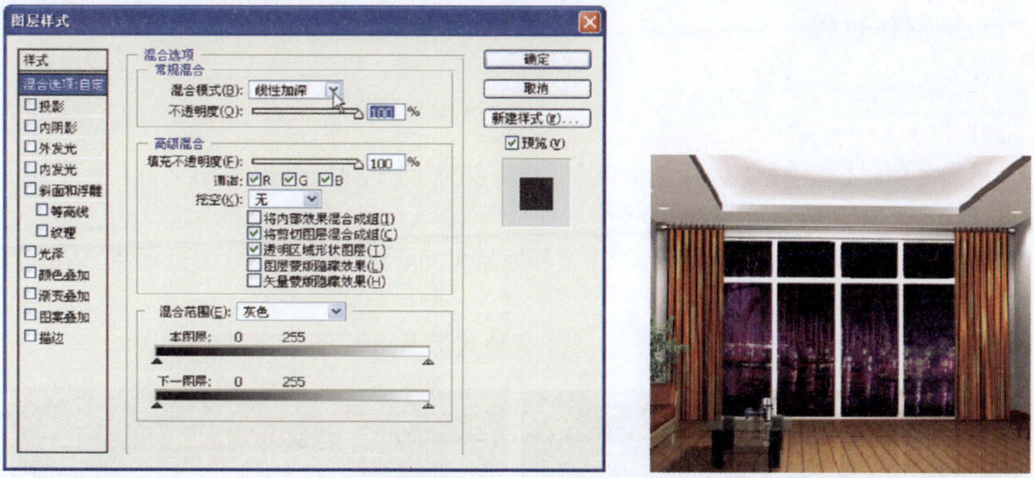

图9－24 夜景调整后效果

● 单击菜单栏【图层】/【拼合图层】命令，合并所有图层。如图9－25所示。

图9－25 合并图层

● 处理后的效果如图9－1所示。

● 单击菜单栏【文件】/【存储为】命令，选择“JPEG”格式，将文件另存为【客厅效果图OK. jpg】。

任务9.3 室外效果图后期处理

9.3.1 设计目的

训练应用Photoshop对住宅楼3D效果图进行后期处理，提高Photoshop应用能力，明确主次关系，实现配景的添加与主画面吻合、协调，起到美化、烘托的作用。

9.3.2 设计构思

本任务主要学习用Photoshop进行室外效果图的后期处理的方法。主要是合理添加配景素材，真实体现建筑环境的同时，还要使效果图有足够的画面感。所有的配景都应该分类成层，便于管理。配景的色彩也要统一，注意远近的彩度区别以及空气感的体现。

9.3.3 创作过程

(1)打开文件

①打开 Photoshop 软件。

②单击菜单栏【文件】/【打开】命令，打开模块 8 创作的室外效果图文件【室外效果 A.jpg】、【室外效果 B.jpg】，如图 9－26 所示。

③在工具栏选择【移动工具】，将【室外效果 B.jpg】图像拖入到【室外效果 A.jpg】图像中，并将图层 1 改名为通道。

④调整图像，使两幅图的位置吻合，将【室外效果 B.jpg】图像文件关闭。

【室外效果 A.jpg】　　【室外效果 B.jpg】

图 9－26　室外效果文件

(2)存储选区

①置通道为当前层，在工具栏选择【魔术棒工具】，选择图中紫色区域(天空处)。如图 9－27 所示。

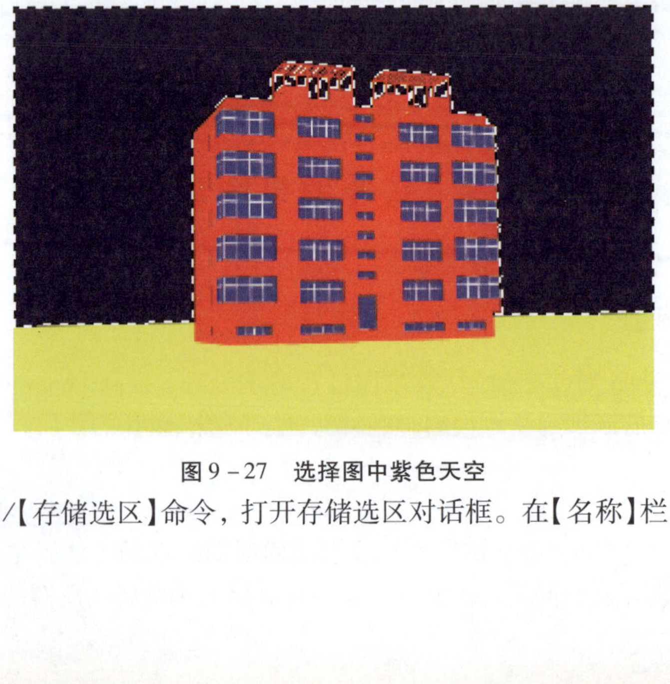

图 9－27　选择图中紫色天空

②单击【选择】/【存储选区】命令，打开存储选区对话框。在【名称】栏中输入“天空”，如图 9－28 所示。

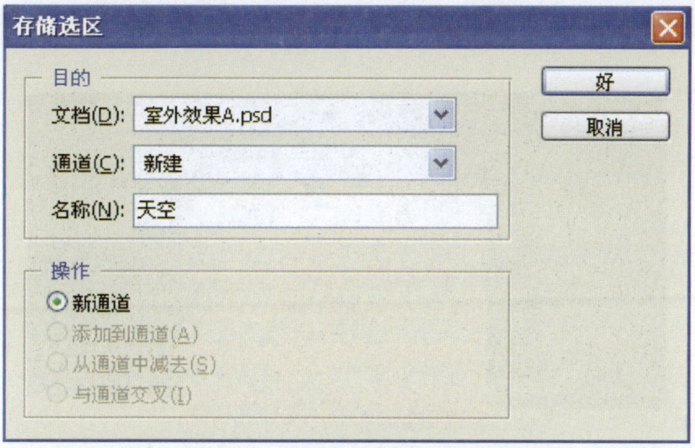

图9－28 【存储选区】对话框

③单击【好】按钮，关闭对话框。选择图中黄色区域(地面)，如图9－29所示。

图9－29 选择图中黄色区域

④单击【选择】/【存储选区】命令，打开存储选区对话框。在【名称】栏中输入“地面”，如图9－30所示。单击【好】按钮，关闭对话框。

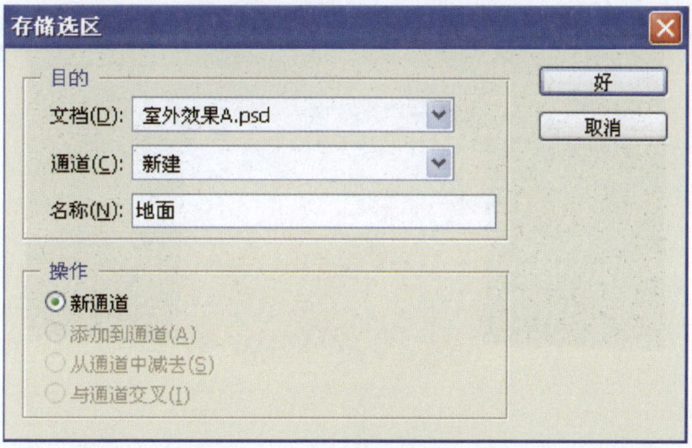

图9－30 【存储选区】对话框

⑤选择图中红色区域(楼体)。如图 9－31 所示。

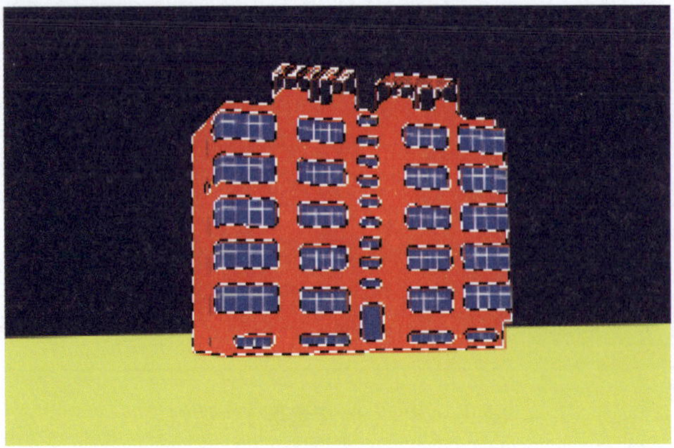

图 9－31　选择图中红色区域

⑥单击【选择】/【存储选区】命令，打开存储选区对话框。在【名称】栏中输入“楼体”，如图 9－32 所示。单击【好】按钮，关闭对话框。

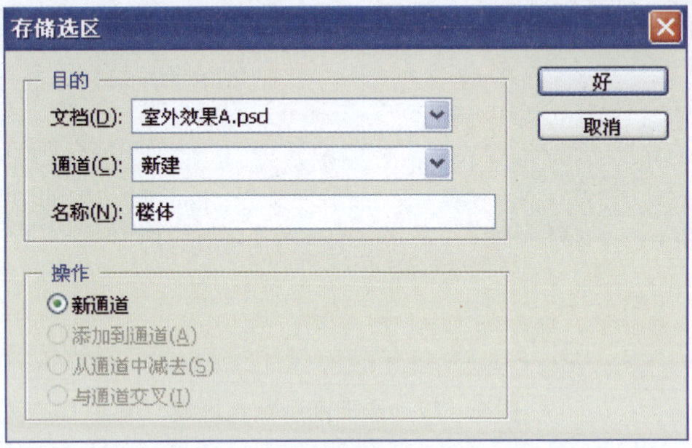

图 9－32　【存储选区】对话框

⑦选择图中蓝色区域(玻璃)，如图 9－33 所示。

图 9－33　选择图中蓝色区域

⑧单击【选择】/【存储选区】命令，打开存储选区对话框。在【名称】栏中输入“玻璃”，如图9－34所示。单击【好】按钮，关闭对话框。

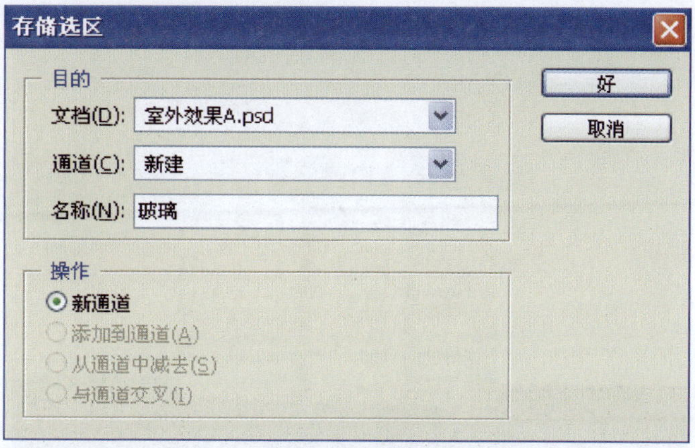

图9－34　【存储选区】对话框

⑨在图层面板中，关闭通道层。单击“背景”图层，使其成为当前层，如图9－35所示，双击“背景”图层，转换为“图层0”，如图9－36所示。

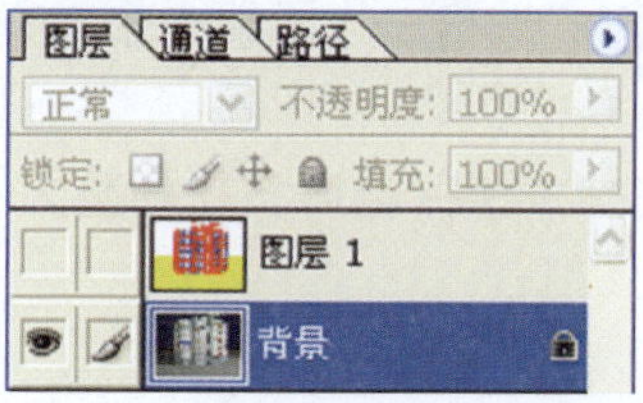

图9－35　选择“背景”层

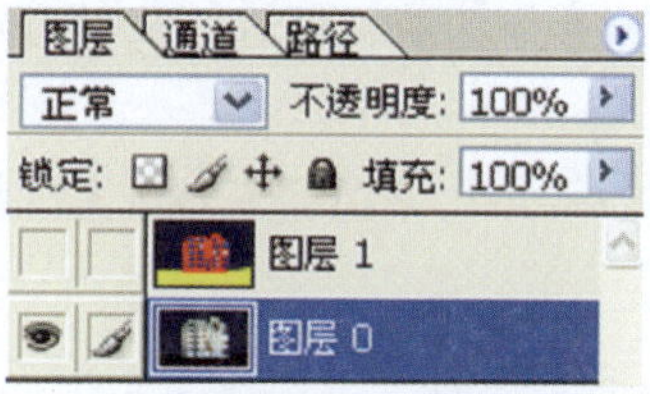

图9－36　转换“背景”层

(3)加入天空及楼群

①单击【选择】/【载入选区】命令，打开载入选区对话框。在【通道】栏中选择“天空”，如图9－37所示。单击【好】按钮，关闭对话框。

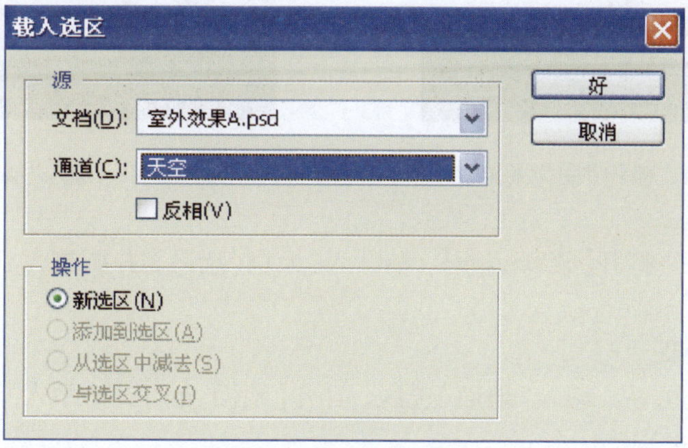

图9－37　【载入选区】对话框

②单击【文件】/【打开】命令，打开【天空.jpg】。

③按快捷键【Ctrl＋A】、【Ctrl＋C】选择、复制打开的【天空.jpg】。

④激活【室外效果A】窗口，单击【编辑】/【粘贴入】命令，按【Ctrl + T】缩放图像，调整效果如图9－38所示。

图9－38　加入“天空”图像效果

⑤按15－18步所示，打开【楼01.jpg】，粘贴入“天空”选区，并调整大小、位置，如图9－39所示。

⑥再次按15－18步所示，打开【楼02.jpg】，粘贴入“天空”选区，并调整大小、位置，如图9－40所示。

图9－39　加入“楼01”图像效果

图9－40　加入“楼02”图像效果

⑦用同样的方法，打开【楼03.jpg】，粘贴入“天空”选区，并调整大小、位置，如图9－41所示。

(4)创作地面效果

①按上面介绍的方法，载入“地面”选区，打开【地面.jpg】，粘贴入“地面”选区，并调整大小、位置，如图9－42所示。

图9-41 加入“楼02”图像效果

图9-42 加入“地面”效果

②打开一幅草地图像，全选、复制，并粘贴到【室外效果A】中草坪区域。调整大小及位置，如图9-43所示。

③采用同样方法在草坪上加入花草，并调整效果如图9-44所示。

图9-43 加入“草坪”效果

图9-44 加入花草效果

(5)加入灌木、树木等配景

①打开一幅灌木图像，放在楼后面，调整效果如图9-45所示。

②打开一幅树木的图像文件，放在楼的右侧，将图层命名为“树01”，并调整大小、位置如图9-46所示。

图9-45 加入灌木的效果

图9-46 加入树木的效果

③打开“树01.jpg”，如图9-47所示。

④复制到【室外效果A】中，将图层命名为“树02”，缩放并调整位置如图9-48所示。

图 9－47　“树 01. jpg”效果

图 9－48　加入“树 01”后效果

(6)创作阴影

①在大楼的左侧绘制选区，如图 9－49 所示。

②单击图层面板中【新建图层】按钮，新建一图层，命名为“阴影”图层，设置前景色为黑色，并填充选区，效果如图 9－50 所示。

图 9－49　绘制阴影选区

图 9－50　填充阴影

③调整阴影图层的不透明度为 30%，参数及调整后的效果如图 9－51 所示。

图 9－51　阴影调整效果

(7)加入人物及汽车等配景

①在大楼附近合适位置加入人物，并缩放到合适大小。调整效果如图 9－52 所示。

②创作各人物的阴影，效果如图 9－53 所示。

图9-52 加入人物后的效果

图9-53 创作人物倒影

③打开汽车图像，缩放并放置在合适位置，并创作倒影，效果如图9-54所示。

④加入路灯缩放并放置到合适位置，效果如图9-55所示。

图9-54 加入汽车后的效果

图9-55 加入路灯后的效果

⑤按上面介绍方法，载入“玻璃”选区，打开一幅天空图像，粘贴入“玻璃”选区，并调整大小、位置如图9-56所示。

图9-56 玻璃效果

⑥创作完毕，最终效果如图9-57所示。单击菜单栏【文件】/【存储为】命令，选择“JPEG”格式，将文件另存为【住宅楼效果图OK.jpg】。

图 9－57　最终效果

习　题

一、填空题

1. 在室内外效果图渲染输出后，一般采用________________软件对效果图进行后期处理。

2. 使用 Photoshop 进行后期处理时，可以通过调整________________的顺序来改变对象的前后关系。

3. 使用 Photoshop 进行后期处理时，物体的倒影一般可通过__________制作。

4. 效果图后期处理时，用到的素材文件格式有________、________、________、________等。

5. 室外效果图后期处理中，配景的阴影属性一般要根据________________来确定。

二、简答题

1. 简述 Photoshop 在效果图创作中的作用。
2. 叙述 Photoshop 处理效果图的一般步骤。
3. 说明效果图处理中阴影制作步骤。
4. 浅谈色彩调整在效果图处理中的作用。
5. 说明通道图在效果图处理中起什么作用？如何运用？

三、操作题

1. 对图 9－58 所示室内效果图进行后期效果处理。
2. 对图 9－59 所示室外效果图进行后期效果处理。

图 9－58　室内效果图

图 9－59　室外效果

参考文献

[1] 丁志强编著. 3ds max 建筑表现实例精解. 北京:中国青年出版社, 2002

[2] 刘洪, 符新伟编著. 中文版 AutoCAD 建筑施工图绘制及应用技巧. 北京:人民邮电出版社, 2003

[3] 徐绍娟, 许小荣, 张国权等编著. 3ds max7 中文版应用教程. 北京:电子工业出版社, 2005

[4] 仟府城市设计事务所编著. 3ds max4 建筑与室内设计经典Ⅱ. 北京:中国青年出版社, 2005

[5] 雷波编著. 风格演绎3ds max7 室内设计表现. 北京:中国青年出版社, 2005

[6] 庞善起, 彭万波, 闪永强等编著. 3ds max7 中文版实训教程. 北京:电子工业出版社, 2006

[7] 胡仁喜, 刘昌丽, 熊慧等. AutoCAD2008 室内设计实例教程. 北京:机械工业出版社, 2007

读者反馈意见

亲爱的读者：

感谢您对《3D效果图设计教程》的学习和热爱！为了今后能给您提供更优质的服务，请您抽出宝贵时间填写下面意见反馈表，以便我们更好地对本教材做进一步的改进。同时如果您在使用本教材的过程中遇到了什么问题，或者有什么好的建议，也请您来信、来电告诉我们。

地址：北京市丰台区科学城南极星大厦108室

电话：010-83794590/83794403

电子邮箱：caikai6223@263.net　QQ：649319527　1694299827

网址：WWW.KFHWH.CN

教材名称：《3D效果图设计教程》

个人资料：

姓名：__________ 年龄：__________ 所在院校/专业__________

文化程度：__________ 通讯地址：__________

联系电话：__________ 电子信箱：__________

您使用本书是作为：□指定教材、□选用教材、□辅导教材

您对封面设计的满意度：

□很满意、□满意、□一般、□不满意　改进建议__________

您对本书印刷质量的满意度：

□很满意、□满意、□一般、□不满意　改进建议__________

您对本书的总体满意度：

从语言质量角度看：□很满意、□满意、□一般、□不满意

从科技含量角度看：□很满意、□满意、□一般、□不满意

本书最令您满意的是：

□指导明确 □内容充实 □讲解详尽 □实例丰富

您认为本书在哪些地方应进行修改？（可附页）

____

____

您希望本书在哪些方面需进行改进？（可附页）

____

____